cálculo integral. séries

2.ª edição revista

Blucher

Paulo Boulos
Professor Livre-Docente do Instituto de Matemática
e Estatística da Universidade de São Paulo

INTRODUÇÃO
AO CÁLCULO

Cálculo integral. séries

Volume II

2ª edição revista

Introdução ao cálculo – cálculo integral. séries
© 1983 Paulo Boulos
9ª reimpressão – 2014
Editora Edgard Blücher Ltda.

Blucher

Rua Pedroso Alvarenga, 1245, 4º andar
04531-012 – São Paulo – SP – Brasil
Tel (55_11) 3078-5366
contato@blucher.com.br
www.blucher.com.br

É proibida a reprodução total ou parcial
por quaisquer meios, sem autorização
escrita da Editora.

Todos os direitos reservados pela Editora
Edgard Blücher Ltda.

FICHA CATALOGRÁFICA

Boulos, Paulo
Introdução ao cálculo/Paulo Boulos –
2ª edição – São Paulo: Blucher, 1983.

v. ilust.

Conteúdo – v. 1 Cálculo diferencial – v. 2
Cálculo integral: Séries – v. 3 Cálculo
diferencial; várias variáveis.

Bibliografia
ISBN 978-85-212-0113-7

1. Cálculo I. Brasil. Instituto Nacional
do livro, co-ed. II. Título.

73-0538   17. CDD-517
                           18. CDD-515

Índices para catálogo sistemático:
1. Cálculo: Matemática 517 (17)   515 (18)

A *Spiridon Boulos*, grande pai e grande homem.

(Homenagem póstuma)

Conteúdo

Prefácio ix

1. A integral 1
1.1 Área 1
1.2 Primitivas 5
1.3 Integral definida 9
1.4 Propriedades da integral definida 12
1.5 Existência de primitiva 21

2. Técnicas de integração 26
2.1 Objetivo do capítulo 26
2.2 Processo de substituição 29
2.3 Processo de substituição (continuação) 38
2.4 Processo de integração por partes 44
2.5 Integração de funções racionais 50
2.6 Algumas integrais que recaem em integrais de funções racionais 65

3. Aplicações da integral 70
3.1 Área (em coordenadas cartesianas e polares) 70
3.2 Volume (de sólido de revolução) 82
3.3 Espaço Percorrido. Comprimento de gráfico de função 86

4. Extensões do conceito de integral 98
4.1 Integral de função seccionalmente contínua 98

viii   *Introdução ao cálculo*

| 4.2 | Integral imprópria. Intervalo finito | 102 |
| 4.3 | Integral imprópria. Intervalo infinito | 105 |

5. **Séries** **108**

5.1	Sequência de números	108
5.2	Série de números. Convergência e divergência	118
5.3	Série de números. Propriedades	122
5.4	Série de números não negativos. Critérios de convergência	129
5.5	Série de números não negativos. Mais dois critérios (da raiz e da razão)	138
5.6	Série alternada	143
5.7	Série de números quaisquer. Convergência absoluta e condicional	145
5.8	Série de potências	150
5.9	Propriedades das funções definidas por uma série de potências	154
5.10	Fórmula de Taylor com resto. Série de Taylor	165
5.11	Aplicações a cálculos numéricos	177

Apêndice A – Integral 191

Apêndice B – Área 210

Apêndice C – Funções elementares 226

Apêndice D – Critérios de convergência de integrais impróprias 237

Apêndice E – Tópicos sobre sequências e séries 245

Apêndice F – Fórmula do espaço percorrido 259

Apêndice G – Continuidade uniforme. Convergência uniforme 264

Respostas dos exercícios propostos 284

Exercícios suplementares 299

Respostas dos exercícios suplementares 336

Prefácio

O presente volume se constitui de cinco capítulos e 7 apêndices.

No primeiro capítulo, *A Integral*, a noção de integral de função contínua é introduzida tendo por motivação um problema de natureza geométrica, a saber, cálculo de área, a exemplo do que se fez com relação à derivada, no volume 1. Admitindo a existência de primitiva de função contínua num intervalo, cuja prova foi colocada em apêndice, chega-se rapidamente às propriedades usuais de integral. Como sempre, procurou-se evidenciar o conteúdo geométrico das propriedades.

No segundo capítulo, *Técnicas de Integração*, são apresentados alguns métodos de integração, sendo grande o número de exemplos resolvidos e de exercícios propostos.

No capítulo 3 se fazem algumas aplicações da integral: cálculo de áreas, volumes, e comprimento de curvas. Diga-se de passagem, que no que diz respeito a esse último item foi usada uma nomenclatura de sabor físico: chamou-se de espaço percorrido o que se costuma chamar de comprimento de arco. Isto é consistente com a interpretação dada de curva como um movimento pontual.

O capítulo 4 trata sumariamente de algumas extensões do conceito de integral, sendo complementado com alguma matéria de apêndice.

Finalmente, o capítulo 5 trata das séries numéricas e das séries de potências, onde se insere a Fórmula de Taylor, e aplicações a cálculos numéricos. Cuidou-se que figurassem inúmeros exemplos resolvidos.

Via de regra, os exercícios do texto são em grande número; além deles, existem os exercícios suplementares, entre os quais aparecem exercícios mais difíceis, alguns dos quais complementam a teoria. Asteriscos precedem os exercícios de maior dificuldade, como no volume 1.

Quanto aos apêndices, todos ou completam as demonstrações dcixadas no texto, ou complementam a teoria exposta, à exceção do apêndice G, cuja introdução é justificada *in loco*. Algumas matérias de apêndice estão aquém do escopo do livro, mas cremos que não haja prejuízo com a sua inclusão (a não ser para o sempre solícito Editor) sendo esperança nossa que plagas do livro tão propensas à virgindade venham a ser desbravadas, ainda que por poucos ... A apresentação de exercícios nos apêndices condiz com a política adotada no volume 1 segundo a qual haja possibilidade da obra ser usada em diversos níveis.

O desenvolvimento dos cinco capítulos (sem os apêndices, com omissão de algumas provas) está previsto para um curso de semestre, supondo três aulas teóricas e duas de exercícios semanais.

Como referências bibliográficas mencionaremos:

1. Spivak, M.: *Calculus*, Benjamin, 1967.
2. Apostol, T.: *Calculus*, Blaisdell, 1962.
3. Courant, R.: *Cálculo Diferencial e Integral*, Globo, 1955.
4. Kitchen, Jr., J. W.: *Calculus of one Variable*, Addison-Wesley, 1968.

Ao leitor interessado em prosseguir seus estudos em Análise Matemática citamos:

5. Buck, R. C.: *Advanced Calculus*, McGraw, 1956.
6. Rudin, W.: *Principies of Mathematical Analysis*, McGraw, 1964.
7. Apostol, T.: *Mathematical Analysis*, Addison-Wesley, 1965.
8. Loomis, L. H., e Sternberg, S.: *Advanced Calculus*, Addison-Wesley, 1968.

Desejamos agradecer ao prof. *João F. Barros* a indicação
de inúmeras incorreções do texto, as quais foram
eliminadas na presente edição.

1 A integral

1.1 ÁREA

Seja f uma função contínua no intervalo $[a, b]$ tal que para todo x do mesmo se tem $f(x) \geq 0$. Tomado x de $[a, b]$, a região limitada pelo gráfico de f, pelo eixo dos x e pelas retas paralelas ao eixo dos y por $(a, 0)$ e $(x, 0)$ tem, como é intuitivo, área (veja Fig. 1-1). Tal qual aconteceu com o problema da tangente, a noção de área aqui é considerada no sentido intuitivo, e o que se propõe é procurar uma função F, definida em $[a, b]$, que a cada x associe o número $F(x)$ adequado para ser a área da região descrita; como se costuma dizer, $F(x)$ será a área sob a curva $y = f(x)$, de a até x. Em particular, $F(b)$ será a área sob a curva $y = f(x)$, de a até b.

Nota. Se acharmos tal "função-área" F, poderemos definir, com o seu auxílio, a área da região sob a curva $y = f(x)$ de a a x como sendo $F(x)$. No entanto a noção de área pode ser dada para regiões mais gerais, como pode ser visto no Apêndice B.

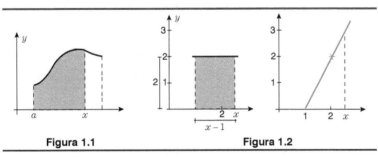

Figura 1.1   **Figura 1.2**

Por exemplo, se $f(x) = 2$, $1 \leq x \leq 3$ (veja Fig. 1-2), é claro que é de se esperar que $F(x) = 2(x - 1)$, $1 \leq x \leq 3$.

Vamos mostrar* que a função F procurada, se existir, deve satisfazer a duas condições: a) $F(a) = 0$; b) F é derivável em $[a, b]$ e $F'(x) = f(x)$ para todo x desse intervalo, entendendo-se que, se $x = a$ ou $x = b$, $F'(x)$ é a derivada à direita ou a derivada à esquerda, respectivamente, em x**.

Que deve ser $F'(a) = 0$ é claro. Quanto à condição (b), consideremos inicialmente x interior de $[a, b]$ e $h > 0$. Sendo t e s pontos de mínimo e máximo de f em $[x, x + h]$, respectivamente, os quais existem por ser f contínua em $[a, b]$, a Fig. 1-3 esclarece a relação

$$hf(t) \le F(x+h) - F(x) \le hf(s)$$

da qual se obtém

$$f(t) \le \frac{F(x+h) - F(x)}{h} \le f(s)$$

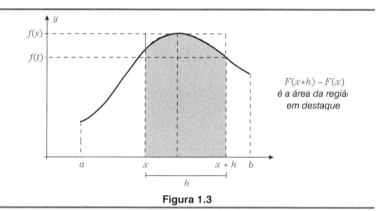

Figura 1.3

É fácil ver que tal relação se verifica também se $h < 0$. Passando ao limite para $h \to 0$, resulta, por ser

---

* Naturalmente usando, entre outros, argumentos intuitivos.
** Esta convenção será seguida daqui em diante, eventualmente sem qualquer menção explícita.

A integral   3

$$\lim_{h \to 0} f\left(t\right) = \lim_{h \to 0} f\left(s\right) = f\left(x\right)$$

dada a continuidade de f, que

$$\lim_{h \to 0} \frac{F\left(x + h\right) - F\left(x\right)}{h} = f\left(x\right)$$

ou seja,

$$F'\left(x\right) = f\left(x\right), \quad a < x < b$$

Os casos $x = a$ e $x = b$ são semelhantes e, por isso, a resolução é deixada ao encargo do leitor.

Acontece que é única a função que satisfaz (a) e (b) (se existir), o que é de se esperar, senão estaríamos atribuindo a uma mesma região áreas diferentes. Isso é fácil de provar: se G verifica (a) e (b), então, por verificar (b), existe c tal que, para todo x de $[a, b]$, tem-se

$$F\left(x\right) = G\left(x\right) + c$$

de acordo com o corolário da Proposição 3.3.1. vol. 1. Fazendo $x = a$, vem

$$F\left(a\right) = G\left(a\right) + c$$

e daí

$$c = 0$$

Portanto, para todo x de $[a, b]$, tem-se

$$F\left(x\right) = G\left(x\right)$$

Exemplo 1.1.1. Para acharmos a área sob a curva $y = f(x) = x^2$, $0 \le x \le 1$[*] (Fig. 1-4), devemos procurar F tal que

$$\begin{cases} F'\left(x\right) = f\left(x\right) = x^2, & 0 \le x \le 1; \\ F\left(0\right) = 0 \end{cases}$$

---

[*] Maneira de dizer "área sob a curva $y = f(x) = x^2$ de 0 a 1", a qual frequentemente usaremos.

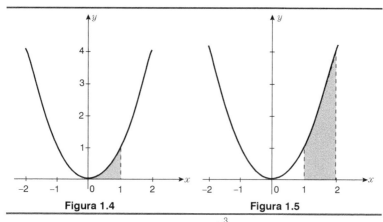

Figura 1.4   **Figura 1.5**

Por tentativa, vemos que $F(x) = \dfrac{x^3}{3}$ satisfaz, e o número procurado será

$$F(1) = \frac{1}{3}$$

Não há dificuldade para se descobrir F no presente caso. De fato, como a derivada de um polinômio abaixa seu grau, é natural considerar-se x^3; como

$$\left(x^3\right)' = 3x^2$$

vemos que

$$\left(\frac{x^3}{3}\right)' = x^2$$

Portanto $F(x) = \dfrac{x^3}{3}$ satisfaz $F'(x) = x^2$, e por coincidência, também verifica $F(0) = 0$.

Exemplo 1.1.2. Achar a área sob a curva $y = f(x) = x^2$, $1 \le x \le 2$ (Fig. 1-5). Nesse caso, se tomarmos $F(x) = \dfrac{x^3}{3}$, teremos

$$F'(x) = x^2 = f(x)$$

mas

$$F(1) = \frac{1}{3} \ne 0$$

A integral 5

A situação é fácil de remediar. Tomaremos

$$F(x) = \frac{x^3}{3} - \frac{1}{3}, \quad 1 \le x \le 2$$

nesse caso,

$$F'(x) = x^2 = f(x)$$

e

$$F(1) = \frac{1}{3} - \frac{1}{3} = 0$$

O número procurado será $F(2) = \dfrac{2^3}{3} - \dfrac{1}{3} = \dfrac{7}{3}$.

EXERCÍCIOS

1.1.1 Achar a área sob a curva $y = f(x)$, $a \le x \le b$, nos casos

a) $f(x) = x^2$, $a = -1$, $b = 1$;

b) $f(x) = x$, $a = 0$, $b = 1$

(compare seu resultado usando a fórmula da área de um triângulo);

c) $f(x) = x$, $a = 1$, $b = 2$;

d) $f(x) = x^3$, $a = 0$, $b = 5$;

e) $f(x) = x^4$, $a = -1$, $b = 3$;

f) $f(x) = x^n$, $a = 1$, $b = 2$;   (n natural);

g) $f(x) = x^n$, $a = \alpha$, $b = \beta$;

*1.1.2. Complete os detalhes das considerações feitas no texto.

1.2 PRIMITIVAS

O exposto em 1.1. justifica introduzir-se a definição que segue.

Se f é uma função contínua num intervalo I, uma *primitiva de f em I* é uma função F tal que

$$F'(x) = f(x)$$

6   *Introdução ao cálculo*

para todo x de I. Entenda-se $F'(x)$ no caso de x ser um eventual extremo de I como sendo a derivada lateral apropriada[*].

Nota. Quando se diz "seja F uma primitiva de f", omitindo-se o intervalo I, isto significa que sua menção é irrelevante, ou é clara do contexto.

Se F é primitiva de f em I, é claro que a função $F(x) + c$ também é, onde c é um número qualquer, pois $[F(x) + c]' = F'(x) = f(x)$. Por outro lado, se G é primitiva de f em I, então, para todo x interior de I, tem-se

$$G'(x) = f(x) = F'(x)$$

e daí existe c tal que, para todo x de I, tem-se

$$G(x) = F(x) + c$$

Provamos assim a seguinte proposição.

Proposição 1.2.1. Seja F primitiva de f em I. Então G é primitiva de f em I se e somente se existe um número c tal que $F(x) = G(x) + c$ para todo x de I.

Exemplo 1.2.1. Uma primitiva de $y = f(x) = x^2$ no conjunto de todos os números é $F(x) = \dfrac{x^3}{3}$. Outra primitiva será $G(x) = \dfrac{x^3}{3} + \pi$. Outra será $H(x) = \dfrac{x^3}{3} - 200$. Em geral, $L(x) = \dfrac{x^3}{3} + c$, onde c é um número, será uma primitiva de f, e qualquer uma se escreve nessa forma, pela proposição anterior.

Exemplo 1.2.2. Uma primitiva de $y = f(x) = $ sen x (em qualquer intervalo) é $F(x) = -\cos x$ e G é primitiva de f se e somente se existe c tal que (para todo x do intervalo)

$$G(x) = -\cos x + c$$

Proposição 1.2.2. Se F e G são respectivamente primitivas de f e g em I, e a um número, então $F + G$, $F - G$, aF, são primitivas, em I, de $f + g$, $f - g$, af, respectivamente.

Prova. Se b é um número,

$$\left(aF + bG\right)'(x) = aF'(x) + bG'(x) = \left(af + bg\right)(x)$$

---

[*] Por exemplo, se $I = [a, b)$, $F'(a)$ é a derivada à direita em a.

A integral

para todo x de I, e então $aF + bG$ é primitiva de $af + bg$ em I. Os resultados são agora imediatos.

Atenção. FG não é primitiva de fg, em geral, se F e G são primitivas de f e g, respectivamente. De fato, sendo

$$f(x) = x, \qquad g(x) = 1,$$

então

$$F(x) = \frac{x^2}{2}, \qquad G(x) = x,$$

são, respectivamente, primitivas de f e g no conjunto de todos os números. Mas

$$(FG)'(x) = \left(\frac{x^3}{2}\right)' = \frac{3x^2}{2}$$

e

$$(fg)(x) = x,$$

logo, *não* se verifica

$$(FG)'(x) = (fg)(x)$$

para todo x.

Exemplo 1.2.3. Achar todas as primitivas de

$$f(x) = x^{2/3} - \text{sen } x + \cos x + \sec^2 x + 4x^3 - 1 \quad \text{em} \quad \left(-\frac{\pi}{2}, \frac{\pi}{2}\right)$$

Uma primitiva, em $\left(-\dfrac{\pi}{2}, \dfrac{\pi}{2}\right)$ de $x^{2/3}$ é

$$\frac{x^{2/3+1}}{2/3+1} = \frac{3}{5}x^{5/3};$$

de $-\text{sen } x$, $\quad \cos x$;

de $\cos x$, $\quad \text{sen } x$;

de $\sec^2 x$, $\quad \text{tg } x$;

de $4x^3$, $\quad x^4$:

de -1, $\quad -x$.

Logo,

$$\frac{3}{5}x^{5/3} + \cos x + \text{sen } x + \text{tg } x + x^4 - x$$

8   *Introdução ao cálculo*

é primitiva de f. Qualquer primitiva de f é obtida somando-se a essa primitiva um número.

Nota. Em geral, uma primitiva de $f(x) = x^m$ é $F(x) = \dfrac{x^{m+1}}{m+1}\,(m \neq -1)$, o que é fácil descobrir, pois

$$\left(x^m\right)' = m x^{m-1},$$

$$\therefore \left(\frac{x^m}{m}\right) = x^{m-1} \quad (m \neq 0),$$

e daí, trocando m por $m + 1$, vem o resultado.

A tabela de primitivas que se dá a seguir pode ser facilmente verificada por derivação das funções F. Assim, $F(x) = -\text{ctg}\,x$ é primitiva de $f(x) = \text{cossec}^2\,x$, pois

$$F'(x) = \left(-\text{ctg}\,x\right)' = -\left(\text{ctg}\,x\right)' = -\left(-\text{cossec}^2 x\right) = \text{cossec}^2 x = f(x)$$

$f(x)$	$\dfrac{x^m}{m \neq -1}$	x^{-1}	$\begin{array}{c}a^x\\(a>0)\\(a\neq 1)\end{array}$	e^x	$\text{sen}\,x$	$\cos x$	$\sec^2 x$	$\text{cossec}^2 x$	$\begin{array}{c}\sec x\\ \text{tg}\,x\end{array}$	$\begin{array}{c}\text{cossec}\,x\\ \text{ctg}\,x\end{array}$
$F(x)$	$\dfrac{x^{m+1}}{m+1}$	$\ln\lvert x\rvert$	$\dfrac{a^x}{\ln a}$	e^x	$-\cos x$	$\text{sen}\,x$	$\text{tg}\,x$	$-\text{ctg}\,x$	$\sec x$	$-\text{cossec}\,x$

$f(x)$	$\dfrac{1}{\sqrt{1-x^2}}$	$\dfrac{1}{1+x^2}$	$\text{senh}\,x$	$\cosh x$
$F(x)$	$\text{arc sen}\,x$	$\text{arc tg}\,x$	$\cosh x$	$\text{senh}\,x$

Omitimos os intervalos onde F é primitiva de f, os quais são fáceis de descrever. Faremos apenas uma observação.

No intervalo $x > 0$, $\ln\lvert x\rvert = \ln x$ é primitiva de $f(x) = \dfrac{1}{x}$, pois $(\ln x)' = \dfrac{1}{x}$. No intervalo $x < 0$, $\ln\lvert x\rvert = ln(-x)$ é primitiva de $f(x) = \dfrac{1}{x}$, pois $\left[\ln(-x)\right]' = \dfrac{1}{-x} \cdot (-1) = \dfrac{1}{x}$. Faremos a seguinte convenção: ao escrevermos $\ln \varphi(x)$, estaremos entendendo $\ln\lvert\varphi(x)\rvert$: isto aliviará a notação.

A integral

EXERCÍCIOS

1.2.1. Achar uma primitiva, no conjunto de todos os números, de $f(x) = x^4 + x^{1/3} - 3$.

1.2.2. Idem em [0, 1].

1.2.3. Achar uma primitiva de $f(x) = \text{sen } x + \cos x + \dfrac{1}{1+x^2}$ no conjunto de todos os números.

1.2.4. Idem para $\dfrac{1}{\sqrt{1-x^2}} + \sec x \, \text{tg} \, x - \text{cossec}^2 x$ em $(0,1)$.

1.2.5. Idem para $\dfrac{1}{x} + x^{\sqrt{3}} - \text{cossec } x \, \text{ctg } x + 30e^x$, num certo intervalo I apropriado.

1.2.6. Idem para $a^x, a > 0$.

1.3 INTEGRAL DEFINIDA

Se F é primitiva de uma função f num intervalo I tal que $F(a) = 0$ para um certo a de I, então certamente F é única nessas condições, pelo que dissemos em 1.1. Indicaremos:

$$F = \int_a f(t)dt$$

e

$$F(x) = \int_a^x f(t)dt \quad (x \text{ de I})$$

Portanto

$$F(a) = \int_a^a f(t)dt = 0$$

e

$$F'(x) = \left(\int_a^x f(t)dt \right)' = f(x)$$

Para cada b de I, o número $\displaystyle\int_a^b f(t)dt = F(b)$ se chama *integral definida de f de a até b; a e b são os extremos de integração; f é a função integranda, ou o integrando.*

Notas. 1) Essa notação para $F(x)$ deve ter parecido estranha ao leitor, principalmente o aparecimento do dt. No entanto tal notação será útil, como veremos mais tarde, no Cap. 2.

2) Como f é contínua em I, uma tal função F certamente existe. Esse fato, de modo algum trivial, será provado no Apêndice A.

3) A letra t em $F(x) = \int_a^x f(t)dt$ é "muda", isto é, pode ser substituída por qualquer outra; assim,

$$F(x) = \int_a^x f(t)dt = \int_a^x f(u)du \int_a^x f(v)dv.$$

4) Se $f(x) \geq 0$, para todo x em $[a, b]$, então $\int_a^b f(t)dt$ é a área sob a curva $y = f(x)$, $a \leq x \leq b$.

Exemplo 1.3.1. Achar $\int_0^1 x^3 dx$.

Uma primitiva de $f(x) = x^3$ em $[0, 1]$ é $F(x) = \dfrac{x^4}{4}$, e $F(0) = 0$. Logo,

$$\int_0^1 x^3 dx = F(1) = \frac{1}{4}.$$

Observe que essa é a área sob a curva $y = f(x) = x^3$, $0 \leq x \leq 1$.

Exemplo 1.3.2. Achar $\int_{-1}^1 x^3 dx$.

Uma primitiva de $f(x) = x^3$ em $[-1, 1]$ e $F(x) = \dfrac{x^4}{4}$, mas $F(-1) = \dfrac{1}{4} \neq 0$.

Tomemos então

$$G(x) = \frac{x^4}{4} - \frac{1}{4}.$$

Então

$$G'(x) = x^3 = f(x)$$

e

$$G(-1) = 0$$

Logo,

$$\int_{-1}^1 x^3 dx = G(1) = \frac{1}{4} - \frac{1}{4} = 0$$

A integral   11

Esse problema de ficar "ajeitando" a função para obter a integral desaparece se usarmos a seguinte proposição:

Proposição 1.3.1. (Teorema fundamental do Cálculo). Se F é uma primitiva de f em I e se a e b são números de I, então

$$\int_a^b f(t)dt = F(b) - F(a).$$

Prova. Como $\int_a f(t)\ dt$ é uma primitiva de f em I, subsiste, para todo x desse intervalo, o seguinte (Proposição 1.2.1):

$$\int_a^x f(t)dt = F(x) + c,$$

onde c é um número.

Fazendo $x = a$, vem

$$0 = F(a) + c,$$

e daí

$$c = -F(a).$$

Logo,

$$\int_a^x f(t)dt = F(x) - F(a)$$

Faça agora $x = b$.

Notas. 1) O exemplo anterior então é calculado assim:

$$\int_{-1}^1 x^3 dx = F(1) - F(-1) = \frac{1}{4} - \frac{1}{4} = 0$$

2) A notação

$$F(x)\Big|_a^b = F(b) - F(a)$$

é de uso frequente.

Exemplo 1.3.2. Calcular $\int_0^{\pi/4}\left(\sec^2 x + 2x\right)dx$.

Temos que $F(x) = \text{tg } x + x^2$ é uma primitiva de $f(x) = \sec^2 x + 2x$. Logo,

$$\int_0^{\pi/4}\left(\sec^2 x + 2x\right)dx = \left(\text{tg } x + x^2\right)\Big|_0^{\pi/4} =$$

$$= \text{tg }\frac{\pi}{4} + \left(\frac{\pi}{4}\right)^2 - \left(\text{tg } 0 + 0^2\right) = 1 + \frac{\pi^2}{16}.$$

12 *Introdução ao cálculo*

EXERCÍCIOS

Calcular

1.3.1. $\displaystyle\int_0^4 (2x+10)\,dx.$

1.3.2. $\displaystyle\int_{-3}^4 \left(x^2-x-1\right)dx.$

1.3.3. $\displaystyle\int_4^{16} z\,dz.$

1.3.4. $\displaystyle\int_{-5}^5 \left(y^3+y^5\right)dy.$

1.3.5. $\displaystyle\int_0^1 \left(\sqrt{x}+\sqrt[3]{x}\right)dx.$

1.3.6. $\displaystyle\int_\pi^{2\pi} (x+1)^2\,dx.$

1.3.7. $\displaystyle\int_1^2 \frac{2x+15}{x^2}\,dx.$

1.3.8. $\displaystyle\int_0^{1/2} \frac{du^*}{\sqrt{1-u^2}}.$

1.3.9. $\displaystyle\int_a^b e^x\,dx$

1.3.10. $\displaystyle\int_0^{\pi/2}\left(e^x - \frac{1}{1+x^2}\right)dx.$

1.3.11. $\displaystyle\int_0^1 \left(x+x^{1/2}+10x+\sec x\ \text{tg}\ x\right)dx.$

1.3.12. $\displaystyle\int_0^{-\ln 2}\left(2^x+x^2\right)dx.$

1.3.13. $\displaystyle\int_0^1 (\text{senh}\ x+\cosh x)\,dx.$

1.3.14. $\displaystyle\int_0^4 \left(\sqrt{x}+1\right)\left(x-\sqrt{x}\right)dx.$

1.3.15. $\displaystyle\int_{\ln\frac{1}{2}}^{\ln\frac{1}{4}}\left(2^x e^x+1\right)dx.$

1.3.16. $\displaystyle\int_0^1 \frac{dx}{\cosh^2 x}.$

Sugestão. Derive tgh $x=\dfrac{\text{senh}\,x}{\cosh x}.$

1.4 PROPRIEDADES DA INTEGRAL DEFINIDA

Nesta secção, I será sempre um intervalo; f, g, funções contínuas em I, e a, b, c, números de I.

Proposição 1.4.1. Quaisquer que sejam os números m e n, tem-se

$$\int_a^b (mf+ng)(x)\,dx = m\int_a^b f(x)\,dx + n\int_a^b g(x)\,dx.$$

---

[*] $\sqrt{\dfrac{du}{1-u^2}}$ está por $\dfrac{1}{\sqrt{1-u^2}}\,du$. Tal maneira de escrever é frequente.

A integral

Prova. Se F e G são primitivas de f e g em I, então (Proposição 1.2.2.) $mF + nG$ é uma primitiva em I de $mf + ng$. Logo, pela Proposição 1.3.1. vem

$$\int_a^b \left(mf + ng\right)(x)dx = \left(mF + nG\right)(x)\Big|_a^b =$$

$$= mF(b) + nG(b) - \left(mF(a) + nG(a)\right) =$$

$$= m\left(F(b) - F(a)\right) + n\left(G(b) - G(a)\right) =$$

$$= m\int_a^b f(x)dx + n\int_a^b g(x)dx.$$

Corolários

1) $\displaystyle\int_a^b mf(x)dx = m\int_a^b f(x)dx.$

2) $\displaystyle\int_a^b (-f)(x)dx = -\int_a^b f(x)dx.$

3) $\displaystyle\int_a^b (f + g)(x)dx = \int_a^b f(x)dx + \int_a^b g(x)dx.$

4) $\displaystyle\int_a^b (f - g)(x)dx = \int_a^b f(x)dx - \int_a^b g(x)dx.$

Prova. Exercício.

Proposição 1.4.2.

a) $\displaystyle\int_a^b f(x)dx + \int_b^c f(x)dx = \int_a^c f(x)dx.$

b) $\displaystyle\int_a^b f(x)dx = -\int_b^a f(x)dx.$

Na prova de existência de primitiva de função contínua dada no Apêndice A, fica provada, como subproduto, a propriedade (a), da qual (b) é simples consequência (fazer $c = a$). No entanto, para o leitor que não leu tal apêndice e simplesmente quer admitir a referida existência de primitiva, uma prova via Teorema Fundamental é a seguinte:

Se F é uma primitiva de f em I, então

$$\int_a^b f(x)dx + \int_b^c f(x)dx = F(b) - F(a) + (F(c) - F(b)) =$$
$$= F(c) - F(a) = \int_c^c f(x)dx.$$

Nota. As propriedades vistas admitem interpretações geométricas óbvias em termos de área. Por exemplo, supondo $f(x) \geq 0$, $a \leq b \leq c$ (Fig. 1-6), a propriedade (a) da Proposição 1.4.2 nos diz que a área sob a curva $y = f(x)$, $a \leq x \leq b$, mais a área sob a curva $y = f(x)$, $b \leq x \leq c$, é igual à área sob a curva $y = f(x)$, $a \leq x \leq c$.

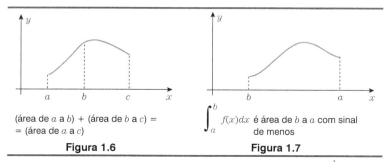

(área de a a b) + (área de b a c) = = (área de a a c)

$\int_a^b f(x)dx$ é área de b a a com sinal de menos

Figura 1.6 **Figura 1.7**

A parte (b) da Proposição 1.4.2 nos permite interpretar $\int_a^b f(x)dx$ quando $a \geq b$ e $f(x) \geq 0$. Nesse caso, como

$$\int_a^b f(x)dx = -\int_b^a f(x)dx$$

e $b \leq a$, vemos que o primeiro membro é a área sob a curva $y = f(x)$, $b \leq x \leq a$, com sinal menos (Fig. 1-7).

Proposição 1.4.3. (Teorema do valor médio do Cálculo Integral). Se a e b são números de I, existe c entre a e b tal que

$$\int_a^b f(x)dx = f(c)(b-a).$$

Geometricamente, supondo $f(x) \geq 0$, o resultado diz que a área sob a curva $y = f(x)$, $a \leq x \leq b$, é a mesma que a de um retângulo de base $b - a$ e altura $f(c)$, como mostra a Fig. 1-8.

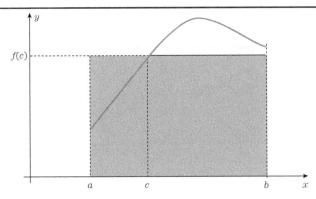

A área sob a curva $y = f(x)$, $a \le x \le b$,
é igual à área do retângulo em destaque

Figura 1.8

Prova. Se F é uma primitiva em I de f, podemos usar o teorema do valor médio e escrever

$$\int_a^b f(x)dx = F(b) - F(a) = F'(c)(b-a),$$

onde c é um número entre a e b. Mas $F'(c) = f(c)$, por ser F primitiva de f.

Proposição 1.4.4. (Desigualdades com integrais). Sejam a e b de I, com $a \le b$.

1) Se $f(x) \le 0$ para todo x de I, então $\int_a^b f(x) \ge 0$.

2) Se $f(x) \ge g(x)$, então $\int_a^b f(x)dx \ge \int_a^b g(x)dx$.

3) $\left| \int_a^b f(x)dx \right| \le \int_a^b |f|(x)dx$.

Vejamos interpretações geométricas de (1) e (2).

A parte (1) nos diz simplesmente que a área sob a curva $y = f(x)$, $a \le x \le b$, é positiva ou nula.

A parte (2) nos diz que, se $a \le b$, a integral preserva desigualdades. Supondo $f(x) \ge g(x) \ge 0$, como é o caso da Fig. 1-9, a propriedade nos diz que a área sob a curva $y = f(x)$, $a \leq x \leq b$, é maior ou igual à área sob a curva $y = g(x)$, $a \leq x \leq b$.

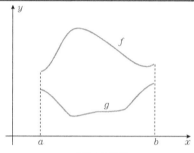

Figura 1.9

Vejamos, antes de interpretar a parte (3), a prova da proposição.

Prova. A parte (1) é consequência imediata da Proposição 1.4.3.

$$\int_a^b f(x)dx = f(c)(b-a) \geq 0,$$

pois $f(c) \geq 0$ e $b - a \geq 0$.

A parte (2) decorre da parte 1, pois $(f - g)(x) \geq 0$ e então

$$\int_a^b (f-g)(x)dx \geq 0,$$

e daí [Corolário 4, da Proposição 1.4.1]

$$\int_a^b f(x)dx \geq \int_a^b g(x)dx.$$

Quanto à parte (3), temos

$$-|f(x)| \leq f(x) \leq |f(x)|$$

e daí, pela parte (2), resulta

$$\int_a^b -|f|(x)dx \leq \int_a^b f(x)dx \leq \int_a^b |f|(x)dx,$$

ou seja,

$$-\int_a^b |f|(x)dx \leq \int_a^b f(x)dx \leq \int_a^b |f|(x)dx,$$

que é equivalente ao que se quer provar.

Suponha que $a \leq b$ e que $f(x) \leq 0$ para todo x de $[a, b]$. Então, como $-f(x) \geq 0$, resulta que

$$\int_a^b -f(x)dx$$

é a área sob a curva $y = -f(x)$, $a \leq x \leq b$. Mas, como

$$\int_a^b f(x)dx = -\int_a^b -f(x)dx,$$

vemos que $\int_a^b f(x)dx$ é a área sob a curva $y = -f(x)$, $a \leq x \leq b$, com sinal menos. Em outras palavras, a área da região limitada pelo gráfico de f, pelo eixo dos x e pelas retas $x = a$ e $x = b$ é $-\int_a^b f(x)dx$.

Por exemplo, a área da região limitada pelo gráfico de $f(x) = $ sen x, $\pi \leq x \leq 2\pi$ e pelo eixo dos x é

$$-\int_\pi^{2\pi} \text{sen } x \, dx = \cos x \Big|_\pi^{2\pi} = 2. \qquad \text{(Fig. 1-10)}$$

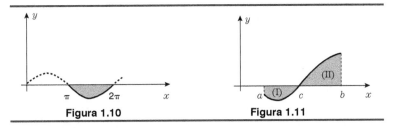

Figura 1.10 **Figura 1.11**

Passemos agora a interpretar a parte (3) da proposição anterior. Observe a Fig. 1-11. Temos

$$\int_a^b f(x)dx = \int_a^c f(x)dx + \int_c^b f(x)dx.$$

Pelo que vimos, a primeira integral do segundo membro é um número negativo, e a segunda um número positivo. Portanto $\left|\int_a^b f(x)dx\right|$ é, em valor absoluto, o "saldo" das áreas, isto é, área de (I) menos a área de (II), em valor absoluto. Por outro lado, observe o gráfico de $|f|$ na Fig. 1-12.

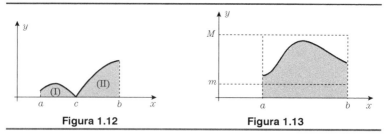

Figura 1.12   **Figura 1.13**

Vê-se que $\int_a^b |f|(x)dx$ é a soma das áreas da região (Γ) [= área da região (I)] com a área da região (II), de modo que

$$\left| \int_a^b f(x)dx \right| \leq \int_a^b |f|(x)dx.$$

É imediato o seguinte corolário.

Corolário. Se m e M são números tais que

$$m \leq f(x) \leq M$$

para todo x de I e $a \leq b$, então

$$m(b-a) \leq \int_a^b f(x)dx \leq M(b-a).$$

Prova. Exercício.

Geometricamente, supondo $f(x) \geq 0$ para todo x de I, $m, M > 0$, o resultado diz que a área sob a curva $y = f(x)$, $a \leq x \leq b$, está compreendida entre as áreas dos retângulos de base $(b - a)$ e alturas m e M, respectivamente, conforme se mostra na Fig. 1-13.

Nos exemplos que seguem, daremos algumas aplicações das propriedades vistas.

Exemplo 1.4.1. Calcular $\int_{-4}^{6} |x|dx$.

Temos

$$\int_{-4}^{6} |x|dx = \int_{-4}^{0} |x|dx + \int_{0}^{6} |x|dx.$$

No intervalo [-4, 0], $|x| = -x$ e, no intervalo [0, 6], $|x| = x$. Então

$$\int_{-4}^{6} |x|\, dx = \int_{-4}^{0} -x \; dx + \int_{0}^{6} x \; dx = -\frac{x^2}{2}\Big|_{-4}^{0} + \frac{x^2}{2}\Big|_{0}^{6} = 26.$$

Exemplo 1.4.2. Mostre que $0 \le \displaystyle\int_{1}^{2} \frac{dx}{x^4 + 1} \le \frac{7}{24}$.

Temos $x^4 < x^4 + 1$ e, portanto, se $x \neq 0$.

$$\frac{1}{x^4} > \frac{1}{x^4 + 1} > 0.$$

Então

$$\int_{1}^{2} \frac{dx}{x^4} \ge \int_{1}^{2} \frac{dx}{x^4 + 1} \ge 0,$$

ou seja,

$$\frac{x^{-4+1}}{-4+1}\Big|_{1}^{2} \ge \int_{1}^{2} \frac{dx}{x^4 + 1} \ge 0,$$

$$\therefore \frac{7}{24} \ge \int_{1}^{2} \frac{dx}{x^4 + 1} \ge 0.$$

Exemplo 1.4.3. Se $f(x) \ge 0$ para todo x de $[a, b]$, então $\displaystyle\int_{a}^{b} f(x)dx = 0$ acarreta $f(x) = 0$ para todo x de $[a, b]$.

De fato, a função $F(x) \displaystyle\int_{a}^{x} f(t)dt$, $a \le x \le b$, é tal que $F'(x) = f(x) \ge 0$ e $F(b) = 0$. Então, se $a \le x \le b$, deve-se ter $0 = F(a) \le F(x) \le F(b) = 0$, e então

$$F(x) = 0$$

para todo x de $[a, b]$. Daí

$$f(x) = F'(x) = 0$$

para todo x de $[a, b]$.

EXERCÍCIOS

1.4.1. Prove que, se $f(x) = 0$ para todo x de $[a, b]$, então

$$\int_{a}^{b} f(x)dx = 0.$$

Introdução ao cálculo

1.4.2. Ache c como na Proposição 1.4.3 nos casos

a) $f(x) = x^2$, $a = 0$, $b = 1$;

b) $f(x) = \dfrac{1}{x}$, $a = 1$, $b = 2$;

c) $f(x) = |x|$, $a = -3$, $b = 1$;

d) $f(x) = \dfrac{1}{\sqrt{1-x^2}} + \dfrac{1}{1+x^2}$, $a = 1$, $b = 0$;

e) $f(x) = x^3$, $a = -1$, $b = 1$;

f) $f(x) = x^3$, $a = -3$, $b = 1$.

1.4.3. Se para todo x de I ocorre que $m \le f(x) \le M$ e $g(x) \ge 0$, e $a \le b$, então

$$m\int_a^b g(x)dx \le \int_a^b f(x)g(x)dx \le M\int_a^b g(x)dx.$$

(f, g contínuas em I.)

1.4.4. Prove que

a) $\displaystyle\int_1^\pi \dfrac{dx}{\sqrt{1+x^4}} \ge \int_1^\pi \dfrac{dx}{1+x^4}$ b) $\displaystyle\int_0^1 \dfrac{dx}{\sqrt{1+x^3}} \le \int_0^1 \dfrac{dx}{1-x^3}$.

1.4.5. Calcular

a) $\displaystyle\int_{-10}^{10} |x|\,dx$;   b) $\displaystyle\int_{-2}^5 |3x-4|\,dx$;

c) $\displaystyle\int_{-\pi}^{2\pi} |\operatorname{sen} x|\,dx$;   d) $\displaystyle\int_0^4 |x^2-3x+2|\,dx$;

e) $\displaystyle\int_0^x |t|\,dt$;   f) $\displaystyle\int \dfrac{x^2\,dx}{x^2+1}$.

Sugestão. Some e subtraia 1 no numerador.

1.4.6. Prove que $\left(\displaystyle\int_x^a f(t)dt\right)' = -f(x)$.

1.4.7. Prove que, se $|f(x)| \le M$ para todo x de I, então

$$\left|\int_a^b f(x)dx\right| \le M|b-a|.$$

Aqui a e b são números quaisquer de I.

A integral 21

*1.4.8. Se $f(x) \geq 0$ se verifica para todo x de $I = [a, b]$ e, além disso, $f(e) > 0$ para um certo e de I, então $\int_a^b f(x)dx > 0$. Interprete geometricamente o resultado. Supor f contínua em I.

1.5 EXISTÊNCIA DE PRIMITIVA

Seja f uma função contínua num intervalo I. Pergunta-se se existe uma primitiva F de f em I. A resposta é afirmativa e será provada no Apêndice A*. O que faremos nesta secção é procurar dar uma ideia de como será feita a prova desse resultado. Queremos, no entanto, ressaltar que a leitura desta secção, ao contrário do que parece, é essencial e não deve, em hipótese alguma, ser omitida pelo leitor. Isto se deve ao fato de que nas *aplicações* da integral, que serão objeto do Cap. 3, as definições de volume, comprimento de curva etc., só parecerão naturais se tivermos presente a maneira como a integral é aproximada, maneira essa que é usada na prova do referido resultado fundamental.

Começamos com a noção de *partição de um intervalo* $[a, b]$: é um conjunto P de pontos $x_0 = a, x_1, x_2, ..., x_n = b$ tais que

$$x_0 \leq x_1 \leq ... \leq x_n.$$

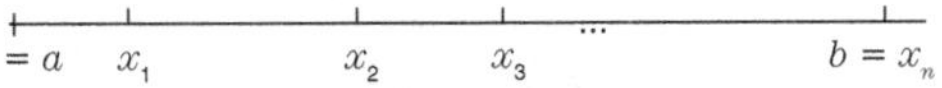

Figura 1.14

Seja f uma função contínua em $[a, b]$. Podemos considerar os pontos s_i e t_i, de máximo e de mínimo de f em $[x_i, x_{i+1}]$, os quais existem por ser f contínua nesse intervalo. O número

$$S(P,f) = f(s_0)(x_1 - x_0) + f(s_1)(x_2 - x_1) + \cdots + f(s_{n-1})(x_n - x_{n-1})$$

$$= \sum_{i=0}^{n-1} f(s_i)(x_{i+1} - x_i)$$

---

* Veja, mais especificamente, o Exer. A. 16.

é chamado *soma superior de f associada a P*[*].

O número

$$s(P,f) = f(t_0)(x_1 - x_0) + f(t_1)(x_2 - x_1) + \cdots + f(t_{n-1})(x_n - x_{n-1}) =$$
$$= \sum_{i=0}^{n-1} f(t_i)(x_{i+1} - x_i)^{**}$$

é chamado *soma inferior de f associada a P*.

É imediato que

$$s(P,f) \leq S(P,f),$$

porquanto

$$f(t_i) \leq f(s_i).$$

Vejamos o significado geométrico dos números recém-definidos, o qual é facilmente compreensível através da Fig. 1-15, na qual se representa o gráfico de uma função f tal que f(x) ≥ 0.

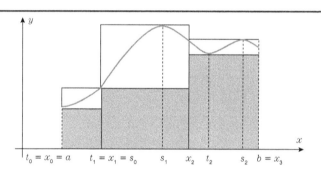

($n = 3$)

Figura 1.15

$S(P, f)$ é a soma das áreas dos retângulos de base $(x_{i+1} - x_i)$ e altura $f(S_i)$, $i = 1, 2, ..., n - 1$. Vemos que $S(P, f)$ é uma aproximação

---

[*] A rigor deveríamos indicar $S(f, P, [a, b])$ e dizer soma superior de f associada a P e a $[a, b]$.

[**] Aqui cabe observação semelhante à feita na nota de rodapé acima.

A integral

por excesso da área sob a curva $y = f(x)$, $a \le x \le b$, ou seja, de $\int_a^b f(x)dx$. O número $s(P,f)$ é a soma das áreas dos retângulos de base $(x_{i+1} - x_i)$ e altura $f(t_i)$, $i = 1, 2, ..., n-1$ (os quais estão acinzentados). Vemos que $s(P,f)$ é uma aproximação por falta da área sob a curva $y = f(x)$, $a \le x \le b$, ou seja, de $\int_a^b f(x)dx$.

Observe que, se ao invés do tomarmos necessariamente s_i ou t_i tivéssemos tomado um número c_i, qualquer de $[x_i, x_{i+1}]$, obteríamos

$$R(P,f) = f(c_0)(x_1 - x_0) + f(c_1)(x_2 - x_1) + \cdots + f(c_{n-1})(x_n - x_{n-1}) =$$

$$= \sum_{i=0}^{n-1} f(c_i)(x_{i+1} - x_i)^*$$

e, como

$$f(t_i) \le f(c_i) \le f(s_i),$$

vem

$$s(P,f) \le R(P,f) \le S(P,f).$$

O número $R(P,f)$ é chamado *soma de Riemann de f associada a* P (e a $c_0, ..., c_{n-1}$). o qual é, também, uma aproximação de $\int_a^b f(x)dx$.

O que acontece com a soma inferior e a soma superior quando um novo ponto é acrescentado à partição P? Em geral, a soma superior decresce e a inferior cresce. Dissemos *em geral* porque essas somas podem ficar inalteradas. Mas certamente a inclusão de mais pontos vai fazer com que as somas inferiores se aproximem cada vez mais (por falta) da área sob a curva $y = f(x)$, $a \le x \le b$, o mesmo acontecendo (por excesso) com as somas superiores. Uma verificação experimental é feita nas Figs. 1-16 e 1-17.

A proposição seguinte precisa o resultado. Sua prova, apesar de fácil, é dada no Apêndice A.

---

* A rigor, uma notação mais precisa seria $R(P, f, c_0, ... , c_{n-1})$.

Proposição 1.5.1. Seja f uma função contínua em $[a, b]$; Q uma partição desse intervalo obtida de uma partição P do mesmo por acréscimo de pontos. Então

$$s(P,f) \le s(Q,f) \le S(Q,f) \le S(P,f).$$

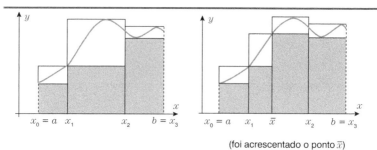

(foi acrescentado o ponto $\bar{x}$)

Figura 1.16   **Figura 1.17**

O fato seguinte é que, sendo f como na Proposição 1.5.1, existe um único número entre toda soma inferior e toda soma superior. Designando-o por A_a^b, temos então que, quaisquer que sejam as partições P e Q de $[a, b]$,

$$s(P,f) \le A_a^b \le S(Q,f).$$

Considerando agora f contínua num intervalo I, seja a um número de I. Podemos considerar, para cada x de I, o número A_a^x; obtemos uma função F que a x de I associa o número A_a^x. Prova-se que $F'(x) = f(x)$ para todo x de I e que $F(a) = 0$, o que será feito no Apêndice A. Estabelece-se assim a seguinte proposição.

Proposição 1.5.2. (Existência de primitiva). Se f é uma função contínua num intervalo I, existe uma primitiva F de f em I.

Pelo que se disse, tomado a de I, existe uma primitiva F de f em I tal que $F(a) = 0$. Em particular, se $I = [a, b]$, existe $\int_a^b f(x)dx = F(b)$.

EXERCÍCIOS

1.5.1. Seja $f(x) = 2$, $1 \le x \le 4$. Calcule $s(P,f)$, $S(P,f)$, sendo P o conjunto dos pontos

a) 1 e 4;

b) 1, 2 e 4;

c) $x_0 = 1, x_1, ..., x_n = 4$, com $x_0 \leq x_1 \leq ... \leq x_n$.

1.5.2. Idem para $f(x) = x$, $1 \leq x \leq 4$, nos casos

a) 1 e 4;

b) 1, 2 e 4;

c) 1, 2, 3 e 4;

d) $x_0 = 1, x_1 = 1 + \dfrac{3}{n}, x_2 = 1 + 2 \cdot \dfrac{3}{n}, x_3 = 1 + 3 \cdot \dfrac{3}{n}, \cdots, x_{n-1} =$

$= 1 + (n-1)\dfrac{3}{n}, x_n = 1 + n \cdot \dfrac{3}{n} = 4$,

n natural. O que sucede com as somas quando n cresce? (Compare com a área sob a curva $f(x) = x$, $1 \leq x \leq 4$ calculada por geometria.)

1.5.3. Idem para $f(x) = x$, $-3 \leq x \leq 4$, nos casos

a) $-3, 0$ e 4;

b) $-3, -2, 0, 1$ e 4;

c) $-3, -2, -1$, e 4.

1.5.4. Idem para $f(x) = x^2$, $0 \leq x \leq 1$, nos casos

a) 0 e 1;

b) $0, \dfrac{1}{2}$ e 1;

c) $0, \dfrac{1}{3}, \dfrac{1}{2}, \dfrac{3}{4}, 1$;

d)
$x_0 = 0, x_1 = 1 + \dfrac{1}{n}, x_2 = \dfrac{2}{n}, x_3 = \dfrac{3}{n}, \cdots, x_{n-1} = \dfrac{n-1}{n}, x_n = \dfrac{n}{n} = 1$,

n natural. O que acontece quando n cresce?

Sugestão. Usar

$$1^2 + 2^2 + \cdots + n^2 = \frac{n(n+1)(2n+1)}{6} = \frac{n^3}{6}\left(1 + \frac{1}{n}\right)\left(2 + \frac{1}{n}\right).$$

1.5.5. Idem para $f(x) = -x^2$, nos mesmos casos do exercício anterior.

1.5.6. Idem para $f(x) = x^2 - x$, $0 \leq x \leq 1$, nos casos (a), (b) e (c) do Exer. 1.5.4.

2

Técnicas de integração

2.1 OBJETIVO DO CAPÍTULO

Na Sec. 1.1.2, demos uma tabela de primitivas, através da qual se pode, usando propriedades vistas, achar uma primitiva de uma função do tipo

$$f = a_1 f_1 + a_2 f_2 + \cdots + a_n f_n,$$

onde os a_i são números, e f_i são funções daquela tabela, $i = 1, 2, \dots, n$. De fato, se F_i é primitiva de f_i, então $a_1 F_1 + a_2 F_2 + \dots + a_n F_n$ será uma primitiva de f, conforme decorre da Proposição 1.2.2. Agora, se desejamos achar uma primitiva de $f(x) = \operatorname{tg} x$, ou de $f(x) = x \operatorname{sen} x$, é necessário que sejam desenvolvidas técnicas especiais. Este é o objetivo do presente capítulo: fornecer métodos para se achar uma primitiva de uma função, processo conhecido como *integração*.

Convém arranjar uma notação especial para uma primitiva de uma função, para evitar que se tenha de dizer, a todo momento: seja F uma primitiva da função f no intervalo I. Infelizmente o símbolo tradicional para F é

$$\int f(x)dx^*.$$

Infelizmente porque o símbolo

$$\int x^2 dx$$

---

* Costuma-se dizer "a integral $\int f(x) \, dx \dots$".

tanto representa a função que a x associa $\dfrac{x^3}{3}$, quanto a função que a x associa $\dfrac{x^3}{3} + 10$. Além disso, costuma-se escrever

$$\int x^2 dx = \frac{x^3}{3},$$

o que também é impróprio, uma vez que o primeiro membro é uma função, e o segundo o valor da função em x.

Bem, mas certamente não são essas coisas que apresentam dificuldades, como constatará o leitor, mas sim a integração propriamente dita. Ao contrário da derivação, a integração é em geral difícil.

Com a notação acima introduzida, a Proposição 1.2.2 nos diz que, para se obter

$$\int \big(a_1 f_1 + \cdots + a_n f_n\big)(x)dx,$$

isto é, uma primitiva de $a_1 f_1 + \ldots + a_n f_n$, basta efetuar a soma

$$a_1 \int f_1(x)dx + \cdots + a_n \int f_n(x)dx.$$

Indica-se[*]

$$\int \big(a_1 f_1 + \cdots + a_n f_n\big)(x)dx = a_1 \int f_1(x)dx + \cdots + a_n \int f_n(x)dx.$$

Repetiremos a tabela da Sec. 1.2, usando a notação introduzida nesta secção para primitiva.

$\displaystyle \int x^m dx = \frac{x^{m+1}}{m+1} \quad (m \neq -1)$
$\displaystyle \int \frac{dx}{x} = \ln\ x$
$\displaystyle \int a^x dx = \frac{a^x}{\ln a} \quad (a > 0,\ a \neq 1)$
$\displaystyle \int e^x dx = e^x$

---

[*] Leia o comentário do Exer. 2.1.1.

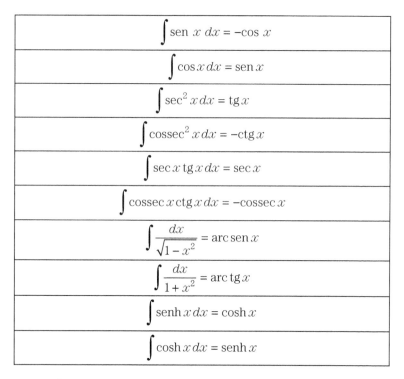

EXERCÍCIOS

2.1.1. Mostre que, se H é uma primitiva da função $af + bg$ no intervalo I, onde a e b são números, f e g funções contínuas em I, então existem primitivas F e G de f e g, respectivamente, tais que $H = aF + bG$.

Comentário. A igualdade

$$\int (af(x) + bg(x))dx = a\int f(x)dx + b\int g(x)dx$$

pode ser então entendida assim: dadas primitivas $\int f(x)\,dx$ e $\int g(x)\,dx$ de f e g, então a $\int f(x)\,dx + b\int g(x)\,dx$ é uma primitiva de $af(x) + bg(x)$, conforme se disse no texto. Agora, mediante esse resultado, podemos dizer que, dada uma primitiva $\int (af(x) + bg(x))\,dx$ de $af + bg$, existem primitivas $\int f(x)\,dx$ e $\int g(x)\,dx$ de f e g, respectivamente, tais que a $\int f(x)\,dx + b\int g(x)\,dx$ é uma primitiva de $af + bg$.

Técnicas de integração   29

2.1.2. É verdade que $\int f(x)\, g(x)\, dx = \int f(x)\, dx \int g(x)\, dx$ num sentido análogo ao dado no comentário do exercício anterior?

2.2 PROCESSO DE SUBSTITUIÇÃO

Suponhamos que se queira achar uma primitiva de uma função $\varphi(x)$, num certo intervalo I, ou seja, quer-se $\int \varphi(x)\, dx$. Vamos supor que existam funções f e g tais que

$$\varphi(x) = f\big(g(x)\big)\frac{dg}{dx}.$$

Por exemplo,

$$\varphi(x) = 2xe^{x^2}; \quad f(x) = e^x, \quad g(x) = x^2.$$

Portanto queremos achar

$$\int \varphi(x)dx = \int f\big(g(x)\big)\frac{dg}{dx}dx.$$

Entendendo formalmente[*] $\dfrac{dg}{dx}$ como um quociente e fazendo $u = g(x)$, resulta

$$\int \varphi(x)dx = \int f(u)\frac{du}{dx}dx = \int f(u)du.$$

Supondo que se saiba uma primitiva de f, o nosso problema fica resolvido. Em suma,

$$\int \varphi(x)dx = \int f\big(g(x)\big)\frac{dg}{dx}dx = \int f(u)du, \quad u = g(x),$$

onde o último membro deve ser entendido assim: sendo F uma primitiva de f, $F(u) = \int f(u)\, du$, faz-se $u = g(x)$, obtendo $F(g(x))$, que será uma primitiva de φ.

A fórmula

$$\int f\big(g(x)\big)\frac{dg}{dx}dx = \int f(u)du, \quad u = g(x),$$

pode ser entendida formalmente assim:

1°)   substitui-se $g(x)$ por u, $u = g(x)$;

2°)   o símbolo $\dfrac{dg}{dx}dx = g'(x)dx$ é substituído por du, $du = g'(x)\, dx$.

---

[*]   Quer dizer: "faça de conta que".

Aplicando no caso do exemplo: queremos achar $\int 2x\, e^{x^2}\, dx$.

Façamos $u = x^2$, logo $du = 2x\, dx$. Substituindo,

$$\int 2x\, e^{x^2}\, dx = \int e^{x^2}\, 2x\, dx = \int e^u\, du = e^u = e^{x^2}.$$

Verificando por derivação,

$$\left(e^{x^2}\right)' = 2xe^{x^2} = \varphi\left(x\right),$$

de modo que o procedimento formal funcionou.

Nós *provaremos* que o procedimento acima é válido, sob hipóteses apropriadas. Antes, porém, vejamos alguns exemplos.

Exemplo 2.2.1. Achar $\int \operatorname{tg} x\, dx$.

Temos

$$\int \operatorname{tg} x\, dx = \int \frac{\operatorname{sen} x}{\cos x}\, dx.$$

Fazendo

$$u = \cos x, \quad \text{logo} \quad du = -\operatorname{sen} x\, dx,$$

vem

$$\int \operatorname{tg} x\, dx = \int \frac{\operatorname{sen} x}{\cos x}\, dx = -\int \frac{\operatorname{sen} x}{\cos x}\, dx = -\int \frac{du}{u} = -\ln u = -\ln \cos x.$$

Exemplo 2.2.2. Achar $\int x\, e^{x^2}\, dx$.

Fazendo $u = x^2$, logo $du = 2x\, dx$, vem

$$\int x\, e^{x^2}\, dx = \frac{1}{2}\int 2x\, e^{x^2}\, dx = \frac{1}{2}\int e^u\, du = \frac{1}{2}e^u = \frac{1}{2}e^{x^2}.$$

Exemplo 2.2.3. Achar $\int e^x \operatorname{tg} e^x\, dx$.

a)   Fazendo $u = e^x$, logo $du = e^x\, dx$, vem

$$\int e^x \operatorname{tg} e^x dx = \int \operatorname{tg} e^x \cdot e^x dx = \int \operatorname{tg} u\, du = -\ln \cos u = -\ln \cos e^x.$$

b)   Podemos também fazer $u = \sec e^x$, logo $du = \sec e^x \cdot \operatorname{tg} e^x \cdot e^x\, dx$, e então

$$\int e^x \operatorname{tg} e^x dx = \int \frac{\sec e^x}{\sec e^x} \cdot \operatorname{tg} e^x \cdot e^x dx = \int \frac{du}{u} = \ln u = \ln \sec e^x =$$

$$= -\ln \cos e^x.$$

Técnicas de integração

c) Fazendo $u = \ln \sec e^x$, logo $du = \operatorname{tg} e^x \cdot e^x\, dx$, vem

$$\int e^x \operatorname{tg} e^x dx = \int du = u = \ln \sec e^x = -\ln \cos e^x.$$

Este exemplo mostra que a escolha de $u = g(x)$ não é única.

Exemplo 2.2.4. Achar $\int x \operatorname{sen} x^2\, dx$.

Façamos $u = x^2$, logo $du = 2x\, dx$. Então

$$\int x \operatorname{sen} x^2 dx = \frac{1}{2}\int 2x \operatorname{sen} x^2 dx = \frac{1}{2}\int \operatorname{sen} u\, du =$$

$$= -\frac{1}{2}\cos u = -\frac{1}{2}\cos x^2.$$

Exemplo 2.2.5. Achar $\int x\sqrt{x^2 - 9}\, dx$.

Façamos $u = x^2 - 9$, logo $du = 2x\, dx$. Então

$$\int x\sqrt{x^2 - 9}\, dx = \frac{1}{2}\int \sqrt{u}\, du = \frac{1}{2}\frac{u^{3/2}}{3/2} = \frac{1}{3}u^{3/2} = \frac{\left(x^2 - 9\right)^{3/2}}{3}.$$

Exemplo 2.2.6. Achar $\int \dfrac{e^{\sqrt{x}}}{\sqrt{x}}\, dx$.

Façamos $u = \sqrt{x}$, logo $\dfrac{1}{2\sqrt{x}}\, dx$. Então

$$\int \frac{e^{\sqrt{x}}}{\sqrt{x}}\, dx = 2\int \frac{e^{\sqrt{x}}}{2\sqrt{x}}\, dx = 2\int e^u du = 2e^u = 2e^{\sqrt{u}}.$$

Exemplo 2.2.7. Achar $\int \dfrac{dx}{x^2 + a^2}$, $a \neq 0$.

Façamos $u = \dfrac{x}{a}$, logo $du = \dfrac{dx}{a}$. Então

$$\int \frac{dx}{x^2 + a^2} = \int \frac{a \cdot \frac{1}{a}dx}{a^2 \cdot \frac{x^2}{a^2} + a^2} = \int \frac{a\, du}{a^2 u^2 + a^2} = \frac{1}{a}\int \frac{du}{u^2 + 1} =$$

$$= \frac{1}{a}\operatorname{arc} \operatorname{tg} u = \frac{1}{a}\operatorname{arc} \operatorname{tg} \frac{x}{a}.$$

Exemplo 2.2.8. Achar $\int \text{sen}^4\, x \cos x\, dx$.

Façamos $u = \text{sen}\, x$, logo $du = \cos x\, dx$. Então

$$\int \text{sen}^4\, x \cos x\, dx = \int u^4\, du = \frac{u^5}{5} = \frac{\text{sen}^5\, x}{5}.$$

Exemplo 2.2.9. a) Achar $\int \dfrac{x\, dx}{x^2 + a^2}$.

Façamos $u = x^2 + a^2$, logo $du = 2x\, dx$. Então

$$\int \frac{x\, dx}{x^2 + a^2} = \frac{1}{2} \int \frac{2x\, dx}{x^2 + a^2} = \frac{1}{2} \int \frac{du}{u} = \frac{1}{2} \ln u = \frac{1}{2} \ln\left(x^2 + a^2\right).$$

b) Achar $\int \dfrac{x\, dx}{\left(x^2 + a^2\right)^2}$.

Façamos $u = x^2 + a^2$, logo $du = 2x\, dx$. Então

$$\int \frac{x\, dx}{\left(x^2 + a^2\right)^2} = \frac{1}{2} \int \frac{2x\, dx}{\left(x^2 + a^2\right)^2} = \frac{1}{2} \int \frac{du}{u^2} = \frac{1}{2}\left(-\frac{1}{u}\right) = -\frac{1}{2}\frac{1}{x^2 + a^2}.$$

c) Achar $\int \dfrac{x\, dx}{\left(x^2 + a^2\right)^n}$, n natural.

O caso $n = 1$ foi calculado na parte (a). Se $n \neq 1$, façamos $u = x^2 + a^2$, logo $du = 2x\, dx$. Então

$$\int \frac{x\, dx}{\left(x^2 + a^2\right)^n} = \frac{1}{2} \int \frac{2x\, dx}{\left(x^2 + a^2\right)^n} = \frac{1}{2} \int \frac{du}{u^n} =$$

$$= \frac{1}{2} \frac{1}{(-n+1)u^{n-1}} = \frac{1}{2} \frac{1}{(-n+1)\left(x^2 + a^2\right)^{n-1}}.$$

Exemplo 2.2.10. Achar $\int_0^1 \dfrac{x\, dx}{x^2 + 1}$.

Pelo exemplo precedente, a função $F(x) = \dfrac{1}{2} \ln\left(x^2 + 1\right)$ é uma primitiva de $f(x) = \dfrac{x}{x^2 + 1}$. Então

$$\int_0^1 \frac{x\, dx}{x^2 + 1} = \frac{1}{2} \ln\left(x^2 + 1\right)\Big|_0^1 = \frac{1}{2}\left(\ln 2 - \ln 1\right) = \frac{1}{2} \ln 2.$$

Técnicas de integração   33

Podemos proceder também como se segue. Ao efetuarmos a mudança

$$u = u(x) = x^2 + 1,$$

vemos que, se $x = 0$, $u(0) = 1$; e se, $x = 1$, $u(1) = 2$. Então

$$\int_0^1 \frac{x\,dx}{x^2+1} = \frac{1}{2}\int_{u(0)}^{u(1)} \frac{du}{u} = \frac{1}{2}\int_1^2 \frac{du}{u} = \frac{1}{2}\ln u\Big|_1^2 = \frac{1}{2}\ln 2.$$

Observe: mudando a "variável" x para a "variável" u, devemos mudar os extremos de integração apropriadamente.

Exemplo 2.2.11. Seja f uma função contínua em $[-a, a]$. Então

a) se f for ímpar, tem-se $\displaystyle\int_{-a}^a f(x)dx = 0$;

b) se f for par, tem-se $\displaystyle\int_{-a}^a f(x)dx = 2\int_0^a f(x)dx.$

Provaremos a parte (a), deixando a outra como exercício. Temos

$$\int_{-a}^a f(x)dx = \int_{-a}^0 f(x)dx + \int_0^a f(x)dx. \qquad (\alpha)$$

Na primeira integral do segundo membro, façamos $u = -x$, logo $du = -dx$. Teremos

$$\int_{-a}^0 f(x)dx = \int_{u(-a)}^{u(0)} f(-u)(-1)du = -\int_a^0 f(-u)du =$$

$$= -\int_a^0 -f(u)du = \int_a^0 f(u)du = -\int_0^a f(u)du.$$

Substituindo na igualdade (α), resulta

$$\int_{-a}^a f(x)dx = -\int_0^a f(u)du + \int_0^a f(x)dx =$$

$$= -\int_0^a f(x)dx + \int_0^a f(x)dx = 0.$$

Exemplo 2.2.12. Vamos achar $\int \operatorname{sen} x \cos x\, dx$ usando duas substituições diferentes.

1.º) Fazendo $u = \operatorname{sen} x$, logo $du = \cos x \, dx$, e então

$$\int \operatorname{sen} x \cos x \, dx = \int u \, du = \frac{u^2}{2} = \frac{\operatorname{sen}^2 x}{2}.$$

2.º) Fazendo $u = \cos x$, logo $du = -\operatorname{sen} x \, dx$, e então

$$\int \operatorname{sen} x \cos x \, dx = -\int -\operatorname{sen} x \cos x \, dx =$$

$$= -\int u \, du = -\frac{u^2}{2} = -\frac{\cos^2 x}{2}.$$

Existe uma aparente contradição, porquanto o símbolo $\int \operatorname{sen} x$ $\cos x \, dx$ designa uma primitiva, e as duas substituições nos forneceram primitivas diferentes da mesma função. De fato,

$$\left(\frac{\operatorname{sen}^2 x}{2} \right)' = \operatorname{sen} x \cos x$$

$$\left(-\frac{\cos^2 x}{2} \right)' = \operatorname{sen} x \cos x.$$

Como temos duas primitivas de uma mesma função, sua diferença deve ser uma função constante, o que é verificado a seguir:

$$\frac{\operatorname{sen}^2 x}{2} - \left(-\frac{\cos^2 x}{2} \right) = \frac{\operatorname{sen}^2 x + \cos^2 x}{2} = \frac{1}{2}.$$

Provaremos agora a validade do processo visto.

Proposição 2.2.1. Seja f contínua num intervalo J, g derivável, com derivada contínua, num intervalo I, sendo que $g(x)$ pertence a J para todo x de I. Então, se F é uma primitiva de f em J, $F \circ g$ será uma primitiva de $(f \circ g)g'$ em I.

Nota. Observe que F se indica $\int f(u) \, du$, e uma primitiva de $(f \circ g)g'$ se indica $\int f\big(g(x)\big) \dfrac{dg}{dx} dx$. Então o resultado diz que

$$\int f\big(g(x)\big) \frac{dg}{dx} dx = \int f(u) du, \quad u = g(x),$$

onde o segundo membro tem seu significado já explicado.

Prova. Temos

$$\frac{dF \circ g}{dx} = \frac{dF}{du}\bigg|_{u=g(x)} \cdot \frac{du}{dx} = f\big(g(x)\big)\frac{dg}{dx}$$

e, portanto, $F \circ g$ é uma primitiva de $(f \circ g)g'$ em I.

Corolário. Nas hipóteses da proposição, e sendo a, b, números de I. tem-se

$$\int_a^b f\big(g(x)\big)\frac{dg}{dx}dx = \int_{g(a)}^{g(b)} f(u)du.$$

Prova.

$$\int_a^b f\big(g(x)\big)\frac{dg}{dx}dx = \big(F \circ g\big)(x)\bigg|_a^b = F\big(g(b)\big) - F\big(g(a)\big) =$$

$$= \int_{g(a)}^{g(b)} f(u)du.$$

EXERCÍCIOS

Nos exercícios seguintes, você deve achar as primitivas e *verificar o resultado por derivação.*

2.2.1. $\displaystyle\int (x-1)^4 \, dx.$

2.2.2. $\displaystyle\int (1-x)^4 \, dx.$

2.2.3. $\displaystyle\int (1-x)^3 \, dx.$

2.2.4. $\displaystyle\int \frac{1}{(2+x)^2} \, dx.$

2.2.5. $\displaystyle\int 6x\sqrt{1-2x^2}\,dx.$

2.2.6. $\displaystyle\int 2\,\mathrm{sen}\,2x\,dx.$

2.2.7. $\displaystyle\int (x^2+1)^5 \, x\,dx.$

2.2.8. $\displaystyle\int (x^9+x)\big(9x^8+1\big)dx.$

2.2.9. $\displaystyle\int 3x^2 e^{x^3} \, dx.$

2.2.10. $\displaystyle\int (e^x+2)^{10} \, e^x \, dx.$

2.2.11. $\displaystyle\int x^4 e^{-x^5} \, dx.$

2.2.12. $\displaystyle\int \frac{\cos\sqrt{x}}{\sqrt{x}} \, dx.$

Introdução ao cálculo

2.2.13. $\int \cos(x+5)dx.$

2.2.14. $\int \dfrac{\ln x\,dx}{x}.$

2.2.15. $\int \dfrac{dx}{x\ln x}.$

2.2.16. $\int \dfrac{\operatorname{arc tg} x\,dx}{1+x^2}.$

2.2.17. $\int 2^{2x}dx.$

2.2.18. $\int \dfrac{e^x+1}{e^x+x}\cdot dx.$

2.2.19. $\int \dfrac{dx}{e^x+e^{-x}}.$

2.2.20. $\int \dfrac{dx}{\sqrt{4-9x^2}}.$

2.2.21. $\int \dfrac{x\,dx}{\sqrt{4-9x^2}}.$

2.2.22. $\int \dfrac{x\,dx}{\sqrt{a^4-x4}},\quad a\neq 0.$

2.2.23. $\int \dfrac{2x\,dx}{x^4+1}.$

*2.2.24. $\int \sqrt{\dfrac{1+x}{1-x}}\,dx.$

*2.2.25. $\int \dfrac{dx}{\sqrt{x+1}+\sqrt{x+2}}.$

2.2.26. $\int (x+1)^{100}\,x\,dx.$

2.2.27. $\int \dfrac{(2x+1)dx}{x^2+x+1}.$

2.2.28. $\int \sec^2 x\,\operatorname{tg} x\,dx.$

2.2.29. $\int \dfrac{x^4 dx}{\cos^2\left(1-x^5\right)}.$

2.2.30. $\int \dfrac{\sec x\,\operatorname{tg} x\,dx}{1+2\sec x}.$

2.2.31. $\int \dfrac{6\sec x\,\operatorname{tg} x\,dx}{9+4\sec^2 x}.$

2.2.32. $\int \dfrac{\operatorname{sen} x\,dx}{1+\cos^2 x}.$

2.2.33. $\int \dfrac{\operatorname{sen} x+\cos x}{\cos x}\,dx.$

2.2.34. $\int \sec^2 3z\, e^{\operatorname{tg} 3z}dz.$

2.2.35. $\int e^{2\ln \sec x}dx.$

2.2.36. $\int \dfrac{\sec^2 x\,dx}{\operatorname{tg} x}.$

2.2.37. $\int \dfrac{\cosh 3x\,dx}{1+\operatorname{senh} 3x}.$

2.2.38. $\int \operatorname{senh}^3 x\cosh x\,dx.$

2.2.39. $\int \dfrac{\operatorname{senh} x\,dx}{\left(1+\cosh x\right)^2}.$

Para os exercícios seguintes convém ter presentes as relações:

1) $\operatorname{sen}^2 x+\cos^2 x=1.$

2) $1+\operatorname{tg}^2 x=\sec^2 x.$

3) $1 + \text{ctg}^2 x = \text{cossec}^2 x.$

4) $\text{sen}^2 x = \dfrac{1}{2}(1 - \cos 2x).$

5) $\cos^2 x = \dfrac{1}{2}(1 + \cos 2x).$

6) $\text{sen}\, 2x = 2\,\text{sen}\, x \cos x.$

7) $1 - \cos x = 2\,\text{sen}^2 \dfrac{x}{2}.$

8) $1 + \cos x = 2\cos^2 \dfrac{x}{2}.$

9) $\text{sen}\, x \cos y = \dfrac{1}{2}\big[\text{sen}\,(x - y) + \text{sen}\,(x + y)\big].$

10) $\text{sen}\, x \,\text{sen}\, y = \dfrac{1}{2}\big[\cos(x - y) - \cos(x + y)\big].$

11) $\cos x \cos y = \dfrac{1}{2}\big[\cos(x - y) + \cos(x + y)\big].$

2.2.40. $\displaystyle\int \dfrac{dx}{1 + \cos x}.$

2.2.41. $\displaystyle\int \cos^2 x \, dx.$

2.2.42. $\displaystyle\int \cos^3 x \, dx.$

2.2.43. $\displaystyle\int \cos^5 x \, dx.$

2.2.44. $\displaystyle\int \text{sen}^3 x \, dx.$

2.2.45. $\displaystyle\int \text{sen}^2 x \cos^3 x \, dx.$

2.2.46. $\displaystyle\int \cos^4 x \,\text{sen}^3 x \, dx.$

2.2.47. $\displaystyle\int \text{sen}^4 x \, dx.$

2.2.48. $\displaystyle\int \text{sen}^2 x \cos^2 x \, dx.$

2.2.49. $\displaystyle\int \text{tg}^2 \theta \, d\theta.$

2.2.50. $\displaystyle\int \text{tg}^4 \theta \, d\theta.$

2.2.51. $\displaystyle\int \text{tg}^3 z \, dz.$

2.2.52. $\displaystyle\int \text{tg}^5 x \, dx.$

2.2.53. $\displaystyle\int \text{sen}\, 2x \,\text{sen}\, x \, dx.$

2.2.54. $\displaystyle\int \text{sen}\, x \cos 5x \, dx.$

2.2.55. $\displaystyle\int \cos 2x \cos x \, dx.$

2.2.56. $\displaystyle\int_{-\pi}^{+\pi} \text{sen}\, mx \,\text{sen}\, nx \, dx.$

2.2.57. $\displaystyle\int_{-\pi}^{+\pi} \text{sen}\, mx \cos nx \, dx.$

2.2.58. $\displaystyle\int_{-\pi}^{+\pi} \cos mx \cos nx \, dx.$

**2.2.59. $\displaystyle\int \sec x \, dx.$

38   *Introdução ao cálculo*

Solução. $\sec x = \dfrac{\sec x \left(\sec x + \operatorname{tg} x\right)}{\sec x + \operatorname{tg} x} = \dfrac{\sec^2 x + \sec x \operatorname{tg} x}{\sec x + \operatorname{tg} x}.$

Fazendo $u = \sec x + \operatorname{tg} x$, resulta $du = (\sec x \operatorname{tg} x + \sec^2 x)\, dx$, logo

$$\int \sec x\, dx = \int \frac{du}{u} = \ln u = \ln\left(\sec x + \operatorname{tg} x\right).$$

2.2.60. $\int \operatorname{cossec} x\, dx.$

2.3 PROCESSO DE SUBSTITUIÇÃO (continuação)

Na Sec. 2.2 vimos o processo de substituição segundo o qual se procura colocar uma função φ na forma $f\left(g\left(x\right)\right)\dfrac{dg}{dx}$, a fim de se achar uma primitiva de φ. Um outro procedimento que se usa é o que segue.

Dada φ, ao se procurar achar $\int \varphi(x)\, dx$, tenta-se uma mudança de variável $x = f(u)$ esperando que a resultante integral seja mais fácil de ser achada. Vejamos a coisa formalmente.

$$\int \varphi(x)dx = \int \varphi\left(f\left(u\right)\right)dx = \int \varphi\left(f\left(u\right)\right) \cdot \frac{dx}{du}\, du,$$

onde novamente interpretamos $\dfrac{dx}{du} = \dfrac{df}{du}$ como um quociente. Se a integral do último membro for achada, deveremos expressar então u como função de x, e então f deve ser inversível,

$$u = f^{-1}(x)$$

Podemos interpretar formalmente a fórmula acima do seguinte modo:

1.º)   substitui-se x por $f(u)$, $x = f(u)$;

2.º)   substitui-se dx por $\dfrac{df}{du}\, du$, $dx = f'\left(u\right)du.$

Vejamos como a coisa funciona. Seja achar $\displaystyle\int \frac{e^{2x}}{\sqrt{e^x + 2}}\, dx.$ Façamos $u = \sqrt{e^x + 2} = f^{-1}\left(x\right)$, logo $e^x = u^2 - 2$, ou seja, $x = \ln\left(u^2 - 2\right) = f(u).$

Daí

$$dx = \frac{1}{u^2 - 2} \cdot 2u \, du,$$

e teremos

$$\int \frac{e^{2x}}{\sqrt{e^x + 2}} dx = \int \frac{\left(u^2 - 2\right)^2}{u} \cdot \frac{1}{u^2 - 2} \cdot 2u \cdot du =$$

$$= 2\int \left(u^2 - 2\right) du = 2\left(\frac{u^3}{3} - 2u\right) =$$

$$= 2\left[\frac{\left(\sqrt{e^x + 2}\right)^3}{3} - 2\sqrt{e^x + 2}\right].$$

Antes da justificativa desse procedimento formal, vejamos exemplos.

Exemplo 2.3.1. Achar $\int \frac{x}{\sqrt{x+1}} dx$.

Fazendo $u = \sqrt{x+1}$, vem $x = u^2 - 1$, e $dx = 2u \, du$. Então

$$\int \frac{x}{\sqrt{x+1}} dx = \int \frac{u^2 - 1}{u} \cdot 2u \, du = 2\int \left(u^2 - 1\right) du =$$

$$= 2\left[\frac{u^3}{3} - u\right] = 2\left[\frac{\left(\sqrt{x+1}\right)^3}{3} - \sqrt{x+1}\right].$$

Exemplo 2.3.2. (Substituição trigonométrica). Se aparecem radicais da forma $\sqrt{a^2 - x^2}$, $a \neq 0$, recomenda-se a substituição $x = a\,\text{sen}\,u, -\frac{\pi}{2} < u < \frac{\pi}{2}$.

Nesse caso, $dx = a\cos u \, du$, e $u = \text{arc sen}\,\frac{x}{a}$.

Seja achar $\int \sqrt{a^2 - x^2} dx$, $a > 0$. Com a substituição indicada, resulta

$$\int \sqrt{a^2 - x^2} dx = \int \sqrt{a^2 - a^2 \,\text{sen}^2\, u}\, a\cos u \, du =$$

$$= a^2 \int \sqrt{1 - \operatorname{sen}^2 u} \cos u \, du =$$

$$\overset{*}{=} a^2 \int \cos^2 u \, du = a^2 \int \frac{1 + \cos 2u}{2} \, du =$$

$$= a^2 \left(\frac{u}{2} + \frac{\operatorname{sen} 2u}{4} \right) = \frac{a^2}{2} \left(u + \frac{\operatorname{sen} 2u}{2} \right).$$

Precisamos exprimir u em função de x. Temos

$$u = \operatorname{arc\,sen} \frac{x}{a}, \quad \therefore \quad \operatorname{sen} u = \frac{x}{a},$$

e

$$\operatorname{sen} 2u = 2 \operatorname{sen} u \cos u \overset{*}{=} 2 \cdot \frac{x}{a} \cdot \sqrt{1 - \frac{x^2}{a^2}}.$$

Logo,

$$\int \sqrt{a^2 - x^2} \, dx = \frac{a^2}{2} \left(\operatorname{arc\,sen} \frac{x}{a} + \frac{x}{a} \sqrt{1 - \frac{x^2}{a^2}} \right).$$

Outro exemplo: $\int \sqrt{\dfrac{9 - x^2}{x^2}} \, dx$. Fazendo $x = 3 \operatorname{sen} u$, logo $dx = 3 \cos u \, du$, vem

$$\int \frac{\sqrt{9 - x^2}}{x^2} \, dx = \int \frac{3 \cos u}{9 \operatorname{sen}^2 u} \cdot 3 \cos u \, du = \int \frac{\cos^2 u}{\operatorname{sen}^2 u} \, du =$$

$$= \int \operatorname{ctg}^2 u \, du = \int \left(\operatorname{cossec}^2 x - 1 \right) du = -\operatorname{ctg} u - u.$$

Como

$$u = \operatorname{arc\,sen} \frac{x}{3}, \quad \text{então} \quad \operatorname{sen} u = \frac{x}{3}$$

e

$$\operatorname{ctg} u = \frac{\cos u}{\operatorname{sen} u} = \frac{\sqrt{1 - \left(\dfrac{x}{3} \right)^2}}{\dfrac{x}{3}},$$

---

* Como $u = \operatorname{arc\,sen} \dfrac{x}{a}$, então $-\dfrac{\pi}{2} \le u \le \dfrac{\pi}{2}$, logo $\cos u \ge 0$.

portanto

$$\int \frac{\sqrt{9-x^2}}{x^2}\,dx = -\frac{3\sqrt{1-\left(\dfrac{x}{3}\right)^2}}{x} - \operatorname{arc\,sen}\frac{x}{3}.$$

Exemplo 2.3.3. (Substituição trigonométrica). Quando aparecem radicais do tipo $\sqrt{a^2+x^2}$, $a \neq 0$, recomenda-se a substituição $x = a\operatorname{tg}u, -\dfrac{\pi}{2} < u < \dfrac{\pi}{2}$, logo $dx = a\sec^2 u\,du$, e $u = \operatorname{arc\,tg}\dfrac{x}{a}$.

Seja achar $\displaystyle\int x^3\sqrt{4+x^2}\,dx$.

Fazendo $x = 2\operatorname{tg}u$, logo $dx = 2\sec^2 u\,du$, vem

$$\int x^3\sqrt{4+x^2}\,dx = \int 8\operatorname{tg}^3 u\sqrt{4+4\operatorname{tg}^2 u}\,2\sec^2 u\,du =$$

$$= \int 8\operatorname{tg}^3 u \cdot 2\sec u \cdot 2\sec^2 u\,du = 32\int \operatorname{tg}^3 u\sec^3 u\,du =$$

$$= 32\int \operatorname{tg}^2 u\sec^2 u \cdot \sec u\operatorname{tg}u\,du =$$

$$= 32\int \left(\sec^2 u - 1\right)\sec^2 u \cdot \sec u\operatorname{tg}u\,du =$$

$$= 32\left[\int \sec^4 u \cdot \sec u\operatorname{tg}u\,du - \int \sec^2 u \cdot \sec u\operatorname{tg}u\,du\right] =$$

$$\overset{*}{=} 32\left(\frac{\sec^5 u}{5} - \frac{\sec^3 u}{3}\right).$$

Como

$$\sec u = \sqrt{1+\operatorname{tg}^2 u} = \sqrt{1+\left(\frac{x}{2}\right)^2} = \frac{\sqrt{4+x^2}}{2},$$

resulta

$$\int x^3\sqrt{4+x^2}\,dx = \frac{1}{5}\left(4+x^2\right)^{5/2} - \frac{4}{3}\left(4+x^2\right)^{3/2}.$$

---

* Faça $U = \sec u$, $\therefore dU = \sec u\operatorname{tg}u\,du$.

Outro exemplo: achar $\displaystyle\int \frac{x^2 dx}{\left(1+x^2\right)^{5/2}}$.

Façamos $x = \operatorname{tg} u$, logo $dx = \sec^2 u\, du$, e

$$\int \frac{x^2 dx}{\left(1+x^2\right)^{5/2}} = \int \frac{\operatorname{tg}^2 u \cdot \sec^2 u\, du}{\left(1+\operatorname{tg}^2 u\right)^{5/2}} = \int \frac{\left(\sec^2 u -1\right)\cdot \sec^2 u\, du}{\left(\sec^2 u\right)^{5/2}} =$$

$$= \int \frac{\left(\sec^2 u -1\right)}{\sec^3 u}\, du = \int \frac{du}{\sec u} - \int \frac{du}{\sec^3 u} =$$

$$\int \cos u\, du - \int \cos^3 u\, du \overset{*}{=} \operatorname{sen} u - \operatorname{sen} u + \frac{\operatorname{sen}^3 u}{3} = \frac{\operatorname{sen}^3 u}{3}.$$

Como

$$\operatorname{sen} u = \frac{\operatorname{tg} u}{\sqrt{1+\operatorname{tg}^2 u}} = \frac{x}{\sqrt{1+x^2}},$$

vem

$$\int \frac{x^2 dx}{\left(1+x^2\right)^{5/2}} = \frac{x^3}{3\left(1+x^2\right)^{3/2}}.$$

Exemplo 2.3.4. (Substituição trigonométrica). Se aparecerem radicais da forma $\sqrt{x^2 - a^2}$, $a > 0$, a substituição indicada é $x = a \sec u$, $0 \le u < \dfrac{\pi}{2}$, se $x \ge a$, ou $x = a \sec u$, $-\pi \le u < -\dfrac{\pi}{2}$, se $x \le -a$.

Seja achar $\displaystyle\int \frac{dx}{x\sqrt{x^2 -1}}$ no intervalo $x > 1$. Fazendo $x = \sec u$, logo $dx = \sec u \operatorname{tg} u\, du$, resulta

$$\int \frac{dx}{x\sqrt{x^2 -1}} = \int \frac{\sec u \operatorname{tg} u\, du}{\sec u \sqrt{\sec^2 u -1}} = \int \frac{\operatorname{tg} u\, du}{|\operatorname{tg} u|} \overset{**}{=} \int du = u.$$

---

* $\int \cos^3 u\, du = \int \cos^2 \cdot \cos u\, du = \int (1 - \operatorname{sen}^2 u)\cos u\, du = \int \cos u\, du - \int \operatorname{sen}^2 u$ $\cdot \cos u\, du = \operatorname{sen} u - \int \operatorname{sen}^2 u \cdot \cos u\, du$. Faça $U = \operatorname{sen} u$.

** Observe que $0 < u < \dfrac{\pi}{2}$, pois $x > 1$ e, então, $\operatorname{tg} u > 0$, e daí $|\operatorname{tg} u| = \operatorname{tg} u$.

Como

$$\sec u = x, \quad 0 < u < \frac{\pi}{2},$$

vem

$$\cos u = \frac{1}{x}, \quad 0 < u < \frac{\pi}{2},$$

e daí

$$u = \arccos\frac{1}{x},$$

resultando, pois,

$$\int \frac{dx}{x\sqrt{x^2 - 1}} = \operatorname{arc\ cos}\frac{1}{x}.$$

Vejamos agora a justificação do procedimento que usamos.

Proposição 2.3.1. Sejam I e J intervalos, domínios das funções f e φ, respectivamente. Suponhamos

a) φ contínua em J;

b) f derivável em I, com $f'(x) > 0$ ou $f'(x) < 0$ para todo x de I (logo f é inversível);

c) J o domínio de f^{-1}.

Então uma primitiva de φ em J é $G \circ f^{-1}$, onde G é uma primitiva de $(\varphi \circ f)f'$ em I.

Nota. Uma primitiva de φ em I se indica

$$\int \varphi(x)dx$$

e, sendo G como acima,

$$G(u) = \int \varphi(f(u))f'(u)du.$$

O resultado afirma que

$$\int \varphi(x)dx = \int \varphi(f(u))f'(u)du, \quad u = f^{-1}(x),$$

entendendo-se que, após o cálculo da primitiva do segundo membro, deve-se fazer $u = f^{-1}(x)$.

44   *Introdução ao cálculo*

Prova. Temos, para todo x de J,

$$\left(G \circ f^{-1}\right)'(x) = G'\left(f^{-1}(x)\right) \cdot \left(f^{-1}\right)'(x) =$$
$$= \left(\varphi \circ f\right)\left(f^{-1}(x)\right) \cdot f'\left(f^{-1}(x)\right) \cdot \left(f^{-1}\right)'(x) =$$
$$= \left(\varphi \circ f\right)\left(f^{-1}(x)\right) = \varphi(x).$$

Corolário. Nas hipóteses da proposição e sendo a e b números de J, tem-se

$$\int_a^b \varphi(x)dx = \int_{f^{-1}(a)}^{f^{-1}(b)} \varphi\left(f(u)\right)f'(u)du.$$

Prova. Exercício.

EXERCÍCIOS

Achar

2.3.1. $\displaystyle\int \frac{\sqrt{x\,dx}}{1+x}$.

2.3.2. $\displaystyle\int \frac{x\,dx}{\sqrt{x+1}}$.

2.3.3. $\displaystyle\int \frac{dx}{\sqrt{x-1}-\sqrt[4]{x-1}}$.

2.3.4. $\displaystyle\int \sqrt{e^x - 1}\,dx$.

2.3.5. $\displaystyle\int \frac{x^2\,dx}{\sqrt{1-x^2}}$.

2.3.6. $\displaystyle\int_{-1}^{\sqrt{3}} \sqrt{4-x^2}\,dx$.

2.3.7. $\displaystyle\frac{1}{\pi}\int_0^1 \frac{6\,dx}{\sqrt{4-x^2}}$.

2.3.8. $\displaystyle\int \frac{12x^3 dx}{\sqrt{2x^2+7}}$.

2.3.9. $\displaystyle\int \frac{dx}{\left(1+x^2\right)^{3/2}}$.

2.3.10. $\displaystyle\int \frac{\sqrt{9-4x^2}}{x}\,dx$.

2.3.11. $\displaystyle\int \frac{3\,dx}{x\sqrt{9+4x^2}}$.

2.4 PROCESSO DE INTEGRAÇÃO POR PARTES

Proposição. 2.4.1. Sejam f e g funções deriváveis, com derivadas contínuas, num intervalo I. Então uma primitiva em I de fg' é $fg - H$, onde H é uma primitiva de $f'g$ em I.

Em símbolos,

$$\int f(x)g'(x)dx = f(x)g(x) - \int f'(x)g(x)dx.$$

Técnicas de integração   45

Prova. Temos

$$(fg)'(x) = f'(x)g(x) + f(x)g'(x),$$

logo

$$f(x)g'(x) = (fg)'(x) - f'(x)g(x).$$

Usamos agora a Proposição 1.2.2 para afirmar que uma primitiva de fg' em I é obtida tomando-se uma primitiva em I de $(fg)'$ (a qual escolheremos fg) e subtraindo dela uma primitiva em I de $f'g$.

Corolário. Nas hipóteses da Proposição 2.4.1, sendo a e b números de I, tem-se

$$\int_a^b f(x)g'(x)dx = (fg)(x)\Big|_a^b - \int_a^b f'(x)g(x)dx.$$

Prova. Exercício.

Vejamos como o resultado é utilizado. É claro que a integral do segundo membro deve ser mais simples que a do primeiro.

Exemplo 2.4.1. Achar $\int xe^x dx$.

Sejam

$$f(x) = x, \quad g'(x) = e^x.$$
$$f'(x) = 1, \quad g(x) = e^x,$$

Então

e

$$\int xe^x dx = xe^x - \int e^x dx = xe^x - e^x.$$

Exemplo 2.4.2. Achar $\int x^2 e^x dx$.

Sejam

$$f(x) = x^2, \quad g'(x) = e^x.$$
$$f'(x) = 2x, \quad g(x) = e^x,$$

Então

e

$$\int x^2 e^x dx = x^2 e^x - \int 2xe^x dx = x^2 e^x - 2\int xe^x dx.$$

Observe que obtivemos uma integral do mesmo tipo que a dada, mas o grau do polinômio que multiplica e^x diminuiu. Usando novamente o processo, conseguimos uma integral mais simples, a saber, $\int e^x\,dx$, conforme se viu no exemplo anterior. O resultado final é

$$\int x^2 e^x dx = e^x\left(x^2 - 2x + 2\right).$$

Nota. Se a escolha inicial fosse

$$f(x) = e^x, \quad g'(x) = x^2.$$

então

$$f'(x) = e^x, \quad g(x) = \frac{x^3}{3}$$

e

$$\int x^2 e^x\,dx = e^x \cdot \frac{x^3}{3} - \int \frac{x^3}{3} e^x,$$

o que estaria correto, mas a escolha seria inadequada, porquanto a nova integral a ser calculada é menos simples que a que se quer calcular.

Exemplo 2.4.3. Achar $I_n = \int x^n\,e^x\,dx$, n natural.

Sejam

$$f(x) = x^n, \quad g'(x) = e^x.$$

Então

$$f'(x) = nx^{n-1}, \quad g(x) = e^x.$$

Logo,

$$I_n = \int x^n e^x\,dx = x^n e^x - n\int x^{n-1} e^x dx = x^n e^x - nI_{n-1}.$$

Obtivemos assim uma "fórmula de recorrência"

$$I_n = x^n e^x - nI_{n-1}.$$

Como $I_0 = \int e^x\,dx = e^x$, podemos, a partir dela, calcular I_1, I_2 etc. Por exemplo,

$$I_1 = x\,e^x \quad I_0 = x\,e^x - e^x.$$

que é o mesmo resultado obtido no Ex. 2.4.1.

Exemplo 2.4.4. Achar $I = \int e^x\,\text{sen}\,x\,dx$.

Sejam

$$f(x) = e^x, \quad g'(x) = \text{sen}\,x.$$

Então

$$f'(x) = e^x, \quad g(x) = -\cos x.$$

Logo

$$I = \int e^x \operatorname{sen} x \, dx = e^x \left(-\cos x \right) - \int e^x \left(-\cos x \right) dx,$$

e daí

$$I = -e^x \cos x + \int e^x \cos x \, dx.$$

Usemos novamente o processo para calcular esta nova integral.

$$F(x) = e^x, \quad G'(x) = \cos x.$$
$$F'(x) = e^x, \quad G(x) = \operatorname{sen} x.$$
$$\therefore \int e^x \cos x \, dx = e^x \operatorname{sen} x - \int e^x \operatorname{sen} x \, dx = e^x \operatorname{sen} x - I.$$

Substituindo na expressão anteriormente calculada,

$$I = -e^x \cos x + e^x \operatorname{sen} x - I,$$
$$\therefore 2I = e^x \left(\operatorname{sen} x - \cos x \right),$$
$$\therefore I = \frac{e^x}{2} \left(\operatorname{sen} x - \cos x \right).$$

Exemplo 2.4.5. Achar $\int \ln x \, dx$.
Sejam

$$f(x) = \ln x, \quad g'(x) = 1.$$

Então

$$f'(x) = \frac{1}{x}, \quad g(x) = x.$$

Logo,

$$\int \ln x \, dx = x \ln x - \int \frac{1}{x} \cdot x \, dx = x \ln x - x.$$

Exemplo 2.4.6. Achar $\int x\sqrt{1+x} \, dx$.
Sejam

$$f(x) = x, \quad g'(x) = \sqrt{1+x}.$$

Então

$$f'(x) = 1, \quad g(x) = \frac{2}{3}(1+x)^{3/2}.$$

Logo,

$$\int x\sqrt{1+x} \, dx = \frac{2}{3}x(1+x)^{3/2} - \frac{2}{3}\int (1+x)^{3/2} \, dx =$$
$$= \frac{2}{3}x(1+x)^{3/2} - \frac{4}{15}(1+x)^{5/2}.$$

Exemplo 2.4.7. Achar $I = \int \sec^3 x \, dx$.

Sejam

$$f(x) = \sec x, \quad g'(x) = \sec^2 x.$$

Então

$$f'(x) = \sec x \, \text{tg} \, x, \quad g(x) = \text{tg} \, x.$$

Logo,

$$I = \sec x \, \text{tg} \, x - \int \sec x \, \text{tg}^2 x \, dx = \sec x \, \text{tg} \, x - \int \sec x \left(\sec^2 x - 1 \right) dx =$$

$$= \sec x \, \text{tg} \, x - \int \sec^3 x \, dx + \int \sec x \, dx = \sec x \, \text{tg} \, x - I + \ln \left(\sec x + \text{tg} \, x \right).$$

Daí

$$I = \frac{1}{2} \left(\sec x \, \text{tg} \, x + \ln \left(\sec x + \text{tg} \, x \right) \right).$$

A seguir veremos um exemplo que será importante no cálculo de integrais de funções racionais, na próxima secção.

Exemplo 2.4.8. Achar uma fórmula de recorrência para $I_n = \int \dfrac{dx}{\left(1 + x^2 \right)^n}$, n natural.

Temos

$$\frac{1}{\left(1 + x^2 \right)^n} = \frac{\left(1 + x^2 \right) - x^2}{\left(1 + x^2 \right)^n} = \frac{1}{\left(1 + x^2 \right)^{n-1}} - x \cdot \frac{x}{\left(1 + x^2 \right)^n}.$$

Logo,

$$I_n = \int \frac{dx}{\left(1 + x^2 \right)^n} = \int \frac{dx}{\left(1 + x^2 \right)^{n-1}} - \int x \cdot \frac{x \, dx}{\left(1 + x^2 \right)^n},$$

$$\therefore I_n = I_{n-1} - \int x \frac{x \, dx}{\left(1 + x^2 \right)^n}.$$

Fazendo, nessa última integral,

$$f(x) = x, \quad g'(x) = \frac{x}{\left(1 + x^2 \right)^n},$$

vem, para $n > 1$,

$$f'(x) = 1, \quad g(x) = \int \frac{x\,dx}{\left(1+x^2\right)^n} = \frac{1}{2} \frac{\left(1+x^2\right)^{-n+1}}{-n+1};$$

logo,

$$\int \frac{x \cdot x\,dx}{\left(1+x^2\right)^n} = \frac{-x}{2(n-1)} \cdot \frac{1}{\left(1+x^2\right)^{n-1}} + \frac{1}{2(n-1)} I_{n-1}.$$

Substituindo na expressão de I_n,

$$I_n = I_{n-1} + \frac{x}{2(n-1)} \cdot \frac{1}{\left(1+x^2\right)^{n-1}} - \frac{1}{2(n-1)} I_{n-1},$$

$$\therefore I_n = \frac{1}{2(n-1)} \cdot \frac{x}{\left(1+x^2\right)^{n-1}} + \frac{2n-3}{2(n-1)} I_{n-1}.$$

Em particular, sendo

$$I_1 = \int \frac{dx}{1+x^2} = \operatorname{arc\,tg} x,$$

vem

$$I_2 = \frac{x}{2\left(1+x^2\right)} + \frac{1}{2} \operatorname{arc\,tg} x.$$

EXERCÍCIOS

Achar, nos Exers. 2.4.1 a 2.4.21. as integrais indicadas.

2.4.1. $\displaystyle\int x \operatorname{sen} x\,dx.$

2.4.2. $\displaystyle\int x \cos x\,dx.$

2.4.3. $\displaystyle\int x^2 \operatorname{sen} x\,dx.$

2.4.4. $\displaystyle\int x^2 \cos x\,dx.$

2.4.5. $\displaystyle\int e^x \operatorname{sen} x\,dx.$

2.4.6. $\displaystyle\int \operatorname{arc\,sen} x\,dx.$

2.4.7. $\displaystyle\int \operatorname{arc\,tg} x\,dx.$

2.4.8. $\displaystyle\int x \ln x\,dx.$

2.4.9. $\displaystyle\int x^2 \ln x\,dx.$

2.4.10. $\displaystyle\int x^n \ln x\,dx,\ n$ natural.

2.4.11. $\displaystyle\int x 2^{-x}\,dx.$

2.4.12. $\displaystyle\int \left(\ln x\right)^2 dx.$

50   *Introdução ao cálculo*

2.4.13. $\int ln\left(x + \sqrt{1 + x^2}\right)dx.$ 2.4.14. $\int x\sec^2 x\, dx.$

2.4.15. $\int \operatorname{sen} \ln x\, dx.$ 2.4.16. $\int \sec^2 x \ln \operatorname{tg} x\, dx.$

2.4.17. $\int \operatorname{senh} x \cos x\, dx.$ 2.4.18. $e^{\operatorname{arc\ sen} x}\, dx.$

2.4.19. $\int \dfrac{x\, e^x dx}{\left(1 + x\right)^2}.$ 2.4.20. $\int \sqrt{x^2 + a^2}.$

2.4.21. $\int \sqrt{a^2 - x^2}\, dx,\ a \neq 0.$

     Sugestão $\dfrac{x^2}{\sqrt{x^2 + a^2}} = \dfrac{\left(x^2 + a^2\right) - a^2}{\sqrt{x^2 + a^2}}.$

     2.4.22. Prove que

a) $I_n = \dfrac{x^{m+1}\left(\ln x\right)^n}{m + 1} - \dfrac{n}{m + 1}I_{n-1},$ sendo $I_n = \int x^m \left(\ln x\right)^n dx;$

b) $I_n = -\dfrac{1}{n}\operatorname{sen}^{n-1}x\cos x + \dfrac{n - 1}{n}I_{n-2},$ sendo $I_n = \int \operatorname{sen}^n x\, dx.$

2.5 INTEGRAÇÃO DE FUNÇÕES RACIONAIS

Vamos aprender como achar primitivas de funções racionais, que são, relembremos, da forma $\dfrac{p}{q}$, onde p e q são polinômios.

Suporemos que o grau de p seja menor do que o grau de q, isto é, trata-se de uma *função racional própria*. Se não é este o caso, efetuamos a divisão de p por q:

$$p = mq + r,$$

onde m e r são polinômios, com grau de r menor do que o grau de q. Daí

$$\frac{p}{q} = m + \frac{r}{q}$$

A integração de m é imediata (m é um polinômio) e o problema se reduz a achar uma primitiva da função racional própria $\dfrac{r}{q}$.

     Exemplo 2.5.1. Achar $\int \dfrac{x^3 + 1}{x - 2}dx.$

Aplicando o processo de divisão comum,

$$
\begin{array}{r|l}
x^3 + 1 & \underline{\;x - 2\;} \\
\underline{-x^3 + 2x^2} & x^2 + 2x + 4 \\
2x^2 + 1 & \\
\underline{-2x^2 + 4x} & \\
4x + 1 & \\
\underline{-4x + 8} & \\
\end{array}
$$

resulta

$$x^3 + 1 = \left(x - 2\right)\left(x^2 + 2x + 4\right) + 9.$$

Portanto

$$\frac{x^3 + 1}{x - 2} = x^2 + 2x + 4 + 9\frac{1}{x - 2}$$

e

$$\int \frac{x^3 + 1}{x - 2}\, dx = \int \left(x^2 + 2x + 4\right) dx + 9\int \frac{dx}{x - 2} =$$

$$= \frac{x^3}{3} + \frac{2x^2}{2} + 4x + 9\ln\left(x - 2\right) = \frac{x^3}{3} + x^2 + 4x + 9\ln\left(x - 2\right).$$

A vista do que dissemos, passaremos a considerar apenas funções racionais $\dfrac{p}{q}$ próprias.

A ideia básica do processo que veremos para achar primitivas desse tipo de função é a de decompor $\dfrac{p}{q}$ em soma de funções racionais mais simples, as quais possam ser integradas por métodos disponíveis. É conveniente a apresentação do método em diversos casos.

Caso 1. O denominador é um produto de fatores lineares distintos.

Suponhamos $\dfrac{p}{q}$ tal que $q(x) = (x - x_1)\,(x - x_2)\,\ldots\,(x - x_n)$, onde $x_1, x_2, \ldots, x_n$ são números dois a dois distintos. Neste caso, pode-se provar que existem números $A_1, A_2, \ldots, A_n$ tais que

$$\frac{p}{q}(x) = \frac{A_1}{x - x_1} + \frac{A_2}{x - x_2} + \cdots + \frac{A_n}{x - x_n}.$$

Assim,

$$\int \frac{p(x)dx}{q(x)} = A_1 \int \frac{dx}{x - x_1} + A_2 \int \frac{dx}{x - x_2} + \cdots + A_n \int \frac{dx}{x - x_n} =$$
$$= A_1 \ln(x - x_1) + A_2 \ln(x - x_2) + \cdots + A_n \ln(x - x_n).$$

O problema então se reduz à determinação dos números A_i, $i = 1$, $2, \ldots, n$.

Exemplo 2.5.2. Achar $\int \frac{dx}{x^2 - 1}$.

Podemos escrever

$$\frac{1}{x^2 - 1} = \frac{1}{(x - 1)(x + 1)} = \frac{A}{x - 1} + \frac{B}{x + 1}.$$

Para achar A e B, reduzimos ao mesmo denominador:

$$\frac{1}{(x - 1)(x + 1)} = \frac{A(x + 1) + B(x - 1)}{(x - 1)(x + 1)} = \frac{(A + B)x + A - B}{(x - 1)(x + 1)}.$$

Portanto devemos ter

$$1 = (A + B)x + A - B,$$

ou seja,

$$A + B = 0$$

e

$$A - B = 1.$$

Resolvendo o sistema, resulta

$$A = \frac{1}{2},$$

$$B = -\frac{1}{2}.$$

Um outro modo de achar A e B é atribuir valores a x na identidade

$$1 = A(x + 1) + B(x - 1).$$

$$x = 1: \qquad 1 = A \cdot 2 + B \cdot 0, \qquad \therefore A = \frac{1}{2};$$

$$x = -1: \quad 1 = A \cdot 0 + B(-2), \quad \therefore B = -\frac{1}{2}.$$

De qualquer forma,

$$\frac{1}{x^2 - 1} = \frac{1/2}{x - 1} + \frac{-1/2}{x + 1},$$

e daí

$$\int \frac{dx}{x^2 - 1} = \frac{1}{2} \ln(x - 1) - \frac{1}{2} \ln(x + 1) = \frac{1}{2} \ln \frac{x - 1}{x + 1}.$$

Exemplo 2.5.3. Achar $\int \frac{12x^2 - 22x + 12}{(x - 1)(x - 2)(x - 3)} \, dx$.

Podemos escrever

$$\frac{12x^2 - 22x + 12}{(x - 1)(x - 2)(x - 3)} = \frac{A}{x - 1} + \frac{B}{x - 2} + \frac{C}{x - 3} =$$

$$= \frac{A(x - 2)(x - 3) + B(x - 1)(x - 3) + C(x - 1)(x - 2)}{(x - 1)(x - 2)(x - 3)},$$

$$\therefore 12x^2 - 22x + 12 = A(x - 2)(x - 3) + B(x - 1)(x - 3) + C(x - 1)(x - 2).$$

Atribuindo valores a x,

$$
\begin{array}{cccc}
x = 1: & 2 = A \cdot 2, & \therefore & A = 1; \\
x = 2: & 16 = -B, & \therefore & B = -16; \\
x = 3: & 54 = 2C, & \therefore & C = 27.
\end{array}
$$

Portanto

$$\frac{12x^2 - 22x + 12}{(x - 1)(x - 2)(x - 3)} = \frac{1}{x - 1} - \frac{16}{x - 2} + \frac{27}{x - 3},$$

e daí

$$\int \frac{12x^2 - 22x + 12}{(x - 1)(x - 2)(x - 3)} \, dx = \ln(x - 1) - 16 \ln(x - 2) + 27 \ln(x - 3).$$

Caso 2. O denominador é um produto de fatores lineares, alguns dos quais repetidos.

Suponhamos, para fixar ideias, que se queira achar

$$\int \frac{x^3 + 1}{x(x - 1)^3} \, dx.$$

Tentaremos achar números A, B, C, D tais que

$$\frac{x^3+1}{x(x-1)^3} = \frac{A}{x} + \frac{B}{x-1} + \frac{C}{(x-1)^2} + \frac{D}{(x-1)^3}.$$

Observe: o número A aparece por causa do fator x (simples) e, como o fator $x-1$ aparece com multiplicidade 3, devemos colocar uma soma de 3 termos, como acima, onde compareçam as constantes B, C, D. Vemos então que

$$\int \frac{x^3+1}{x(x-1)^3}\,dx = A\ln x + B\ln(x-1) - C\frac{1}{x-1} - \frac{D}{2}\frac{1}{(x-1)^2}$$

e a integral ficará calculada se determinarmos A, B, C, D.

Reduzindo ao mesmo denominador a primeira identidade, resulta

$$x^3+1 = A(x-1)^3 + Bx(x-1)^2 + Cx(x-1) + Dx.$$

Fazendo

$$x = 0: \quad 1 = -A, \quad \therefore \quad A = -1;$$
$$x = 1: \quad 2 = D.$$

Identificando o coeficiente de x^3 do primeiro membro com o coeficiente de x^3 do segundo,

$$1 = A + B, \quad \therefore \quad B = 2.$$

Fazendo o mesmo com o coeficiente de x,

$$0 = 3A + B - C + D, \quad \therefore \quad C = 1.$$

Em geral, se um fator $x - a$ aparece com multiplicidade k, devido a ele deve ser escrita uma soma de k termos da forma

$$\frac{A_1}{x-a} + \frac{A_2}{(x-a)^2} + \cdots + \frac{A_k}{(x-a)^k}.$$

Exemplo 2.5.4. Achar $\displaystyle\int \frac{dx}{(x+1)(x+2)^2(x+3)^3}$.

Temos

$$\frac{1}{(x+1)(x+2)^2(x+3)^3} = \frac{A}{x+1} + \frac{B}{x+2} + \frac{C}{(x+2)^2} +$$

$$+ \frac{D}{(x+3)} + \frac{E}{(x+3)^2} + \frac{F}{(x+3)^3}.$$

Técnicas de integração   55

Uma vez achados A, B, C, D, E, F, teremos

$$\int \frac{dx}{(x+1)(x+2)^2(x+3)^3} = A \ln(x+1) + B \ln(x+2) - C \frac{1}{x+2} +$$

$$+D \ln(x+3) - E \frac{1}{x+3} - \frac{F}{2} \cdot \frac{1}{(x+3)^2}.$$

Deixamos de calcular esses números, pois estamos interessados apenas cm ilustrar o processo de integração.

Antes de examinarmos outros casos, convém que sejam feitos os exercícios a seguir. Prove que

$$\int \frac{dx}{x^2-9} = \frac{1}{6} \ln \frac{x-3}{x+3}.$$

$$\int \frac{2x+3}{(x+5)(x-2)} dx = \ln(x-2)(x+5).$$

$$\int \frac{(2x+1)dx}{(x+2)^3(x+1)^2} = \frac{3}{2(x+2)^2} + \frac{4}{x+2} + \frac{1}{x+1} - 5\ln(x+2) + 5\ln(x+1).$$

$$\int \frac{x^3+x^2+2}{x^3-x} dx = x + \ln \frac{(x-1)^2(x+1)}{x^2}.$$

$$\int \frac{x\,dx}{(x+1)^2} = \frac{1}{x+1} + \ln(x+1).$$

$$\int \frac{2(x-3)dx}{x^3+3x^2+2x} = 8\ln(x+1) - 3\ln x - 5\ln(x+2).$$

Caso 3. O denominador contém fatores quadráticos irredutíveis (isto é, cujas raízes são complexas) não repetidos.

Neste caso. para cada fator quadrático simples $ax^2 + bx + c$, com $b^2 - 4ac < 0$, corresponde uma fração do tipo

$$\frac{Ax+B}{ax^2+bx+c},$$

com A e B a determinar.

Por exemplo,

$$\frac{5x+12}{x(x^2+4)} = \frac{A}{x} + \frac{Bx+C}{x^2+4}.$$

56   *Introdução ao cálculo*

$$\frac{x}{x^3+1} = \frac{x}{(x+1)(x^2-x+1)} = \frac{A}{x+1} + \frac{Bx+C}{x^2-x+1}.$$

Vemos, pois, que neste caso precisamos aprender a achar integrais do tipo

$$\int \frac{Ax+B}{ax^2+bx+c}\,dx, \quad \text{com} \quad b^2-4ac<0.$$

Façamos isso através de exemplos.

Exemplo 2.5.5. Achar $\displaystyle\int \frac{dx}{x^2+x+1}$.

Temos

$$x^2+x+1 = x^2 + 2\cdot x\cdot\frac{1}{2} + \left(\frac{1}{2}\right)^2 - \left(\frac{1}{2}\right)^2 + 1 =$$

$$= \left(x+\frac{1}{2}\right)^2 - \frac{1}{4} + 1 = \left(x+\frac{1}{2}\right)^2 + \frac{3}{4}.$$

Observe o que foi feito. Tentamos "completar o quadrado"; por isso escrevemos

$$x^2+x+1 = x^2 + 2\cdot x\cdot\frac{1}{2} + \cdots$$

Pensando no desenvolvimento de $(x+\alpha)^2$, vemos que aparece o quadrado do "primeiro": x^2, mais duas vezes o "primeiro" pelo "segundo": $2\cdot x\cdot\frac{1}{2}$, e reconhecemos assim que o "segundo" deve ser $\frac{1}{2}$.

Como devemos ter em seguida o "segundo" ao quadrado, somamos $\left(\frac{1}{2}\right)^2$ e em seguida subtraímos esse mesmo número para não haver alteração e finalmente escrevemos o número 1, que já comparecia no primeiro membro. Então

$$\frac{1}{x^2+x+1} = \frac{1}{\left(x+\frac{1}{2}\right)^2 + \frac{3}{4}} = \frac{1}{\left(x+\frac{1}{2}\right)^2 + \left(\frac{\sqrt{3}}{2}\right)^2}.$$

Logo,

$$\int \frac{dx}{x^2+x+1} = \int \frac{dx}{\left(x+\frac{1}{2}\right)^2 + \left(\frac{\sqrt{3}}{2}\right)^2}.$$

Fazendo

$$u = x + \frac{1}{2}, \quad a = \frac{\sqrt{3}}{2},$$

recaímos no caso

$$\int \frac{dx}{x^2 + a^2}.$$

O resultado é

$$\frac{2}{3}\sqrt{3}\, \text{arc tg}\, \frac{2x+1}{\sqrt{3}}.$$

Exemplo 2.5.6. Achar $\int \dfrac{(x+1)dx}{x^2 - x + 1}$.

Observe que $b^2 - 4ac = (-1)^2 - 4 \cdot 1 \cdot 1 = -3 < 0$, de modo que o fator quadrático é irredutível. Aqui o procedimento começa, como no exemplo anterior, pela completação do quadrado:

$$x^2 - x + 1 = x^2 - 2 \cdot x \cdot \frac{1}{2} + \left(\frac{1}{2}\right)^2 - \left(\frac{1}{2}\right)^2 + 1 =$$

$$= \left(x - \frac{1}{2}\right)^2 + \frac{3}{4} = \left(x - \frac{1}{2}\right)^2 + \left(\frac{\sqrt{3}}{2}\right)^2.$$

Temos

$$\int \frac{(x+1)dx}{x^2 - x + 1} = \int \frac{(x+1)dx}{\left(x - \dfrac{1}{2}\right)^2 + \left(\dfrac{\sqrt{3}}{2}\right)^2}.$$

Chegando a esse ponto, fazemos a substituição

$$u = x - \frac{1}{2}, \quad \therefore \quad x = u + \frac{1}{2}, \quad dx = du.$$

Logo,

$$\int \frac{(x+1)dx}{x^2 - x + 1} = \int \frac{\left(u + \dfrac{1}{2} + 1\right)du}{u^2 + \left(\dfrac{\sqrt{3}}{2}\right)^2} = \int \frac{u\,du}{u^2 + \left(\dfrac{\sqrt{3}}{2}\right)^2} + \frac{3}{2}\int \frac{du}{u^2 + \left(\dfrac{\sqrt{3}}{2}\right)^2} =$$

$$= \frac{1}{2}\ln\left(u^2 + \left(\frac{\sqrt{3}}{2}\right)^2\right) + \frac{3}{2}\cdot\frac{1}{\frac{\sqrt{3}}{2}}\operatorname{arc\,tg}\frac{u}{\frac{\sqrt{3}}{2}} =$$

$$= \frac{1}{2}\ln\left[\left(x - \frac{1}{2}\right)^2 + \left(\frac{\sqrt{3}}{2}\right)^2\right] + \frac{3}{\sqrt{3}}\operatorname{arc\,tg}\frac{2(x - 1/2)}{\sqrt{3}} =$$

$$= \frac{1}{2}\ln\left(x^2 - x + 1\right) + \frac{3}{\sqrt{3}}\operatorname{arc\,tg}\frac{2x - 1}{\sqrt{3}}.$$

Os dois exemplos vistos são típicos do caso que estamos examinando. Vejamos mais alguns exemplos para que o leitor fixe o procedimento.

Exemplo 2.5.7. Achar $\displaystyle\int\frac{\left(x^2 + 1\right)dx}{(x - 1)\left(x^2 - 2x + 2\right)}$.

Temos

$$\frac{x^2 + 1}{(x - 1)\left(x^2 - 2x + 2\right)} = \frac{A}{x - 1} + \frac{Bx + C}{x^2 - 2x + 2}.$$

Mediante processo já visto, calculam-se A, B, C.

$$A = 2, \quad B = -1, \quad C = 3.$$

Logo,

$$\int\frac{\left(x^2 + 1\right)dx}{(x - 1)\left(x^2 - 2x + 2\right)} = \int\frac{2\,dx}{x - 1} + \int\frac{-x + 3}{x^2 - 2x + 2}\,dx =$$

$$= 2\ln(x - 1) + \int\frac{-x + 3}{x^2 - 2x + 2}\,dx.$$

Calculemos a última integral. Sendo

$$x^2 - 2x + 2 = x^2 - 2x + 1^2 - 1^2 + 2 = (x - 1)^2 + 1$$

temos

$$\int\frac{-x + 3}{x^2 - 2x + 2}\,dx = \int\frac{-x + 3}{(x - 1)^2 + 1}\,dx.$$

Fazendo

$$u = x - 1, \quad \therefore \quad x = u + 1, \quad dx = du.$$

vem

$$\int \frac{-x+3}{x^2-2x+2}\,dx = \int \frac{-u-1+3}{u^2+1}\,du = -\int \frac{u\,du}{u^2+1} +$$

$$+2\int \frac{du}{u^2+1} = -\frac{1}{2}\ln\left(u^2+1\right) + 2\arctg u =$$

$$= -\frac{1}{2}\ln\left(x^2-2x+2\right) + 2\arctg(x-1).$$

Exemplo 2.5.8. Achar $\displaystyle\int \frac{dx}{x^4-16}$.

Temos

$$x^4 - 16 = \left(x^2-4\right)\left(x^2+4\right) = (x-2)(x+2)\left(x^2+4\right).$$

Logo,

$$\frac{1}{x^4-16} = \frac{A}{x-2} + \frac{B}{x+2} + \frac{Cx+D}{x^2+4}.$$

Determinando A, B, C, D por processos já vistos, encontram-se

$$A = \frac{1}{32},\ B = -\frac{1}{32},\ C = 0,\ D = -\frac{1}{8}.$$

Então

$$\int \frac{dx}{x^4-16} = \frac{1}{32}\int \frac{dx}{x-2} - \frac{1}{32}\int \frac{dx}{x+2} - \frac{1}{8}\int \frac{dx}{x^2+4} =$$

$$= \frac{1}{32}\ln(x-2) - \frac{1}{32}\ln(x+2) - \frac{1}{16}\arctg\frac{x}{2}.$$

Eis alguns exercícios para o leitor. Prove que

$$\int \frac{x^2\,dx}{(x+1)\left(x^2+1\right)} = \frac{1}{2}\ln(x+1) + \frac{1}{4}\ln\left(x^2+1\right) - \frac{1}{2}\arctg x$$

$$\int \frac{x\,dx}{1+x^3} = \frac{1}{6}\ln\frac{x^2-x+1}{(x+1)^2} + \frac{\sqrt{3}}{3}\arctg\frac{2x-1}{\sqrt{3}},$$

$$\int \frac{dx}{1-x^4} = \frac{1}{4}\ln\frac{1+x}{1-x} + \frac{1}{2}\arctg x,$$

$$\int \frac{dx}{\left(x^2-4x+4\right)\left(x^2-4x+5\right)} = \arctg(2-x) + \frac{1}{2-x}.$$

60   *Introdução ao cálculo*

Caso 4. O denominador contém fatores quadráticos irredutíveis, alguns dos quais repetidos.

Neste caso, análogo ao Caso 2, para cada fator irredutível $ax^2 + bx + c$ aparecendo com multiplicidade k, deve-se colocar uma soma da forma

$$\frac{A_1 x + B_1}{ax^2 + bx + c} + \frac{A_2 x + B_2}{\left(ax^2 + bx + c\right)^2} + \cdots + \frac{A_k x + B_k}{\left(ax^2 + bx + c\right)^k},$$

onde os A_i e os B_i são números a determinar, $i = 1, 2, \ldots, k$.

Por exemplo,

$$\frac{x^3 - 2x + 1}{(x-1)(x+4)\left(x^2+2\right)^2} = \frac{A}{x-1} + \frac{B}{x+4} + \frac{Cx+D}{x^2+2} + \frac{Ex+F}{\left(x^2+2\right)^2},$$

$$\frac{1}{(x-1)^2(x+3)\left(x^2+x+1\right)^3} = \frac{A}{x-1} + \frac{B}{(x-1)^2} + \frac{C}{x+3} + \frac{Dx+E}{x^2+x+1} +$$

$$+ \frac{Fx+G}{\left(x^2+x+1\right)^2} + \frac{Hx+I}{\left(x^2+x+1\right)^3}.$$

Vemos assim que precisamos aprender como calcular

$$\int \frac{(Ax+B)\,dx}{\left(ax^2+bx+c\right)^k}, \quad b^2 - 4ac < 0, \quad k \text{ natural}.$$

Aqui se usa novamente o expediente de "completar o quadrado", conforme veremos nos exemplos que se seguem.

Exemplo 2.5.9. Achar $\displaystyle\int \frac{dx}{\left(2x^2 - 6x + 5\right)^2}$.

Observe que $b^2 - 4ac = 36 - 4 \cdot 2 \cdot 5 < 0$. Temos

$$2x^2 - 6x + 5 = 2\left(x^2 - 3x + \frac{5}{2}\right) = 2\left(x^2 - 2 \cdot x \cdot \frac{3}{2} + \left(\frac{3}{2}\right)^2 - \left(\frac{3}{2}\right)^2 + \frac{5}{2}\right) =$$

$$= 2\left[\left(x - \frac{3}{2}\right)^2 + \left(\frac{1}{2}\right)^2\right],$$

$$\therefore \int \frac{dx}{\left(2x^2 - 6x + 5\right)^2} = \frac{1}{4}\int \frac{dx}{\left[\left(x - \frac{3}{2}\right)^2 + \left(\frac{1}{2}\right)^2\right]^2}.$$

Fazendo

$$x - \frac{3}{2} = \frac{1}{2}u,$$

resulta

$$\frac{1}{4}\int \frac{du/2}{\left(\dfrac{u^2}{4}+\dfrac{1}{4}\right)^2} = 2\int \frac{du}{\left(u^2+1\right)^2} = 2\left[\frac{u}{2\left(1+u^2\right)}+\frac{1}{2}\operatorname{arc\,tg}u\right] =$$

$$= 2\left[\frac{2x-3}{2\left[1+\left(2x-3\right)^2\right]}+\frac{1}{2}\operatorname{arc\,tg}\left(2x-3\right)\right] =$$

$$= \frac{2x-3}{2\left(2x^2-6x+5\right)}+\operatorname{arc\,tg}\left(2x-3\right).$$

(Na segunda passagem usamos os resultados do Ex. 2.4.8.)

Exemplo 2.5.10. Achar $\displaystyle\int \frac{dx}{\left(x-2\right)^2\left(x^2+1\right)^2}$.

Temos

$$\frac{1}{\left(x-2\right)^2\left(x^2+1\right)^2} = \frac{A}{x-2}+\frac{B}{\left(x-2\right)^2}+\frac{Cx+D}{x^2+1}+\frac{Ex+F}{\left(x^2+1\right)^2}.$$

Através de cálculo, obtém-se

$$A = -\frac{8}{125}, \quad B = \frac{1}{25}, \quad C = \frac{8}{125}, \quad D = \frac{11}{125}, \quad E = \frac{4}{25}, \quad F = \frac{3}{25}.$$

Então

$$\int \frac{dx}{\left(x-2\right)^2\left(x^2+1\right)^2} = \frac{8}{125}\int \frac{dx}{x-2}+\frac{1}{25}\int \frac{dx}{\left(x-2\right)^2}+\frac{1}{125}\int \frac{8x+11}{x^2+1}dx +$$

$$+\frac{1}{25}\int \frac{4x+3}{\left(x^2+1\right)^2}dx = -\frac{8}{125}\,ln\left(x-2\right)-\frac{1}{25}\frac{1}{\left(x-2\right)}+\frac{1}{125}\,I_1+\frac{1}{25}\,I_2.$$

Já sabemos como calcular I_1:

$$I_1 = \int \frac{8x\,dx}{x^2+1}+\int \frac{11dx}{x^2+1} = \frac{8}{2}ln\left(x^2+1\right)+11\operatorname{arc\,tg}x.$$

Quanto a I_2,

$$I_2 = \int \frac{4x\,dx}{\left(x^2+1\right)^2} + \int \frac{3\,dx}{\left(x^2+1\right)} = \frac{4}{2}\cdot\left[-\frac{1}{x^2+1}\right] + 3\left[\frac{x}{2\left(1+x^2\right)} + \frac{1}{2}\operatorname{arc\,tg} x\right].$$

(Na primeira integral usamos a substituição $u = x^2 + 1$, e na segunda os resultados do Ex. 2.4.8.)

Exemplo 2.5.1 1. Achar $\displaystyle\int \frac{15x^3 - 75x^2 + 196x - 131}{\left(x^2 - 4x + 9\right)^2}\,dx$.

Temos $b^2 - 4ac = 16 - 4\cdot 1\cdot 9 < 0$. Logo,

$$\frac{x^3 + 8x + 21}{\left(x^2 - 4x + 9\right)^2} = \frac{Ax + B}{x^2 - 4x + 9} + \frac{Cx + D}{\left(x^2 - 4x + 9\right)^2}.$$

Mediante cálculo, obtém-se

$$A = 15, \quad B = -15, \quad C = 1, \quad D = 4.$$

Então

$$I = \int \frac{15x^3 - 75x^2 + 196x - 131}{\left(x^2 - 4x + 9\right)^2}\,dx = 15\int \frac{(x-1)dx}{x^2 - 4x + 9} + \int \frac{(x+4)dx}{\left(x^2 - 4x + 9\right)^2}.$$

Como

$$x^2 - 4x + 9 = x^2 - 2\cdot x\cdot 2 + 2^2 - 2^2 + 9 = \left(x-2\right)^2 + 5,$$

vem

$$I = 15\underbrace{\int \frac{(x-1)dx}{(x-2)^2 + \left(\sqrt{5}\right)^2}}_{I_1} + \underbrace{\int \frac{(x+4)dx}{\left[(x-2)^2 + \left(\sqrt{5}\right)^2\right]^2}}_{I_2}.$$

Calculemos I_1. Fazendo $u = x - 2$, vem

$$I_1 = \int \frac{(u+2-1)du}{u^2 + \left(\sqrt{5}\right)^2} = \int \frac{(u+1)du}{u^2 + \left(\sqrt{5}\right)^2} = \int \frac{u\,du}{u^2 + \left(\sqrt{5}\right)^2} +$$

$$+ \int \frac{du}{u^2 + \left(\sqrt{5}\right)^2} = \frac{1}{2}\ln\left(u^2 + \left(\sqrt{5}\right)^2\right) + \frac{1}{\sqrt{5}}\operatorname{arc\,tg}\frac{u}{\sqrt{5}} =$$

$$= \frac{1}{2}\ln\left(x^2 - 4x + 9\right) + \frac{1}{\sqrt{5}}\operatorname{arc\,tg}\frac{x-2}{\sqrt{5}}.$$

Calculemos agora I_2. Fazendo $x - 2 = \sqrt{5}\, u$, vem

$$I_2 = \int \frac{\left(2 + \sqrt{5}\, u + 4\right)\left(\sqrt{5}\, du\right)}{\left[\left(\sqrt{5}\, u\right)^2 + \left(\sqrt{5}\right)^2\right]^2} = \frac{\sqrt{5}}{25} \int \frac{\left(6 + \sqrt{5}\, u\right) du}{\left(u^2 + 1\right)^2} =$$

$$= \frac{\sqrt{5}}{25} \int \frac{6\, du}{\left(u^2 + 1\right)^2} + \frac{\sqrt{5}}{25} \int \frac{\sqrt{5}\, u\, du}{\left(u^2 + 1\right)^2} =$$

$$= \frac{6\sqrt{5}}{25} \left[\frac{u}{2\left(1 + u^2\right)} + \frac{1}{2} \operatorname{arc\,tg} u\right] \frac{1}{10} \frac{1}{u^2 + 1} =$$

$$= \frac{3\sqrt{5}}{25} \left[\frac{\dfrac{x - 2}{\sqrt{5}}}{1 + \left(\dfrac{x - 2}{\sqrt{5}}\right)^2} + \operatorname{arc\,tg} \frac{x - 2}{\sqrt{5}}\right] \frac{1}{10} \frac{1}{\left(\dfrac{x - 2}{\sqrt{5}}\right)^2 + 1}.$$

Eis alguns exercícios sobre o Caso 4.

$$\int \frac{dx}{x\left(x^2 + 1\right)^2} = \frac{1}{2} \ln \frac{x^2}{x^2 + 1} + \frac{1}{2\left(x^2 + 1\right)}.$$

$$\int \frac{x^2 dx}{\left(x^2 + 1\right)^3} = \frac{1}{8} \operatorname{arc\,tg} x - \frac{x}{4\left(x^2 + 1\right)^2} + \frac{x}{8\left(x^2 + 1\right)}.$$

$$\int \frac{\left(x^2 + 3x - 2\right) dx}{\left(x^2 - x + 1\right)^2 \left(x - 1\right)^2} = -\frac{5x - 7}{3\left(x^2 - x + 1\right)} - \frac{2}{x - 1} -$$

$$- \frac{25}{3^{3/2}} \operatorname{arc\,tg} \frac{2x - 1}{\sqrt{3}} - \frac{\ln\left(x^2 - x + 1\right)^{1/2}}{x - 1}.$$

$$\int \frac{x\left(x^3 - 3x^2 - 1\right) dx}{\left(x^3 - 1\right)^2} = \frac{x}{x^3 - 1} + \frac{2}{\sqrt{3}} \operatorname{arc\,tg} \frac{2x + 1}{\sqrt{3}}.$$

Vamos apresentar um resumo dos resultados. De acordo com o que vimos, entende-se que a integração de uma função racional própria se reduz ao cálculo de integrais de um dos tipos

64   *Introdução ao cálculo*

$$\int \frac{dx}{\left(x+m\right)^k}, \quad \int \frac{x\,dx}{\left(ax^2+bx+c\right)^k}, \quad \int \frac{dx}{\left(ax^2+bx+c\right)^k},$$

com $a \neq 0$, $b^2 - 4ac < 0$. A primeira integral vale $1\mathrm{n}\,(x+m)$ se **k** = 1, e $\dfrac{\left(x+m\right)^{-k+1}}{k+1}$ se k >1. Quanto às duas outras, completa-se o quadrado pondo-se

$$ax^2 + bx + c = a\left[x^2 + \frac{b}{a}x + \frac{c}{a}\right] = a\left[x^2 + 2\cdot x\cdot\frac{b}{2a} + \right.$$

$$+\left(\frac{b}{2a}\right)^2 - \left(\frac{b}{2a}\right)^2 + \frac{c}{a}\right] = a\left[\left(x+\frac{b}{2a}\right)^2 + \left(\frac{\sqrt{4ac-b^2}}{2a}\right)^2\right] = a\left[u^2+\alpha^2\right].$$

onde

$$u = x + \frac{b}{2a}, \quad \alpha = \frac{\sqrt{4ac-b^2}}{2a}.$$

Com tal substituição, o problema fica reduzido ao cálculo de

$$\int \frac{u\,du}{\left(u^2+\alpha^2\right)^k} \quad e \quad \int \frac{du}{\left(u^2+\alpha^2\right)^k}.$$

A primeira vale $\dfrac{1}{2}\ln\left(u^2+\alpha^2\right)$ se $k=1$, e $\dfrac{\left(u^2+\alpha^2\right)^{-k+1}}{2\left(-k+1\right)}$ se $k > 1$.

Quanto à segunda, vale $\dfrac{1}{\alpha}\arctan\dfrac{u}{\alpha}$ se k = 1 e se k > 1 pode ser obtida através da fórmula de recorrência seguinte (cf. Ex. 2.4.8):

$$\int \frac{du}{\left(u^2+\alpha^2\right)^k} = \frac{1}{2\alpha^2\left(k-1\right)}\cdot\frac{u}{\left(u^2+\alpha^2\right)^{k-1}} + \frac{2k-3}{2\alpha^2\left(k-1\right)}\int \frac{du}{\left(u^2+\alpha^2\right)^{k-1}}.$$

EXERCÍCIOS

Achar

2.5.1 $\displaystyle\int \frac{dx}{x^2-4}$.

2.5.2 $\displaystyle\int \frac{3x^2-2x}{x^3-3x^2+2x}$.

2.5.3 $\displaystyle\int \frac{dx}{x^2-2x-3}$.

2.5.4 $\displaystyle\int \frac{x+2}{x^2+x}dx$.

Técnicas de integração

2.5.5 $\displaystyle\int \frac{5x+7}{\left(x-1\right)^2}\,dx.$

2.5.6 $\displaystyle\int \frac{dx}{x^2\left(x-1\right)}.$

2.5.7 $\displaystyle\int \frac{x^6\,dx}{\left(x^2-1\right)^3}.$

2.5.8 $\displaystyle\int \frac{\left(x+1\right)dx}{x^2\left(x-1\right)}.$

2.5.9 $\displaystyle\int \frac{x\,dx}{x^2+1}.$

2.5.10 $\displaystyle\int \frac{2x+2}{x^2+2x+3}\,dx.$

2.5.11 $\displaystyle\int \frac{3x^2+2x+8}{x^2+6x+11}\,dx.$

2.5.12 $\displaystyle\int \frac{x^2}{1-x^4}\,dx.$

2.5.13 $\displaystyle\int \frac{4x^3-3x^2-2}{\left(x^3+1\right)^2}\,dx.$

2.5.14 $\displaystyle\int \frac{3x^4+x^2-5x+3}{\left(x+1\right)\left(x^2+1\right)^2}\,dx.$

2.5.15 $\displaystyle\int \frac{6\,dx}{\left(x^2+2x+2\right)\left(x^2+2x+5\right)}.$

2.516 $\displaystyle\int \frac{dx}{\left(x+1\right)\left(x^2+x+1\right)^2}.$

*2.5.17 $\displaystyle\int \frac{dx}{x^4+1}.$

2.5.18 $\displaystyle\int \frac{dx}{x^4+x^2+1}.$

*2.5.19 $\displaystyle\int \frac{dx}{x\left(x^{100}+1\right)}.$

2.5.20 $\displaystyle\int \frac{dx}{1-x^6}.$

Sugestão: $x^4 + 1 = (x^2 + 1)^2 - 2x^2.$

2.6 ALGUMAS INTEGRAIS QUE RECAEM EM INTEGRAIS DE FUNÇÕES RACIONAIS

A) Considere a substituição

$$u = \operatorname{tg}\frac{x}{2},$$

$$\therefore x = 2\operatorname{arc\,tg} u,$$

$$\therefore dx = \frac{2}{1+u^2}\,du.$$

Nesse caso um cálculo simples de Trigonometria nos fornece

$$\operatorname{sen} x = \frac{2u}{1+u^2}, \quad \cos x = \frac{1-u^2}{1+u^2}.$$

Portanto essa substituição transforma uma integral de função que envolva apenas seno e co-seno combinados por adição, multiplicação e divisão, em uma integral de função racional. Os exemplos a seguir esclarecem.

Introdução ao cálculo

Exemplo 2.6.1. Achar $\displaystyle\int \frac{dx}{2 + \cos x}$.

Temos, usando a substituição acima:

$$\int \frac{dx}{2 + \cos x} = \int \frac{\dfrac{2}{1 + u^2}\,du}{2 + \dfrac{1 - u^2}{1 + u^2}} = 2\int \frac{du}{3 + u^2} =$$

$$= \frac{2}{\sqrt{3}} \operatorname{arc\,tg} \frac{u}{\sqrt{3}} = \frac{2}{\sqrt{3}} \operatorname{arc\,tg}\left(\frac{1}{\sqrt{3}} \operatorname{tg} \frac{x}{2} \right).$$

Exemplo 2.6.2. Achar $\displaystyle\int \frac{1}{\operatorname{sen} x + \cos x}\,dx$.

Efetuando a mencionada substituição, vem

$$\int \frac{1}{\operatorname{sen} x + \cos x}\,dx = \int \frac{1}{\dfrac{2u}{1 + u^2} + \dfrac{1 - u^2}{1 + u^2}} \cdot \frac{2}{1 + u^2}\,du =$$

$$= -2\int \frac{du}{u^2 - 2u - 1} = \frac{\sqrt{2}}{2} \ln \frac{u - 1 + \sqrt{2}}{u - 1 - \sqrt{2}} =$$

$$= \frac{\sqrt{2}}{2} \ln \frac{\operatorname{tg} \dfrac{x}{2} - 1 + \sqrt{2}}{\operatorname{tg} \dfrac{x}{2} - 1 - \sqrt{2}}.$$

Damos a seguir alguns exercícios.

$$\int \frac{dx}{5 + 4\cos x} = \frac{2}{3} \operatorname{arc\,tg}\left(\frac{\operatorname{tg} \dfrac{x}{2}}{3} \right).$$

$$\int \frac{2 - \cos x}{2 + \cos x}\,dx = \frac{8}{\sqrt{3}} \operatorname{arc\,tg}\left(\frac{\operatorname{tg} \dfrac{x}{2}}{\sqrt{3}} \right) - x.$$

$$\int \frac{dx}{\operatorname{sen} x - \cos x + \sqrt{2}} = \frac{2\left(1 - \sqrt{2}\right)}{\operatorname{tg} \dfrac{x}{2} + \sqrt{2} - 1}.$$

Técnicas de integração

$$\int \sec x\, dx = \ln \frac{1 + \operatorname{tg}\dfrac{x}{2}}{1 - \operatorname{tg}\dfrac{x}{2}} = \ln\left(\sec x + \operatorname{tg} x\right).$$

B)   Algumas integrais de funções irracionais se reduzem a integrais de funções racionais mediante substituições convenientes. Não existe regra geral.

Exemplo 2.6.3. Achar $\displaystyle\int \frac{1}{x + \sqrt{x}}\, dx$.

Aqui o radical é que atrapalha. Tentamos removê-lo através da substituição $\sqrt{x} = u$, ou seja, $x = u^2$. Logo, $dx = 2u\, du$ e

$$\int \frac{1}{x + \sqrt{x}}\, dx = \int \frac{1}{u^2 + u} \cdot 2u\, du = 2\int \frac{du}{u+1} =$$
$$= 2\ln\left(1 + u\right) = 2\ln\left(1 + \sqrt{x}\right).$$

Exemplo 2.6.4. Achar $\displaystyle\int \frac{1 - \sqrt[4]{x}}{1 + \sqrt{x}}\, dx$.

Nesse caso, a substituição que elimina simultaneamente a raiz quadrada e a raiz quarta é $x = u^4$; observe que 4 é o mínimo múltiplo comum entre 2 e 4, justamente os denominadores das potências de $x^{1/2}$ e $x^{1/4}$.

Temos $dx = 4u^3\, du$, portanto

$$\int \frac{1 - \sqrt[4]{x}}{1 + \sqrt{x}}\, dx = \int \frac{1 - u}{1 + u^2} \cdot 4\, u^3\, du =$$
$$= 4\int \left(-u^2 + u + 1 - \frac{1 + u}{1 + u^2} \right) du =$$
$$= 4\left(-\frac{u^3}{3} + \frac{u^2}{2} + u - \operatorname{arc\, tg} u - \ln\left(1 + u^2\right)^{1/2} \right) =$$
$$= -\frac{4}{3} x^{3/4} + 2x^{1/2} + 4x^{1/4} - 4\operatorname{arc\, tg} x^{1/4} - \ln\left(1 + \sqrt{x}\right)^2.$$

EXERCÍCIOS

Achar

2.6.1. $\displaystyle\int \frac{dx}{2\operatorname{sen} x - \cos x + 5}$.

2.6.2. $\displaystyle\int \frac{dx}{\cos x + 2\operatorname{sen} x + 3}$.

2.6.3. $\displaystyle\int \frac{1 - 2\cos x}{5 - 4\cos x}\,dx.$

2.6.4. $\displaystyle\int \frac{\text{sen}^2\,x}{1 + \text{sen}^2\,x}\,dx.$

2.6.5. $\displaystyle\int \frac{\text{sen}\,x}{1 - \text{sen}\,x}\,dx.$

2.6.6. $\displaystyle\int \frac{x^{2/3} - x^{1/4}}{x^{1/2}}\,dx.$

2.6.7. $\displaystyle\int \frac{x^3}{\sqrt{x - 1}}\,dx.$

2.6.8. $\displaystyle\int \frac{dx}{(2 - x)\sqrt{1 - x}}.$

2.6.9. $\displaystyle\int \frac{dx}{\sqrt{x} + \sqrt[6]{x}}.$

MISCELÂNEA

Ache, por qualquer método:

1. $\displaystyle\int \frac{x^{n-1}}{a + bx^n}\,dx \cdot b \cdot n \neq 0.$

2. $\displaystyle\int \frac{x^3\,dx}{x^4 + x^2 + 1}.$

3. $\displaystyle\int \frac{\ln(\ln x)}{x}\,dx.$

4. $\displaystyle\int (\ln x)^3\,dx.$

5. $\displaystyle\int \frac{dx}{x\sqrt{1 - x^2}}.$

6. $\displaystyle\int \frac{dx}{1 + \sqrt{x + 1}}.$

7. $\displaystyle\int \frac{x\,\text{arc tg}\,x - \dfrac{1}{4}}{\left(1 + x^2\right)^3}\,dx.$

8. $\displaystyle\int \frac{dx}{a^2 + b^2 - 2ab\cos x},\quad a \neq \pm\,b.$

9. $\displaystyle\int \sqrt{\frac{a + x}{a - x}}\,dx,\quad a \neq 0.$

10. $\displaystyle\int x^k \ln x\,dx,\ k \neq -1.$

11. $\displaystyle\int \frac{2a + 3}{x^2 + 2ax + 3a^2}\,dx,\quad a \neq 0.$

12. $\displaystyle\int \frac{x\,\text{arc sen}\,x}{\sqrt{1 - x^2}}\,dx.$

13. $\displaystyle\int \frac{dx}{\sqrt{x^2 \pm a^2}},\quad a \neq 0.$

14. $\displaystyle\int \frac{x + 1}{3x^2 - 8x + 4}\,dx.$

15. $\displaystyle\int \frac{(x + 1)^{1/3}}{x - 7}\,dx.$

16. $\displaystyle\int \frac{\text{sen}^3\,x\cos x}{1 - 3\cos^2 x}\,dx.$

17. $\displaystyle\int \text{arc tg}\,\frac{x - 1}{x + 1}\,dx.$

18. $\displaystyle\int \frac{3x^2 + 1}{\left(x^2 + 1\right)^3}\,dx.$

19. $\displaystyle\int \frac{x^2\,\text{arc tg}\,x}{1 + x^2}\,dx.$

20. $\displaystyle\int \frac{a^{\text{arc sen}\,x}}{\sqrt{1 - x^2}}\,dx,\quad a > 0.$

Técnicas de integração

21. $\int \dfrac{dx}{\sec x + \operatorname{tg} x}$.

22. $\int \dfrac{e^x}{e^{2x} - 6e^x + 13}\, dx$.

*23. $\int \dfrac{x^2 - 1}{x^2 + 1} \cdot \dfrac{1}{\sqrt{1 + x^4}}\, dx$.

24. $\int \dfrac{1}{1 + \operatorname{sen} x}\, dx$.

25. $\int \dfrac{x}{1 + \operatorname{sen} x}\, dx$.

26. $\int \dfrac{\ln x + 1}{x^x - 1}\, dx$.

*27. $\int \dfrac{dx}{\operatorname{sen}^4 x}$.

28. $\int \dfrac{dx}{\operatorname{sen}^6 x}$.

29. $\int \dfrac{3x - 2}{\sqrt{9 - x^2}}\, dx$.

30. $\int \sec^6 x\, dx$.

31. $\int \dfrac{dx}{\operatorname{tg}^2 x - 1}$.

32. $\int \dfrac{dx}{\sqrt{\left(1 + x^2\right)^3}}$.

33. $\int \sec^2 x \ln \operatorname{tg} x\, dx$.

Nos exercícios seguintes, prove as fórmulas de redução apresentadas (n é natural).

34. $I_n = \dfrac{\operatorname{sen} x \cos^{n-1} x}{n} + \dfrac{n - 1}{n} I_{n-2}$,

sendo $I_n = \int \cos^n x\, dx$.

35. $I_n = \dfrac{-\cos x}{\left(n - 1\right)\operatorname{sen}^{n-1} x} + \dfrac{n - 2}{n - 1} I_{n-2}$,

sendo $I_n = \int \operatorname{cossec}^n x \cdot dx$.

3

Aplicações da integral

3.1 ÁREA (em coordenadas cartesianas e polares)

a) Área em coordenadas cartesianas

Já vimos no Cap. 1 que a integral nos permite calcular a área de regiões do plano de tipo especial, a saber, aquelas limitadas pelo gráfico de uma função (contínua) f, pelo eixo dos x, e por retas paralelas ao eixo dos y.

Deve-se tomar cuidado ao aplicar a integral no cômputo de áreas. Por exemplo, no caso da Fig. 3-1, $\int_a^d f(x)dx$ não nos dá a área da região mostrada, mas sim

área de (I) – área de (II) + área de (III).

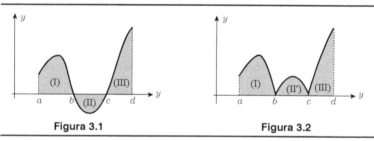

Figura 3.1   **Figura 3.2**

Se quisermos obter a área da região, deveremos calcular

$$\int_a^d |f|(x)dx,$$

como se intui da Fig. 3-2.

Aplicações da integral

Exemplo 3.1.1. Achar a área da região limitada por uma elipse.

Consideremos a elipse $\dfrac{x^2}{a^2} + \dfrac{y^2}{b^2} = 1$, sendo $a, b > 0$ (Fig. 3-3). Por simetria, basta considerar a área compreendida no primeiro quadrante multiplicada por 4. Nesse caso, temos $y = \dfrac{b}{a}\sqrt{a^2 - x^2}$, e a área procurada será

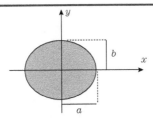

Figura 3.3

$$A = 4\int_0^a \frac{b}{a}\sqrt{a^2 - x^2}\, dx = \frac{4b}{a}\int_0^a \sqrt{a^2 - x^2}\, dx.$$

Para resolvermos a integral, fazemos

$$x = a\,\text{sen}\, u, \qquad \therefore \qquad dx = a\cos u\, du.$$

Então

$$\int \sqrt{a^2 - x^2}\, dx = \int a^2 \cos^2 u\, du = a^2 \int \frac{1 + \cos 2u}{2}\, du =$$

$$\frac{a^2}{2}\left(u + \frac{1}{2}\text{sen}\, 2u\right) = \frac{a^2}{2}(u + \text{sen}\, u \cos u) =$$

$$= \frac{a^2}{2}\left(\text{arc sen}\,\frac{x}{a} + \frac{x}{a}\sqrt{1 - \frac{x^2}{a^2}}\right).$$

Logo,

$$A = \frac{4b}{a} \cdot \frac{a^2}{2}\left[\text{arc sen}\,\frac{x}{a} + \frac{x}{a}\sqrt{1 - \frac{x^2}{a^2}}\right]_0^a =$$

$$= 2ab\left[\text{arc sen}\,\frac{a}{a} + \frac{a}{a}\sqrt{1 - \frac{a^2}{a^2}} - \text{arc sen}\, 0 - \frac{0}{a}\sqrt{1 - \frac{0^2}{a^2}}\right] =$$

$$= 2ab \cdot \text{arc sen}\, 1 = 2ab \cdot \frac{\pi}{2} = \pi ab.$$

Exemplo 3.1.2. Achar a área da região limitada pela parábola $y = x^2$ e pela reta $y = x + 2$.

A situação é mostrada na Fig. 3-4. Devemos em primeiro lugar achar as abscissas de P e Q, o que se consegue resolvendo o sistema

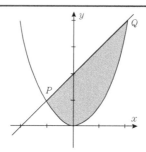

Figura 3.4

$$\begin{cases} y = x^2, \\ y = x + 2, \end{cases}$$

que nos fornece $\begin{cases} x = -1 \\ y = 1 \end{cases}$ e $\begin{cases} x = 2 \\ y = 4 \end{cases}$

A área procurada será então

$$A = \int_{-1}^{2} \left[(x+2) - (x^2) \right] dx = \frac{x^2}{2} +$$

$$+ 2x - \frac{x^3}{3} \bigg|_{-1}^{2} = \frac{4}{2} + 4 - \frac{8}{3} - \left(\frac{1}{2} - 2 + \frac{1}{3} \right) = \frac{9}{2}.$$

Exemplo 3.1.3. Achar a área da região limitada pelos gráficos de
$f(x) = x^3 - 2x$ e $g(x) = x^2$ (Fig. 3-5).

Os pontos de intersecção dos gráficos de f e g têm suas coordenadas satisfazendo

$$\begin{cases} y = x^3 - 2x, \\ y = x^2, \end{cases}$$

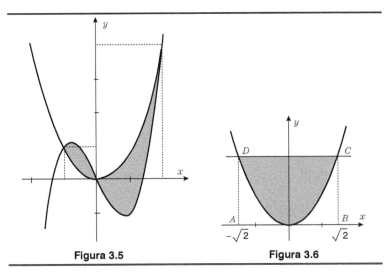

Figura 3.5 Figura 3.6

cuja resolução nos fornece
$$\begin{cases} x = -1, \\ y = 1; \end{cases} \begin{cases} x = 0, \\ y = 0; \end{cases} \begin{cases} x = 2, \\ y = 4; \end{cases}$$

No intervalo $(-1, 0)$ temos $x^3 - 2x \geq x^2$, e no intervalo $(0, 2)$ temos $x^3 - 2x \leq x^2$, como é fácil verificar. Assim, a área procurada vale

$$A = \int_{-1}^{0} \left[\left(x^3 - 2x\right) - x^2 \right] dx + \int_{0}^{2} \left[x^2 - \left(x^3 - 2x\right) \right] dx.$$

Efetuando os cálculos, resulta

$$A = \frac{37}{12}.$$

Exemplo 3.1.4. Achar a área da região limitada pelo gráfico de $y = x^2$ e pela reta $y = 2$.

A área A procurada é a diferença entre a área do retângulo $ABCD$ (Fig. 3-6) e a área sob a curva $y = x^2$, desde $-\sqrt{2}$ até $\sqrt{2}$.

A área do retângulo é $\left[\sqrt{2} - \left(-\sqrt{2}\right) \right] \cdot 2 = 4\sqrt{2}$. Logo,

$$A = 4\sqrt{2} - \int_{-\sqrt{2}}^{\sqrt{2}} x^2 dx = 4\sqrt{2} - \frac{x^3}{3} \bigg|_{-\sqrt{2}}^{\sqrt{2}} = \frac{8}{3}\sqrt{2}.$$

EXERCÍCIOS

3.1.1a. Achar a área da região limitada pela parábola $y = 3x^2 - 2x - 1$, pelo eixo dos x e pelas retas $x = -1$ e $x = 0$.

3.1.2a. Idem, pela parábola $y = -x^2 + 2$ e pelo eixo dos x.

3.1.3a. Idem, por $y = \ln x$, pelo eixo dos x e pela reta $x = e$.

3.1.4a. Idem, por $y = 5 - x^2$ e $y = x + 3$.

3.1.5a. Idem, por $y^2 = 2x$ e $x^2 = 2y$.

3.1.6a. Idem, por $y = \cosh x$, pelo eixo dos y e pela reta $y = \dfrac{e^2 + 1}{2e}$.

3.1.7a. Idem, por $x^2 + y^2 = 16^*$ e $y = \dfrac{1}{6} x^2$.

b) Coordenadas polares

Ao invés de tomarmos um sistema de coordenadas cartesianas no plano, podemos tomar outros sistemas, dos quais o mais usual é o sistema de coordenadas polares, que será descrito a seguir.

Fixamos um ponto O do plano (*origem*) e consideramos uma semi-reta Om fixa, a qual chamaremos *eixo polar*. Dado um par ordenado (r, θ) de números reais, com $r \geq 0$, o ponto do plano correspondente será aquele que dista r de O e que faz um ângulo θ (radianos) com o eixo polar. Os números r e θ são chamados coordenadas polares de P (Fig. 3-7).

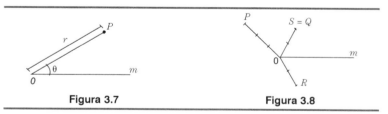

Figura 3.7   **Figura 3.8**

Se $\theta > 0$, o ângulo é marcado no sentido anti-horário, e se $\theta < 0$, no sentido horário.

---

* Em geral, o conjunto dos pares ordenados (x, y) tais que $F(x, y) = 0$ é chamado gráfico de F.

Aplicações da integral 75

No sistema de coordenadas cartesianas um ponto do plano tem um único par (ordenado) de coordenadas cartesianas, o que não sucede no sistema de coordenadas polares. Por exemplo, (r, θ), $(r, \theta + 2\pi)$, $(r, \theta - 2\pi)$, e em geral $(r, \theta + 2k\pi)$ representam um mesmo ponto, onde $r \geq 0$ e k é inteiro.

Exemplo 3.1.5. Na Fig. 3-8 representam-se os pontos

$$P = \left(3, \frac{3\pi}{4}\right), \quad Q = \left(2, \frac{\pi}{3}\right), \quad R = \left(2, -\frac{\pi}{3}\right), \quad S = \left(2, \frac{7\pi}{3}\right).$$

Suponhamos agora um sistema de coordenadas cartesianas e um sistema de coordenadas polares de modo que as origens coincidam bem como o eixo dos x e o eixo polar (Fig. 3-9).

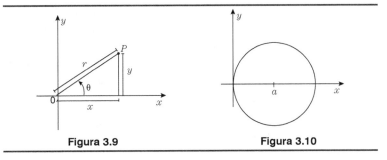

Figura 3.9 **Figura 3.10**

Se P tem coordenadas cartesianas (x, y) e polares (r, θ), vê-se que

$$x = r \cos \theta,$$
$$y = r \operatorname{sen} \theta,$$

e daí

$$r = \sqrt{x^2 + y^2}.$$

Se f é uma função que assume valores positivos ou nulos, então, pondo $r = f(\theta)$, o conjunto dos pontos (r, θ) tais que $r = f(\theta)$ constituem o gráfico de f em coordenadas polares*.

---

* Em geral se diz "a curva $r = f(\theta)$", especificando-se a seguir o conjunto onde varia θ.

76   *Introdução ao cálculo*

Exemplo 3.1.6. Esboçar o gráfico de $r = 2a \cos \theta$, $a > 0$.

Como co-seno é periódico, podemos restringir θ a $[-\pi, \pi]$. Pode-se proceder da seguinte maneira. Constrói-se a tabela mostrada a seguir.

θ	0	$\pi/6$	$\pi/4$	$\pi/3$	$\pi/2$
$\cos \theta$	1	$\dfrac{\sqrt{3}}{2}$	$\dfrac{\sqrt{2}}{2}$	0,5	0
r	$2a$	$1,73a$	$1,41a$	a	0

Observe que, se trocamos θ por $-\theta$, a equação fica a mesma; portanto o gráfico é simétrico em relação ao eixo polar. Por outro lado, existe gráfico para $-\dfrac{\pi}{2} \leq \theta \leq \dfrac{\pi}{2}$, uma vez que, para θ fora desse intervalo (e em $[-\pi, \pi]$), tem-se $\cos \theta < 0$, o que acarretaria $r < 0$.

Marcando-se os pontos (r, θ) obtidos, procura-se uni-los por uma curva. É claro que, quanto maior o número de pontos, melhor a precisão. No entanto, no caso presente, a curva é um círculo. Isto pode ser comprovado passando-se para coordenadas cartesianas. De fato,

$$x = r \cos \theta = 2a \cos \theta \cdot \cos \theta = 2a \cos^2 \theta = a(1 + \cos 2\theta)$$

e

$$y = r \operatorname{sen} \theta = 2a \cos \theta \operatorname{sen} \theta = a \operatorname{sen} 2\theta.$$

Daí,

$$\left(\frac{x}{a} - 1\right)^2 + \left(\frac{y}{a}\right)^2 = \left(\cos 2\theta\right)^2 + \left(\operatorname{sen} 2\theta\right)^2 = 1$$

e portanto

$$\left(x - a\right)^2 + y^2 = a^2 \qquad \text{(Fig. 3-10)}.$$

Exemplo 3.1.7. Gráfico de $r = a$, $a > 0$.

Nesse caso, para qualquer θ, tem-se $r = a$; trata-se, como é claro, de um círculo de centro na origem e raio a.

Exemplo 3.1.8. Gráfico de $\theta = c$.

Nesse caso, para qualquer $r \geq 0$, tem-se $\theta = c$. Trata-se, pois, de uma semi-reta de origem 0. O coeficiente angular da reta-suporte é tg c.

Para fixar ideias, suponhamos que a equação seja $\theta = \dfrac{\pi}{4}$. Em coordenadas cartesianas, a semi-reta será dada por

$$y = \operatorname{tg}\dfrac{\pi}{4} x = x, \quad x \geq 0.$$

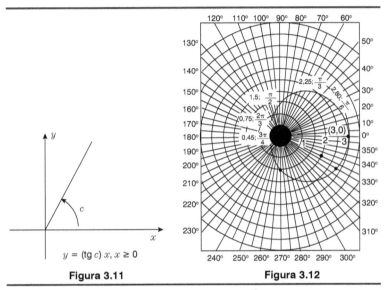

Figura 3.11   Figura 3.12

Exemplo 3.1.9. Gráfico da cardióide $r = \dfrac{3}{2}(1 + \cos\theta)$.

Verificamos inicialmente que, se trocamos θ por $-\theta$, obtemos mesmo valor de r. Logo, há simetria com relação ao eixo polar. Construímos a tabela apresentada a seguir. Resulta o gráfico da Fig. 3-12, que justifica o nome cardióide.

θ	0	$\pi/6$	$\pi/4$	$\pi/3$	$\pi/2$	$2\pi/3$	$3\pi/4$	$5\pi/6$	π
$\cos\theta$	1	0,87	0,707	0,5	0	−0,5	−0,70	−0,87	−1
r	3	2,80	2,56	2,25	1,50	0,75	0,45	0,19	0

Exemplo 3.1.10. Achar uma equação em coordenadas polares para o conjunto de pontos dado em coordenadas cartesianas, por $x^2 + y^2 - 4x = 0$.

78   *Introdução ao cálculo*

Temos

$$\left(r\cos\theta\right)^2 + \left(r\,\text{sen}\,\theta\right)^2 - 4r\cos\theta = 0,$$

$$\therefore r\left(r - 4\cos\theta\right) = 0.$$

Portanto o conjunto é constituído dos pontos (r, θ) tais que r = 4 cos θ e da origem (r = 0). No entanto, a origem já está incluída na última equação $\left(\theta = \dfrac{\pi}{2}\right)$, de modo que a resposta é

$$r = 4\cos\theta.$$

Exemplo 3.1.11. Achar uma equação em coordenadas cartesianas do conjunto de pontos dado, em coordenadas polares, por $r^2 = a^2$ cos 2θ ($a > 0$) (lemniscata de Bernoulli).

Temos

$$r^2 = a^2\cos 2\theta = a^2\left(\cos^2\theta - \text{sen}^2\theta\right).$$

Como

$$x = r\cos\theta, \quad y = r\,\text{sen}\,\theta, \quad x^2 + y^2 = r^2,$$

resulta

$$x^2 + y^2 = a^2\left(\frac{x^2}{x^2 + y^2} - \frac{y^2}{x^2 + y^2}\right),$$

$$\therefore \left(x^2 + y^2\right)^2 = a^2\left(x^2 - y^2\right).$$

Seja agora dada uma função $r = f(\theta)$ contínua no intervalo α ≤ θ ≤ β, com β − α ≤ 2π, e tal que $f(\theta) \geq 0$, para todo θ do intervalo. Queremos achar uma fórmula que nos permita calcular a área A da região limitada pelos gráficos (em coordenadas polares) de $r = f(\theta)$ da reta θ = α e da reta θ = β. (Fig. 3-13). A palavra *área* aqui deve ser entendida no sentido intuitivo. Tomemos uma partição de [α, β] dada por

$$x = \theta_0 \leq \theta_1 \leq \cdots \leq \theta_n = \beta.$$

Para cada i, $1 \leq i \leq n$, sejam ξ_i, e η_i os pontos de máximo e de mínimo, respectivamente, de f no intervalo [θ_i, θ_{i+1}] (Fig. 3-14).

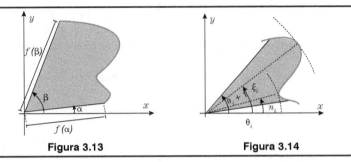

Figura 3.13　　　　　**Figura 3.14**

A área A_i da região limitada pelo gráfico de $r = f(\theta)$ e pelas retas $\theta = \theta_i$ e $\theta = \theta_{i+1}$, está compreendida entre as áreas dos dois setores, de raios $f(\xi_i)$ e $f(\eta_i)$, isto é*,

$$\frac{\theta_{i+1} - \theta_i}{2} f^2(\eta_i) \leq A_i \leq \frac{\theta_{i+1} - \theta_i}{2} f^2(\xi_i).$$

Efetuando a soma para o índice i variando desde 0 até $n-1$, vem

$$\sum_{i=0}^{n-1} \frac{\theta_{i+1} - \theta_i}{2} f^2(\eta_i) \leq A \leq \sum_{i=0}^{n-1} \frac{\theta_{i+1} - \theta_i}{2} f^2(\xi_i).$$

Consideremos a função F, dada por

$$F(\theta) = \frac{1}{2} f^2(\theta), \quad \alpha \leq \theta \leq \beta.$$

Nossa dupla desigualdade, o primeiro membro é uma soma inferior de F, precisamente aquela associada à partição dada. De fato, tal soma é obtida multiplicando $(\theta_{i+1} - \theta_i)$ pelo valor mínimo de F no intervalo $[\theta_i, \theta_{i+1}]$ e depois efetuando a soma para i desde 0 até $n-1$. Acontece que tal mínimo de F se dá exatamente para o valor de θ no qual f assume seu mínimo, ou seja, para $\theta = \eta_i$.

Da mesma forma, o terceiro membro da dupla desigualdade é a soma superior de F associada à partição dada.

---

* A área do setor de raio R e ângulo α (em radianos) é obtida pela seguinte "regra de três":

$$\pi R^2 \text{---} 2\pi$$
$$x \text{---} \alpha$$
$$\therefore \quad x = \frac{\alpha}{2} R^2.$$

Então o número A procurado está entre qualquer soma inferior e qualquer soma superior de F. Como existe um único número que goza dessa propriedade (Sec. 1.5), a saber $\int_\alpha^\beta F(\theta)d\theta$, é natural definir

$$A \int_\alpha^\beta \frac{1}{2} f^2(\theta) d\theta = \frac{1}{2} \int_\alpha^\beta f^2(\theta) d\theta^*.$$

Exemplo 3.1.12. Achar a área da região englobada pelo círculo $r = a$, $a > 0$.

A área procurada é quatro vezes a área da região situada no primeiro quadrante (Fig. 3-15).

$$A = 4 \cdot \frac{1}{2} \int_0^{\pi/2} a^2 d\theta = \pi a^2.$$

Exemplo 3.1.13. Achar a área da região limitada pelo laço da lemniscata

$$r^2 = a^2 \cos 2\theta \quad (a > 0)$$

dado por $-\dfrac{\pi}{4} \leq \theta \leq \dfrac{\pi}{4}$.

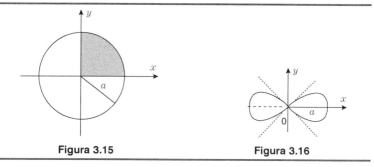

Figura 3.15   **Figura 3.16**

O gráfico da lemniscata tem o aspecto mostrado na Fig. 3-16. Pela simetria, é fácil ver que

$$A = 2 \cdot \frac{1}{2} \int_0^{\pi/4} a^2 \cos 2\theta \, d\theta = a^2 \left. \frac{\operatorname{sen} 2\theta}{2} \right|_0^{\pi/4} = \frac{a^2}{2}.$$

---

* No Apêndice A, tal fórmula será provada, partindo naturalmente de outra definição de área, mais geral.

Aplicações da integral

Exemplo 3.1.14. Achar a área da região do primeiro quadrante limitada pelo gráfico de $r = 2\cos 3\theta$ (rosa de três folhas).

Pela Fig. 3-17, é fácil entender que a área procurada é dada por

$$A = \frac{1}{2}\int_0^{\pi/6}\left(2\cos 3\theta\right)^2 d\theta = \frac{1}{2}\int_0^{\pi/6} 4\cos^2 3\theta\, d\theta =$$

$$= \frac{1}{2}\int_0^{\pi/6} 4\frac{1+\cos 6\theta}{2}\, d\theta = \left(\theta + \frac{1}{6}\operatorname{sen} 6\theta\right)\Bigg|_0^{\pi/6} = \frac{\pi}{6}.$$

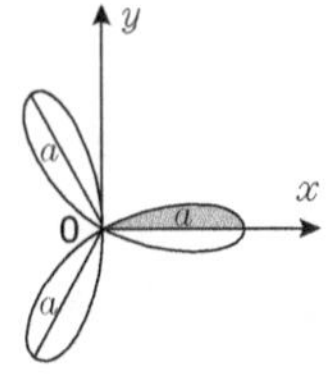

Figura 3.17

EXERCÍCIOS

(Os sistemas de coordenadas são como no texto.)

3.1.1b. Desenhe os seguintes pontos dados em coordenadas polares:

a) $A = \left(3, \dfrac{\pi}{4}\right)$;

b) $B = \left(5, \dfrac{4\pi}{3}\right)$;

c) $C = \left(2, -\dfrac{\pi}{4}\right)$;

d) $D = (2, \pi)$;

e) $E = (2, -\pi)$;

f) $F = \left(3, -\dfrac{7\pi}{4}\right)$.

3.1.2b. Dar os pontos do exercício anterior em coordenadas retangulares.

3.1.3b. Dados os pontos seguintes em coordenadas cartesianas, forneça-os em coordenadas polares:

a) $A = \left(2\sqrt{3}, 2\right)$;

b) $B = (0, 30)$;

c) $C = (-2, 2)$;

d) $D = (2, -2)$;

e) $E = (-2, -2)$

f) $F = (0, 0)$.

3.1.4b. Construa o gráfico da equação dada em coordenadas polares. Dê uma equação em coordenadas cartesianas:

a) $r = 10$;

b) $\theta = -\dfrac{\pi}{2}$;

c) $\theta = \dfrac{\pi}{2}$;

d) $r = 2\cos\theta$;

e) $r = 2\operatorname{sen}\theta$;

f) $r = 1 - \cos\theta$;

g) $r = \dfrac{2}{\cos\theta}$;

h) $r = \dfrac{1}{1-\cos\theta}$;

i) $r = \cos 3\theta$;

j) $r\operatorname{sen}\theta = -1$;

l) $r = \operatorname{sen}\theta + \cos\theta$.

82 Introdução ao cálculo

3.1.5b. Dadas as equações em coordenadas cartesianas, transformá-las em coordenadas polares:

a) $(x^2 + y^2)^2 = x^3 - 3xy^2$;

b) $y = x$;

c) $x + y - 1 = 0$;

d) $\dfrac{x^2}{a^2} + \dfrac{y^2}{b^2} = 1$.

3.1.6b Esboce o gráfico:

a) $r = \sqrt{sen\,\theta}$;

b) $r = \theta$;

c) $r^2 = 4 \cos 2\theta$;

d) $r = 3 + 2 \cos \theta$;

e) $r = 3(1 + \cos \theta)$;

f) $r = 2a \cos \theta$;

g) $r = e^{a\theta}, \quad a > 0$;

h) $r = \dfrac{a}{\theta}, \quad a > 0$.

3.1.7b. Achar a área da região limitada pelo gráfico de:

a) $r = a(1 + \cos \theta), \quad a > 0$;

b) $r^2 = a^2 \cos 2\theta, \quad a > 0$;

c) $r = a \cos 2\theta, \quad a > 0$, apenas uma das folhas;

d) $r = a \,sen\, 3\theta$.

3.1.8b. Prove que $r = \dfrac{p}{1 + e\cos\theta}, \quad p > 0, \quad e < 1$, representa uma elipse.
Ache a área englobada.

3.1.9b. Considere duas funções f e g contínuas em $[\alpha, \beta]$, com $\beta - \alpha \leq 2\pi$ tais que $g(\theta) \leq f(\theta)$. Como se pode definir a área da região limitada por seus gráficos e pelas retas $\theta = \alpha$, $\theta = \beta$?

Aplique nos seguintes casos:

a) achar a área da região interior ao círculo $r = 3 \cos \theta$ e exterior à cardióide $r = 1 + \cos \theta$;

b) achar a arca da região interseção entre o interior do círculo $r = -6 \cos \theta$ e o interior da cardióide $r = 2(1 - \cos \theta)$.

c) achar a área da região interior ao gráfico de $r = 2a \cos 3\theta$ e exterior ao círculo $r = a$, $a > 0$.

3.2 VOLUME (de sólido de revolução)

Seja f uma função contínua no intervalo $[a, b]$, tal que $f(x) \geq 0$ para todo x do intervalo. Girando a região sob a curva $y = f(x)$, $a \leq x \leq b$, obtemos um sólido (Fig. 3-18). Procuramos um número que nos dê o volume V desse sólido, entendendo-se volume no sentido intuitivo do termo.

Procederemos como no caso da área. Tomemos uma partição de $[a, b]$ dada por

$$a = x_0 \leq x_1 \leq \cdots \leq x_n = b.$$

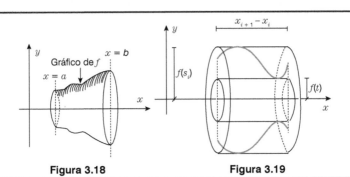

Figura 3.18   **Figura 3.19**

Para cada i, $1 \leq i \leq n$. sejam t_i e s_i os pontos de mínimo e de máximo. respectivamente, de f no intervalo $[x_i, x_i + 1]$. Observe (Fig. 3-19) que o volume V_i do sólido gerado pela região sob a curva $y = f(x)$, $x_i \leq x \leq x_{i+1}$, está compreendido entre os volumes de cilindros, volumes esses que são

$$\pi f^2(t_i)(x_{i+1} - x_i).$$

e

$$\pi f^2(s_i)(x_{i+1} - x_i).$$

Então

$$\pi f^2(t_i)(x_{i+1} - x_i) \leq V_i \leq \pi f^2(s_i)(x_{i+1} - x_i).$$

Efetuando a soma para i desde 0 até $n - 1$, vem

$$\sum_{i=0}^{n-1} \pi f^2(t_i)(x_{i+1} - x_i) \leq V \leq \sum_{i=0}^{n-1} \pi f^2(s_i)(x_{i+1} - x_i),$$

o que nos leva, por meio de raciocínio semelhante ao feito na parte (b) da secção anterior, a definir

$$V = \pi \int_a^b f^2(x)\,dx.$$

Exemplo 3.2.1. Volume do cone.

Observando a Fig. 3-20, vemos imediatamente que a função a considerar é

$$f(x) = \frac{r}{h}x$$

e

$$V = \pi \int_0^h \left(\frac{r}{h}x\right)^2 dx = \frac{\pi r^2}{h^2} \int_0^h x^2 dx = \frac{\pi r^2 h}{3}.$$

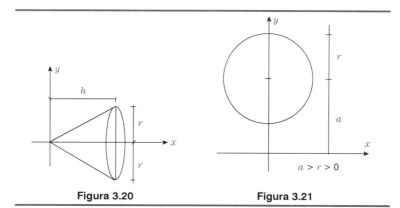

Figura 3.20 **Figura 3.21**

Exemplo 3.2.2. Volume do toro.

O toro é obtido pela rotação de um disco ao redor de um eixo que não o encontra; as notações são as da Fig. 3-21. A equação do círculo será

$$x^2 + (y-a)^2 = r^2,$$

e daí

$$y = a \pm \sqrt{r^2 - x^2}.$$

O volume do toro será dado pela diferença

$$V = \pi \int_{-r}^{r} f^2(x)dx - \pi \int_{-r}^{r} g^2(x)dx,$$

onde

$$f(x) = a + \sqrt{r^2 - x^2}$$

e

$$g(x) = a - \sqrt{r^2 - x^2},$$

Logo,

$$V = \pi \int_{-r}^{r} \left(f^2(x) - g^2(x) \right) dx = \pi \int_{-r}^{r} 4a\sqrt{r^2 - x^2}\, dx =$$

$$= 4a\pi \int_{-r}^{r} \sqrt{r^2 - x^2}\, dx = 4a\pi \cdot \frac{1}{2}\pi r^2 = 2a\pi^2 r^2$$

(a integral é ½ da área da região interna ao círculo $x^2 + y^2 = r^2$).

EXERCÍCIOS

3.2.1. Achar o volume da esfera.

3.2.2. Achar o volume do sólido gerado pela rotação da região sob a curva $y = f(x)$, $a \le x \le b$, em torno do eixo dos x, nos casos

a) $f(x) = \cosh x$, $a = -1$, $b = 1$;

b) $f(x) = \sec x$, $a = 0$, $b = \dfrac{\pi}{4}$;

c) $f(x) = \ln x$, $a = 1$, $b = 2$;

d) $f(x) = 2px$, $a = 0$, $b = X$ $(p > 0)$;

e) $f(x) = \sec \dfrac{\pi x}{2}$, $a = -\dfrac{1}{2}$, $b = \dfrac{1}{2}$;

f) $f(x) = \sqrt{\dfrac{\ln x}{x} + \dfrac{x}{\sqrt{x^2 - 1}}}$, $a = e$, $b = e^2$.

3.2.3. Idem, sendo a região limitada pelo gráfico de

a) $\dfrac{x^2}{a^2} + \dfrac{y^2}{b^2} = 1$, $a, b > 0$;

b) $y = x^2$ e $y = \sqrt{x}$.

3.2.4. Achar o volume do sólido gerado pela rotação, em torno do eixo dos y, da região sob a curva $y = f(x)$, $a \le x \le b$, nos casos

a) $y = 2\sqrt{x}$, $a = 0$, $b = 1$;

b) $y = e^x$, $a = 0$, $b = 1$;

86   *Introdução ao cálculo*

c) $y = x^3$, $a = 0$, $b = 2$;

*d) $y = -x^2 + x$, $a = 0$, $b = 1$.

Nota. O método que conduziu à fórmula de V no texto é comumente referido como "método dos discos" (por quê?). Nas mesmas condições sobre f, com a restrição $a \geq 0$, existe uma fórmula que dá o volume quando a região gira em torno do eixo dos y. O método é referido como "método das cascas", pois a cada subintervalo da partição correspondem volumes de "cascas" cilíndricas. A fórmula é

$2\pi \displaystyle\int_a^b xf(x)dx$ e facilita exercícios como (d), por exemplo.

3.2.5. Achar o volume do sólido obtido por meio de rotação em torno do eixo dos x, da região limitada pelos gráficos de

$$f(x) = x^{2/3};$$
$$g(x) = 2 - x^2.$$

3.2.6. Idem, em torno da reta x = 2, sendo a região limitada pela parábola $y = x^2$ e pelas retas $x = 2$ e $y = 0$.

3.3 ESPAÇO PERCORRIDO. COMPRIMENTO DE GRÁFICO DE FUNÇÃO

Existem pelo menos duas maneiras de se conceber a noção de curva. Podemos interpretá-la como um subconjunto do plano* "unidimensional" ou, então, como o movimento de um ponto. Nesse último caso costuma-se falar em curva parametrizada. Vejamos como se pode dar uma curva parametrizada. Em primeiro lugar, precisamos de um conjunto de números que representem o tempo, conjunto esse que tomaremos como sendo um intervalo I. A cada instante t de I corresponde um único ponto $P(t)$ do plano. Em geral toma-se um sistema de coordenadas cartesianas e, dessa forma, podemos escrever

$$P(t) = (x(t), y(t)),$$

---

*   Aqui trataremos apenas de curvas planas.

Aplicações da integral   87

ficando assim definidas duas funções $x(t)$, $y(t)$, definidas em I. Às vezes é conveniente escrever

$$\begin{cases} x = f(t) \\ y = g(t). \end{cases}$$

Vamos exigir algo dessas funções, a fim de que possamos usar o cálculo diferencial e integral: f e g serão supostas deriváveis em I, com derivadas contínuas[*].

O conjunto dos pontos $P(t)$ do plano quando t percorre I recebe o nome de trajetória (do movimento pontual) ou então traço (da curva parametrizada).

Nota. É costume referir-se a t como parâmetro, e às equações $\begin{cases} x = f(t) \\ y = g(t) \end{cases}$ como equações paramétricas.

Exemplo 3.3.1. A curva parametrizada dada por

$$\begin{cases} x = 2\cos t \\ y = 2\,\text{sen}\,t, \end{cases} \quad 0 \le t \le 2\pi,$$

tem por traço o círculo $x^2 + y^2 = 4$.

Observe a Fig. 3-22. O parâmetro t admite interpretação como ângulo, como é fácil ver. Então a afirmação é geometricamente evidente: quando t varia de 0 a 2π, o ponto $P(t)$ caminha sobre o círculo, no sentido anti-horário, perfazendo uma volta.

Para provarmos a asserção, mostremos que

a) a trajetória está contida no círculo; de fato,

$$x^2 + y^2 = \left(2\cos t\right)^2 + \left(2\,\text{sen}\,t\right)^2 = 4;$$

b) o circulo está contido na trajetória; de fato, se (x, y) é tal que $x^2 + y^2 = 4$, isto é, $\left(\dfrac{x}{2}\right)^2 + \left(\dfrac{y}{2}\right)^2 = 1$, existe t de $[0, 2\pi]$ tal que

---

[*] Num tratamento formal, o plano seria $\mathbb{R}^2 = \mathbb{R} \times \mathbb{R}$, conjunto dos pares ordenados de números reais, e a curva parametrizada (diferenciável) seria uma função que a cada t de I associa um único P(t) de $\mathbb{R}^2$. Escrevendo $P(t) = (f(t), g(t))$, exige-se que essas funções sejam de classe C^1, isto é, deriváveis em I, com derivadas contínuas.

$$\frac{x}{2} = \cos t \quad e \quad \frac{y}{2} = \operatorname{sen} t,$$

ou seja,

$$x = 2\cos t, \quad y = 2\operatorname{sen} t.$$

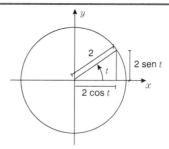

Figura 3.22

Exemplo 3.3.2. A curva parametrizada dada por
$$\begin{cases} x = 2\cos t, \\ y = 2\operatorname{sen} t, \end{cases} \quad 0 \le t \le 6\pi,$$
é diferente da anterior, porém tem o mesmo traço. No caso do exemplo anterior, o ponto dá uma volta, ao passo que, no presente exemplo, ele dá três voltas, quando t percorre o intervalo correspondente.

Exemplo 3.3.3. A curva parametrizada dada por
$$\begin{cases} x = 2\cos t, \\ y = 2\operatorname{sen} t, \end{cases} \quad 0 \le t \le \pi,$$
é diferente das anteriores, e seu traço é o semicírculo $x^2 + y^2 = 4$, y ≥ 0.

Observe que, ao tentarmos fazer desaparecer o parâmetro t ou, como se costuma dizer, ao tentarmos eliminar o parâmetro, em geral obtemos um conjunto que contém a trajetória. O cuidado que se deve ter no presente caso é observar que, sendo $0 \le t \le \pi$, tem-se sen $t \ge 0$, e daí $y \ge 0$.

Exemplo 3.3.4. Dar a trajetória do movimento pontual dado por
$$\begin{cases} x = t^2, \\ y = t^4, \end{cases}$$
onde t percorre o conjunto de todos os números.

Temos facilmente
$$y = t^4 = \left(t^2\right)^2 = x^2.$$

Seria precipitado dizer que a trajetória é uma parábola, pois $x = t^2 \geq 0$. Logo a trajetória é dada por
$$\begin{cases} y = x^2, \\ x \geq 0, \end{cases}$$
sendo, portanto, uma parte da parábola $y = x^2$.

Exemplo 3.3.5. A trajetória do movimento dado por
$$\begin{cases} x = t - t^2, \\ y = 0, \end{cases} \quad 0 \leq t \leq 1,$$
é o segmento $0A$ mostrado na Fig. 3-23.

Observe como se processa o movimento: no instante inicial, $t = 0$, o ponto está em 0. Em seguida se desloca até A, que atinge quando $t = \frac{1}{2}$. Depois volta para 0, atingindo-o quando $t = 1$. Estas considerações são facilmente provadas analiticamente, bastando examinar o gráfico da parábola $x = t - t^2$.

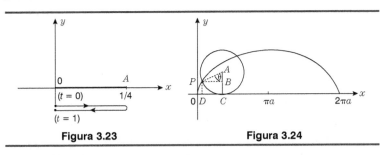

Figura 3.23   **Figura 3.24**

Exemplo 3.3.6. Obter equações paramétricas para a ciclóide, que é a trajetória de um ponto de um círculo que rola sem escorregar sobre uma reta.

Observe a Fig. 3-24. Como o círculo rola sem escorregar, supondo P em 0 quando $\theta = 0$, vem
$$\overline{OC} = arco\,PC = a\theta \;\;(\theta\,\text{em radianos}).$$

Então as coordenadas de P serão

$$x = \overline{OC} - \overline{DC} = a\theta - a\,\text{sen}\,\theta,$$
$$y = \overline{AC} - \overline{AB} = a - a\cos\theta,$$

ou seja,

$$\begin{cases} x = a\left(\theta - \text{sen}\,\theta\right), \\ y = a\left(1 - \cos\theta\right), \end{cases}$$

Se restringirmos θ ao intervalo $[0, 2\pi]$, teremos um arco da ciclóide, precisamente o mostrado em linha cheia na Fig. 3-24.

Observe que o movimento pode ser o mais variado possível desde que se faça

$$\theta = h\left(t\right),$$

onde t percorre um intervalo I (no qual h é derivável).

O problema que queremos resolver agora é o de achar uma fórmula que dê o espaço percorrido pelo ponto quando t percorre o intervalo I, ou parte dele. No Ex. 3.3.1, é fácil ver que o ponto percorreu 4π unidades; no Ex. 3.3.2, 12π; e no Ex. 3.3.3, 2π; no Ex. 3.3.5, ele percorreu ½ unidade. No Ex. 3.3.6, é difícil dizer.

Procederemos da seguinte maneira: dado um movimento pontual $P(t) = (x(t), y(t))^*$ $a \le t \le b$, consideramos uma partição de $[a, b]$, digamos, dada por

$$a = t_0 \le t_1 \le \cdots \le t_n = b,$$

a qual determina sobre a trajetória uma poligonal de vértices $P(t_0)$, $P(t_1)$, ... , $P(t_n)$. O comprimento dessa poligonal é uma aproximação do espaço percorrido no intervalo de tempo $[a, b]$.

Nas Figs. 3-25 e 3-26 mostramos dois casos típicos.

Na Fig. 3-25, o ponto parte de A e segue, "sempre no mesmo sentido", até B. Na Fig. 3-26, o ponto parte de A, segue até C, volta até D e depois segue até B. Nesse último caso, a poligonal "volta" e depois "vai". Em qualquer caso, é intuitivo que seu comprimento se aproxima do espaço percorrido, e essa aproximação é mais acurada (em geral)

---

* Para o que faremos a seguir, dispensa-se a derivabilidade das funções $x(t)$ e $y(t)$.

quando se aumenta o número de pontos da partição. Consideremos então o conjunto de todas as partições de $[a, b]$. Obteremos em correspondência um conjunto de números, os comprimentos das poligonais. Certamente todos eles devem ser menores ou iguais ao espaço percorrido. É natural esperar que o espaço percorrido seja o menor número com essa propriedade.

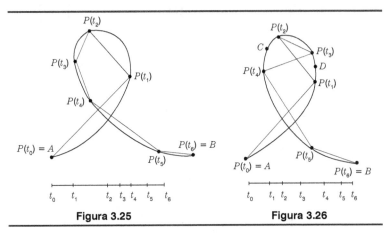

Figura 3.25   Figura 3.26

Portanto o espaço percorrido s em questão será definido assim: é o menor número que é maior ou igual aos comprimentos das poligonais construídas como acima, através da consideração de todas as partições de $[a, b]^*$.

Aqui surgem naturalmente duas perguntas:

1. Existe tal número?
2. Caso positivo, como calculá-lo?

Se existir tal número, a curva parametrizada se diz *retificável*.

Para o caso dos movimentos que consideramos, a resposta é dada através da seguinte proposição.

---

* Para quem estudou o Apêndice A do Vol. 1, o espaço percorrido em questão é o supremo dos comprimentos das poligonais referidas.

92   *Introdução ao cálculo*

Proposição 3.3.1. Seja $P(t) = (x(t), y(t))$ um movimento pontual, $a \leq t \leq b$ (as funções $x(t)$ e $y(t)$ são supostas deriváveis em $[a, b]$, com derivadas contínuas). Então a curva é retificável e

$$s = \int_a^b \sqrt{x'^2(t) + y'^2(t)}\, dt.$$

A prova desta proposição será dada no Apêndice F.

Nota. Para quem se lembra de Cinemática, o vetor velocidade do movimento no instante t é

$$\vec{\upsilon}(t) = \left(\frac{dx}{dt}, \frac{dy}{dt} \right).$$

Logo,

$$|\vec{\upsilon}(t)| = \sqrt{\left(\frac{dx}{dt} \right)^2 + \left(\frac{dy}{dt} \right)^2}.$$

Então o espaço percorrido é

$$s = \int_a^b |\vec{\upsilon}(f)|\, dt.$$

Exemplo 3.3.7. No caso do Ex. 3.3.1, teremos

$$s = \int_0^{2\pi} \sqrt{(-2\,\mathrm{sen}\,t)^2 + (2\cos t)^2}\, dt = \int_0^{2\pi} \sqrt{4}\, dt = 2 \cdot 2\pi = 4\pi.$$

Exemplo 3.3.8. No caso do Ex. 3.3.2, teremos

$$s = \int_0^{6\pi} \sqrt{(-2\,\mathrm{sen}\,t)^2 + (2\cos t)^2}\, dt = \int_0^{6\pi} \sqrt{4}\, dt = 12\pi.$$

Exemplo 3.3.9. No caso do Ex. 3.3.5, teremos

$$s = \int_0^1 \sqrt{(1-2t)^2 + 0^2}\, dt = \int_0^1 |1-2t|\, dt =$$

$$= \int_0^{1/2} |1-2t|\, dt + \int_{1/2}^1 |1-2t|\, dt = \int_0^{1/2} (1-2t)\, dt +$$

$$+ \int_{1/2}^1 \left[-(1-2t) \right] dt = t - t^2 \Big|_0^{1/2} - (t - t^2)\Big|_{1/2}^1 = \frac{1}{4} - \left[-\frac{1}{4} \right] = \frac{1}{2}.$$

Aplicações da integral 93

Exemplo 3.3.10. No caso do Ex. 3.3.6, supondo $0 \leq \theta \leq 2\pi$, vem

$$s = \int_0^{2\pi} \sqrt{\left[a\left(1-\cos\theta\right)\right]^2 + \left[a\,\mathrm{sen}\,\theta\right]^2}\,d\theta =$$

$$= \int_0^{2\pi} \sqrt{a^2\left(1 - 2\cos\theta + \cos^2\theta + \mathrm{sen}^2\,\theta\right)}\,d\theta =$$

$$= a\int_0^{2\pi} \sqrt{2\left(1-\cos\theta\right)}\,d\theta.$$

Aqui usamos um pequeno truque:

$$1 - \cos\theta = 1 - \left(\cos^2\frac{\theta}{2} - \mathrm{sen}^2\frac{\theta}{2}\right) = 1 - \cos^2\frac{\theta}{2} +$$

$$+\,\mathrm{sen}^2\frac{\theta}{2} = \mathrm{sen}^2\frac{\theta}{2} + \mathrm{sen}^2\frac{\theta}{2} = 2\,\mathrm{sen}^2\frac{\theta}{2},$$

$$\therefore s = a\int_0^{2\pi} \sqrt{2\cdot 2\,\mathrm{sen}^2\frac{\theta}{2}}\,d\theta = 2a\int_0^{2\pi} \left|\mathrm{sen}\,\frac{\theta}{2}\right|d\theta =$$

$$= 2a\int_0^{2\pi} \mathrm{sen}\,\frac{\theta}{2}\,d\theta = 8a.$$

Exemplo 3.3.11. (Comprimento de curvas em coordenadas polares). Dada $r = f(\theta)$, $\alpha \leq \theta \leq \beta$, com f' contínua em $[\alpha, \beta]$, temos

$$x = r\cos\theta = f\left(\theta\right)\cos\theta,$$

$$y = r\,\mathrm{sen}\,\theta = f\left(\theta\right)\mathrm{sen}\,\theta.$$

É razoável tomar como definição de espaço percorrido o número

$$s = \int_\alpha^\beta \sqrt{\left(\frac{dx}{d\theta}\right)^2 + \left(\frac{dy}{d\theta}\right)^2}\,d\theta.$$

Com notação abreviada, temos

$$x' = f'\cos + f\left(-\mathrm{sen}\right),$$

$$y' = f'\,\mathrm{sen} + f\cos,$$

e, então,

$$x'^2 + y'^2 = f'^2\cos^2 + f^2\mathrm{sen}^2 - 2ff'\cos\mathrm{sen} +$$

$$+\,f'^2\mathrm{sen}^2 + f^2\cos^2 + 2f'f\,\mathrm{sen}\cos = f'^2 + f^2.$$

Resulta

$$s = \int_{\alpha}^{\beta} \sqrt{f'^{2}(\theta) + f^{2}(\theta)}\, d\theta.$$

Consideremos agora o gráfico de uma função $y = f(x)$, $a \le x \le b$, suposta com derivada contínua em $[a, b]$. Queremos definir comprimento desse gráfico. Uma ideia natural é imaginar um movimento pontual sobre o gráfico de modo que, no instante inicial, o ponto esteja em $(a, f(a))$ e, no instante final, esteja em $(b, f(b))$, devendo o movimento se dar de maneira tal que o ponto parta de $(a, f(b))$ e chegue a $(b, f(b))$ sem "voltar". Com esta precaução, o espaço percorrido servirá para definir o comprimento em questão, como é intuitivo.

A fim de conseguir que o ponto não "volte", consideraremos

$$x = h(t), \quad \alpha \le t \le \beta,$$

com h crescente e derivável em $[\alpha, \beta]$. Naturalmente $h(\alpha) = a$, $h(\beta) = b$. Dessa forma obtemos a curva parametrizada

$$\begin{cases} x = h(t) \\ y = f(x) = f(h(t)), \end{cases} \quad \alpha \le t \le$$

O espaço percorrido será

$$s = \int_{\alpha}^{\beta} \sqrt{\left(\frac{dh}{dt}\right)^2 + \left(\frac{d}{dt} f(h(t))\right)^2}\, dt =$$

$$= \int_{\alpha}^{\beta} \sqrt{h'^{2}(t) + \left(f'(h(t)) \cdot h'(t)\right)^2}\, dt =$$

$$= \int_{\alpha}^{\beta} \sqrt{1 + \left[f'(h(t))\right]^2}\, \left|h'(t)\right| dt =$$

$$= \int_{\alpha}^{\beta} \sqrt{1 + \left[f'(h(t))\right]^2}\, h'(t) dt,$$

uma vez que $h'(t) \geq 0$ por ser h crescente em $[\alpha, \beta]^*$. Efetuando a substituição,

$$x = h(t), \qquad \text{logo}, \qquad dx = h'(t)dt;$$

resulta, finalmente

$$s = \int_a^b \sqrt{1 + f'^2(x)}\, dx.$$

Esta expressão será usada para definir o comprimento do gráfico de $y = f(x)$, $a \leq x \leq b$.

Nota. Uma outra maneira de se obter tal fórmula é a seguinte: tomando uma partição P de $[a, b]$ dada por

$$a = x_0 \leq x_1 \leq \cdots \leq x_n = b,$$

a poligonal de vértices $P_0 = (x_0, f(x_0))$, $P_1 = (x_1, f(x_1))$, ..., $P_n = (x_n, f(x_n))$, que aproxima o comprimento procurado (Fig. 3-27), tem por comprimento

$$l_p = \sum_{i=0}^{n-1} \sqrt{[x_{i+1} - x_i]^2 + [f(x_{i+1}) - f(x_i)]^2}.$$

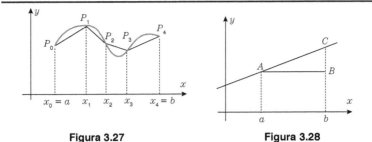

Figura 3.27 **Figura 3.28**

Pelo teorema do valor médio, vem

$$f(x_{i+1}) - f(x_i) = f'(c_i)(x_{i+1} - x_i), \quad x_i < c_i < x_{i+1}$$

---

* Se $h'(t_0) < 0$ para um certo t_0 de $[\alpha, \beta]$, então, pela continuidade de h' em t_0, existe um intervalo aberto contendo t_0 no qual $h'(t) < 0$. Para t_1 e t_2 deste, com $t_1 < t_2$, teríamos $h(t_2) - h(t_1) = h'(c)(t_2 - t_1) < 0$, pois $t_1 < c < t_2$ e h não seria crescente.

e daí

$$l_p = \sum_{i=0}^{n-1} \sqrt{1 + f'^2(c_i)} \ (x_{i+1} - x_i),$$

que é uma soma de Riemann, associada a P, de $F(x) = \sqrt{1 + f'^2(x)}$, o que torna, do ponto de vista adotado nas Secs. 3.1 e 3.2, razoável definir

$$s = \int_a^b \sqrt{1 + f'^2(x)} \, dx.$$

Exemplo 3.3.12. Comprimento do gráfico de $y = mx + n, a \le x \le b$ (Fig. 3-28).

Temos

$$s = \int_a^b \sqrt{1 + m^2} \, dx = \sqrt{1 + m^2} \, (b - a).$$

Comprove o resultado usando o teorema de Pitágoras no triângulo ABC da Fig. 3-28.

Exemplo 3.3.13. Comprimento do gráfico de

$$y = \frac{1}{2} a \left(e^{x/a} + e^{-x/a} \right), \quad 0 \le x \le a, \quad a > 0.$$

Temos $y = a \cosh \dfrac{x}{a}$ e

$$s = \int_0^a \sqrt{1 + \left(a \cdot \frac{1}{a} \operatorname{senh} \frac{x}{a} \right)^2} \, dx = \int_0^a \sqrt{\cosh^2 \frac{x}{a}} \, dx =$$

$$= \int_0^a \left| \cosh \frac{x}{a} \right| dx = \int_0^a \cosh \frac{x}{a} \, dx = a \operatorname{senh} \frac{x}{a} \Big|_0^a =$$

$$= a \left(\operatorname{senh} 1 - \operatorname{senh} 0 \right) = a \operatorname{senh} 1 = a \frac{e - e^{-1}}{2}.$$

EXERCÍCIOS

Achar os espaços percorridos nos casos especificados.

3.3.1. $\begin{cases} x = e^t \operatorname{sen} t, \\ y = e^t \cos t, \end{cases} \quad 0 \le t \le \dfrac{\pi}{2}.$

Aplicações da integral — 97

3.3.2. $\begin{cases} x = t, \\ y = \sqrt{a^2 - t^2} \end{cases}$ $\quad -a \le x \le a.$

3.3.3. $\begin{cases} x = a\cos^3 t, \\ y = a\,\mathrm{sen}^3\, t, \end{cases}$ $\quad 0 \le t \le \dfrac{\pi}{4},\, a > 0.$

3.3.4. $\begin{cases} x = a(\cos t + t\,\mathrm{sen}\, t), \\ y = a(\mathrm{sen}\, t - t\cos t), \end{cases}$ $\quad 0 \le t \le \alpha,\, a > 0.$

3.3.5. $\begin{cases} x = at\left(t^2 - \dfrac{1}{3a^2}\right), \\ y = t^2, \end{cases}$ $\quad 0 \le t \le \dfrac{1}{a\sqrt{3}}.$

3.3.6. $r = \mathrm{sen}\,\theta, \quad 0 \le \theta \le \pi.$

3.3.7. $r = e^\theta, \quad 1 \le \theta \le 2.$

3.3.8. $r = a(1 + \cos\theta), \quad 0 \le \theta \le 2\pi.$

3.3.9. $r = \dfrac{2}{\cos\theta}, \quad 0 \le \theta \le \dfrac{\pi}{3}.$

3.3.10. $r = a\,\mathrm{sen}^3\, \dfrac{\theta}{3}, \quad 0 \le \theta \le 3\pi \quad a > 0.$

Achar os comprimentos dos gráficos nos casos especificados.

3.3.11. $y = 2\sqrt{x}, \quad 0 \le x \le 1.$

3.3.12. $y = \ln\sec x, \quad 0 \le x \le \dfrac{\pi}{3}.$

3.3.13. Parte do gráfico de $x^{2/3} + y^{2/3} = a^{2/3}, \quad a > 0,$ que está no primeiro quadrante.

3.3.14. $y = \ln\cos x, \quad 0 \le x \le \dfrac{\pi}{3}.$

3.3.15. $y = \dfrac{1}{2p}x^2, \quad p \ne 0, \quad 0 \le x \le p.$

3.3.16. $y = x^{3/2}, \quad 0 \le x \le 1.$

3.3.17. $y = \ln\dfrac{e^x + 1}{e^x - 1}, \quad 0 \le a \le x \le b.$

4

Extensões do conceito de integral

4.1 INTEGRAL DE FUNÇÃO SECCIONALMENTE CONTÍNUA

Em alguns casos da prática, necessita-se considerar uma classe de funções que inclui outros tipos de funções além das funções contínuas. Um exemplo típico é mostrado na Fig. 4-1.

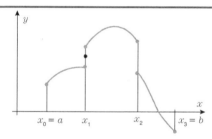

Figura 4.1

Uma função f é dita *seccionalmente contínua* em $[a, b]$ se existem números $x_0 = a, x_1, \ldots, x_n = b$, com

$$x_0 < x_1 < \cdots < x_n$$

e funções f_i, contínuas em $[x_i, x_{i+1}]$, tais que

$$f(x) = f_i(x)$$

para

$$x_i < x < x_{i+1}, \quad i = 0, 1, \cdots, n-1.$$

Exemplo 4.1.1. A função

$$f(x) = \begin{cases} x & \text{se} \quad 0 \le x \le 1 \\ 2 & \text{se} \quad 1 < x \le 2 \\ -x & \text{se} \quad 2 < x < 3 \\ 1 & \text{se} \quad x = 3 \end{cases}$$

é seccionalmente em [0, 3].

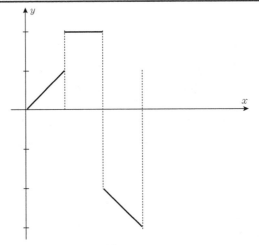

Figura 4.2

Nesse caso, $x_0 = 0$, $x_1 = 1$, $x_2 = 2$, $x_3 = 3$, e

$$f_0(x) = x, \qquad 0 \le x \le 1;$$
$$f_1(x) = 2, \qquad 1 \le x \le 2;$$
$$f_2(x) = -x, \qquad 2 \le x \le 3.$$

Na Fig. 4-3 estão os gráficos das f_i (compare com os trechos correspondentes da f na Fig. 4-2).

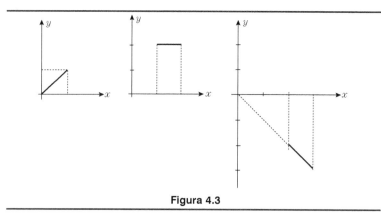

Figura 4.3

Exemplo 4.1.2. A função $f(x) = x - I(x)$ (veja Exerc. 1.2.19, Vol. 1), que aparece comumente em Eletricidade, é seccionalmente contínua em qualquer intervalo $[a, b]$, como é fácil ver (Fig. 4-4).

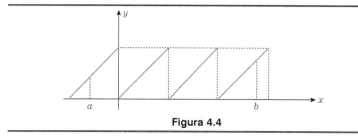

Figura 4.4

Exemplo 4.1.3. Se f é contínua em $[a, b]$, certamente ela é seccionalmente contínua em $[a, b]$.

Seja f seccionalmente contínua em $[a, b]$; define-se

$$\int_a^b f(x)dx = \int_{x_0}^{x_1} f_0(x)dx + \int_{x_1}^{x_2} f_1(x)dx + \cdots + \int_{x_{n-1}}^{x_n} f_{n-1}(x)dx,$$

onde a notação é a mesma que foi dada anteriormente.

A definição dada é intuitiva, pois em cada trecho $[x_i, x_{i+1}]$ a função f_i difere da f eventualmente nos extremos x_i e x_{i+1}, e (lembrando a interpretação da integral como área) acrescentando-se ou subtraindo-se dois pontos de um gráfico, a área sob a curva não deve se alterar.

Extensões do conceito de integral

No entanto é preciso verificar se a definição é boa, no sentido de que, se consideramos uma outra subdivisão do intervalo $[a, b]$ e, portanto, outras funções f_i, o resultado é o mesmo. Esta é uma verificação de rotina, que deixamos por conta do leitor.

Exemplo 4.1.4. Achar $\int_0^3 f(x)dx$,, onde f é dada no Exemplo 4.1.1. Temos

$$\int_0^3 f(x)dx = \int_0^1 x\,dx + \int_1^2 2\,dx + \int_2^3 (-x)dx = 0.$$

Exemplo 4.1.5. Achar $\int_0^x f(t)dt$, onde f é dada no exemplo anterior. $0 \le x \le 3$.

Temos:

a) se $0 \le x \le 1$,

$$\int_0^x f(t)dt = \int_0^x x\,dx = \frac{x^2}{2};$$

b) se $1 \le x \le 2$,

$$\int_0^x f(t)dt = \int_0^1 f(t)dt + \int_1^x f(t)dt = \int_0^1 t\,dt + \int_1^x 2\,dt =$$
$$= \frac{1}{2} + 2(x-1) = 2x - \frac{3}{2};$$

c) se $2 \le x \le 3$,

$$\int_0^x f(t)dt = \int_0^1 f(t)dt + \int_1^2 f(t)dt + \int_2^x f(t)dt =$$
$$\int_0^1 t\,dt + \int_1^2 2\,dt + \int_2^x (-t)dt = \frac{1}{2} + 2 - \frac{t^2}{2}\bigg|_2^x =$$
$$= \frac{1}{2} + 2 - \frac{x^2}{2} + 2 = \frac{9 - x^2}{2}.$$

Em suma,

$$\int_0^x f(t)dt = \begin{cases} \dfrac{x^2}{2} & \text{se} \quad 0 \le x \le 1, \\[2ex] 2x - \dfrac{3}{2} & \text{se} \quad 1 \le x \le 2, \\[2ex] \dfrac{9 - x^2}{2} & \text{se} \quad 2 \le x \le 3. \end{cases}$$

O gráfico dessa função é dado na Fig. 4-5.

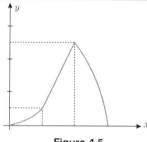

Figura 4.5

EXERCÍCIOS

Achar $\int_a^b f(x)dx$ nos casos seguintes.

4.1.1. $f(x) = \begin{cases} x(x-1) & \text{se } 0 \le x < 2, \\ \dfrac{1}{x} & \text{se } 2 \le x < 5, \\ 0 & \text{se } x = 5. \end{cases}$ $a = 0$, $b = 5$.

4.1.2. $f(x) = \begin{cases} \operatorname{arc tg} x & \text{se } -1 \le x < 2, \\ 2 & \text{se } x = 2, \\ \sec \dfrac{\pi}{8} x & \text{se } 2 < x < \dfrac{8}{3}, \end{cases}$ $a = -1$, $b = \dfrac{8}{3}$.

4.1.3. $f(x) = \begin{cases} e^x & \text{se } 0 \le x \le \ln 2, \\ \operatorname{sen} x & \text{se } \ln 2 < x \le \ln 4, \end{cases}$ $a = 0$, $b = \ln 4$.

Achar $\int_a^x f(t)dt$, $a \le x \le b$, nos exercícios seguintes.

4.1.4. f, a, b como no Exer. 4.1.1.

4.1.5. f, a, b como no Exer. 4.1.2.

4.2 INTEGRAL IMPRÓPRIA. INTERVALO FINITO

Suponhamos uma função f contínua no intervalo $[a, b)$. O caso que temos em mente é o ilustrado na Fig. 4-6. Podemos considerar $\int_a^c f(x)dx$ para todo c de $[a, b)$. Pode suceder que exista

$$\lim_{c \to b-} \int_a^c f(x)dx.$$

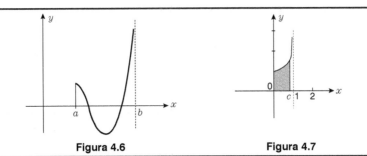

Figura 4.6 **Figura 4.7**

Tomaremos, nesse caso, tal número como definição de $\int_a^b f(x)dx$*.
Costuma-se chamá-lo de *integral imprópria* (ou generalizada) de f sobre $[a, b]$. Quando sucede que tal limite não existe, dizemos que a integral imprópria não existe.

Exemplo 4.2.1. Verificar se existe $\int_0^1 \dfrac{dx}{\sqrt{1-x^2}}$.

Temos

$$\lim_{c \to 1-} \int_0^c \frac{dx}{\sqrt{1-x^2}} = \lim_{c \to 1-} \operatorname{arc\,sen} c = \frac{\pi}{2}.$$

Logo,

$$\int_0^1 \frac{dx}{\sqrt{1-x^2}} = \frac{\pi}{2}.$$

Da mesma forma, podemos atribuir um significado ao símbolo $\int_a^b f(x)dx$ quando f é contínua em $(a, b]$, pondo

$$\int_a^b f(x)dx = \lim_{c \to a+} \int_c^b f(x)dx.$$

Exemplo 4.2.2. Para que valores de m existe

$$\int_0^1 \frac{dx}{x^m}?$$

---

* É claro que, se f é contínua em $[a, b]$, tal definição redunda na usual. Prove isto.

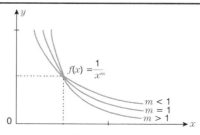

Figura 4.8

Temos

$$\int_c^1 \frac{dx}{x^m} = \begin{cases} -\ln c & \text{se} \quad m = 1, \\ \dfrac{1}{1-m}\left(1 - c^{1-m}\right) & \text{se} \quad m \neq 1. \end{cases}$$

Como $\lim_{c \to 0+} (-\ln c) = +\infty$ e

$$\lim_{c \to 0+} \frac{1}{1-m}\left(1 - c^{1-m}\right) = \begin{cases} \dfrac{1}{1-m} & \text{se} \quad m < 1, \\ +\infty & \text{se} \quad m > 1, \end{cases}$$

vemos que $\int_0^1 \frac{dx}{x^m}$ existe para $m < 1$.

Um outro caso que pode ocorrer é f ser contínua em $[a, d)$ e em $(d, b]$. Nesse caso, deixamos para o leitor a tarefa de atribuir significado ao símbolo $\int_a^b f(x)dx$.

EXERCÍCIOS

Verificar se existe e, caso positivo, achar o valor da integral (Exers. 4.2.1 a 4.2.8).

4.2.1. $\int_0^1 \frac{dx}{x^2}.$ 4.2.2. $\int_1^2 \frac{dx}{\sqrt{x-1}}.$ 4.2.3. $\int_0^{\pi/2} \sec x \, dx.$

4.2.4. $\int_0^1 \frac{\ln x}{\sqrt{x}} dx.$ 4.2.5. $\int_0^1 \ln x \, dx.$ 4.2.6. $\int_{-1}^1 \frac{dx}{x^2}.$

4.2.7. $\int_{-1}^1 \frac{dx}{\sqrt[3]{x^2}}.$ 4.2.8. $\int_0^1 \frac{x \, dx}{\sqrt{1-x^2}}.$

4.2.9. Definir $\int_a^b f(x)dx$, sendo f contínua em (a, b). Calcular, se existir,

$$\int_{-a}^{a} \frac{x\,dx}{\sqrt{a^2 - x^2}}, \quad a \neq 0.$$

4.2.10. Comentar o seguinte procedimento:

$$\int_{-1}^{1} \frac{dx}{x^2} = -\frac{1}{x}\bigg|_{-1}^{1} = \frac{1}{x}\bigg|_{1}^{-1} = -1 - 1 = -2 \text{ (Cf. Exer. 4.2.6)}.$$

4.3 INTEGRAL IMPRÓPRIA. INTERVALO INFINITO

Suponhamos que f seja uma função contínua em $[a, x]$, para todo $x > a$. Então podemos considerar, para todo $x \geq a$, $\int_a^x f(t)dt$ (Fig. 4-9). Define-se

$$\int_a^{+\infty} f(t)dt = \lim_{x \to +\infty} \int_a^x f(t)dt,$$

desde que tal limite exista.

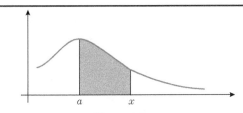

Figura 4.9

De maneira análoga, define-se $\int_{-\infty}^{a} f(t)dt$.. Tais limites se dizem, respectivamente, *integral imprópria de f sobre o intervalo* $x \geq a$ *e integral imprópria de f sobre o intervalo* $x \leq a$.

Se f é contínua em qualquer intervalo $[a, b]$, define-se

$$\int_{-\infty}^{+\infty} f(x)dx = \int_{-\infty}^{0} f(x)dx + \int_{0}^{+\infty} f(x)dx.$$

Esse número recebe uma denominação semelhante às anteriores: *integral imprópria de f sobre o conjunto dos números*.

106   *Introdução ao cálculo*

Quando um dos limites envolvidos não existe, dizemos que a integral imprópria em questão não existe.

Exemplo 4.3.1. Para quais valores de m existe

$$\int_1^{+\infty} \frac{dx}{x^m}?$$

Como

$$\int_1^x \frac{dt}{t^m} = \begin{cases} ln\, x & \text{se} \quad m = 1, \\ \dfrac{1}{1-m}\left(x^{1-m} - 1\right) & \text{se} \quad m \neq 1, \end{cases}$$

temos

$$\lim_{x \to +\infty} \int_1^x \frac{dt}{t^m} = \begin{cases} +\infty & \text{se} \quad m \leq 1, \\ \dfrac{1}{m-1} & \text{se} \quad m > 1, \end{cases}$$

o que mostra que a integral dada existe para $m > 1$.

Exemplo 4.3.2. $\int_{-\infty}^0 e^x dx = 1$. De fato,

$$\lim_{x \to -\infty} \int_x^0 e^t\, dt = \lim_{x \to -\infty} e^t \Big|_x^0 = \lim_{x \to -\infty}\left(1 - e^x\right) = 1.$$

Exemplo 4.3.3. Verificar se existe

$$\int_{-\infty}^{+\infty} \frac{dx}{1+x^2}.$$

Temos

$$\int_{-\infty}^0 \frac{dx}{1+x^2} = \lim_{x \to -\infty} \text{arc tg}\, t \Big|_x^0 = \lim_{x \to -\infty}\left(-\text{arc tg}\, x\right) = -\left(-\frac{\pi}{2}\right) = \frac{\pi}{2}.$$

Analogamente,

$$\int_0^{+\infty} \frac{dx}{1+x^2} = \frac{\pi}{2}.$$

Logo,

$$\int_{-\infty}^{+\infty} \frac{dx}{1+x^2} = \pi.$$

Extensões do conceito de integral   107

EXERCÍCIOS

Calcular, quando existirem, as integrais dos exercícios seguintes.

4.3.1. $\displaystyle\int_1^{+\infty} \frac{dx}{\sqrt{x}}$.

4.3.2. $\displaystyle\int_1^{+\infty} \frac{dx}{x\sqrt{x^2-1}}$.

4.3.3. $\displaystyle\int_0^{+\infty} xe^{-x}dx$.

4.3.4. $\displaystyle\int_0^{+\infty} e^{-x}\operatorname{sen}x\,dx$.

4.3.5. $\displaystyle\int_{-\infty}^{0} \frac{dx}{(1-x)^2}$.

4.3.6. $\displaystyle\int_{-\infty}^{+\infty} \frac{dx}{x^2+x+1}$.

4.3.7. $\displaystyle\int_0^{+\infty} \frac{dx}{e^x+e^{-x}}$.

4.3.8. $\displaystyle\int_1^{+\infty} \frac{dx}{x(1+x)}$.

Nos Exers. 4.3.9 a 4.3.12, as integrais são impróprias por mais de um motivo. Como você as calcularia?

4.3.9. $\displaystyle\int_0^{+\infty} \frac{dx}{\sqrt{x}(x+1)}$.

4.3.10. $\displaystyle\int_0^{+\infty} \frac{dx}{x^4}$.

4.3.11. $\displaystyle\int_1^{+\infty} \frac{x\,dx}{\sqrt{x^2-1}}$.

4.3.12. $\displaystyle\int_0^{+\infty} \frac{e^{-\sqrt{x}}}{\sqrt{x}}dx$.

4.3.13. Considere o sólido (infinito) gerado pela rotação, em torno do eixo dos x, da região (infinita) sob a curva $f(x)=e^{-x}$, $x \geq 1$. Que número é adequado para ser o volume desse sólido?

4.3.14. Idem para $f(x)=\dfrac{1}{x}$, $x \geq 1$. Mesma pergunta para a área sob a curva.

Nota. Existem critérios para se decidir se uma integral imprópria existe sem efetuar os cálculos de integração. Veja Apêndice D.

5

Séries

5.1 SEQUÊNCIA DE NÚMEROS

Uma sequência (de números) é uma correspondência que associa a cada número natural n um único número a_n, chamado *elemento da sequência*. Uma sequência é, portanto, uma função definida no conjunto dos números naturais. Costuma-se indicar uma sequência pelo símbolo $\{a_n\}$, onde a_n tem o significado visto, ou então escrevendo

$$a_1, a_2, a_3, \cdots, a_n, \cdots$$

Exemplo 5.1.1. Consideremos a sequência

$$1, \frac{1}{2}, \frac{1}{3}, \cdots, \frac{1}{n}, \cdots$$

Ao número 1 está associado o número $a_1 = 1$; ao número 2 está associado o $a_2 = \frac{1}{2}$; ao número 3 esta associado o número $a_3 = \frac{1}{3}$; em geral, ao número n está associado o número $a_n = \frac{1}{n}$. Tal sequência também é indicada pelo símbolo $\left\{ \frac{1}{n} \right\}$.

Exemplo 5.1.2. A sequência

$$5, 5, 5, \cdots, 5, \cdots$$

é uma sequência constante: $a_1 = 5$, $a_2 = 5$, $a_3 = 5$, $\cdots$, $a_n = 5$, $\cdots$

Nota. Às vezes é conveniente fazer aparecer o índice 0: $a_0, a_1, a_2, \ldots, a_n, \ldots$ Em outras palavras, considera-se a sequência como sendo uma função definida no conjunto formado pelo 0 e pelos números naturais.

Podemos visualizar geometricamente uma sequência de duas maneiras: ou representando os números a_n sobre uma reta, como usualmente se faz para números, ou representando a sequência como função, conforme ilustram as Figs. 5-1 e 5-2, respectivamente.

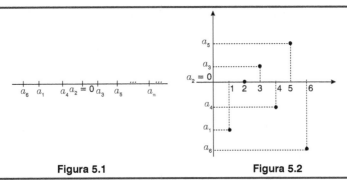

| Figura 5.1 | Figura 5.2 |

Dados uma sequência $\{a_n\}$ e um número L, diz-se que *o limite de a_n para n tendendo a infinito é L* e indica-se

$$\lim_{n \to \infty} a_n = L,$$

se, dado $\varepsilon > 0$, existe um número natural N tal que, se $n > N$, então $|a_n - L| < \varepsilon$. Nesse caso, $\{a_n\}$ é dita convergente.

Costuma-se abreviar a indicação acima escrevendo

$$\lim a_n = L$$

e dizer, consistentemente, apenas que o *limite de a_n é L*.

Uma sequência que não é convergente se diz *divergente*.

A analogia com a situação $\lim_{x \to +\infty} f(x) = L$ é evidente. A Fig. 5-3 ilustra geometricamente: dado $\varepsilon > 0$, deve existir N tal que todo termo a_n, cujo índice n é maior que N, deve estar na faixa acinzentada.

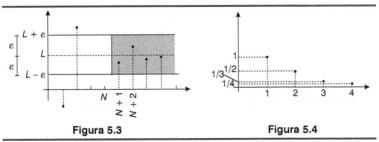

| Figura 5.3 | Figura 5.4 |

110   *Introdução ao cálculo*

Exemplo 5.1.3. $\lim \dfrac{1}{n} = 0$ (Fig. 5-4).

De fato, dado $\varepsilon > 0$, para que se tenha

$$\left| \frac{1}{n} - 0 \right| < \varepsilon,$$

ou seja,

$$\frac{1}{n} < \varepsilon,$$

basta que $n > \dfrac{1}{\varepsilon}$. Então, dado $\varepsilon > 0$, tomamos um $N \geq \dfrac{1}{\varepsilon}$. É claro que, nesse caso, se $n > N$, então $\dfrac{1}{n} < \varepsilon$.

Observe que a escolha de N não é única. Por exemplo, se $\varepsilon = \dfrac{1}{100}$, qualquer $N \geq \dfrac{1}{\varepsilon} = 100$ serve. Você pode escolher $N = 101$ ou então $N = 1\,000$. Se fizer a primeira escolha, então, se n for um inteiro maior que $N = 101$, isto é,

$$n > 101,$$

Certamente

$$\frac{1}{n} < \frac{1}{101} < \frac{1}{100} = \varepsilon.$$

Diz-se que $\{a_n\}$ *diverge para mais infinito* (menos infinito) e indica-se

$$\lim a_n = +\infty \quad \left(\lim a_n = -\infty \right)^*$$

se, dado $M > 0$ ($M < 0$). existe um natural N tal que $n > N$ acarreta $a_n > M$ ($a_n < M$).

Observe a analogia com

$$\lim_{x \to +\infty} f(x) = +\infty \quad \left(\lim_{x \to +\infty} f(x) = -\infty \right).$$

Exemplo 5.1.4. $\lim n = +\infty$.

De fato, dado $M > 0$, basta tomar $N > M$. Então, se $n > N$, resulta $a_n = n > M$.

---

*   Forma abreviada de $\lim\limits_{n \to \infty} a_n = +\infty \left(\lim\limits_{n \to \infty} a_n = -\infty \right).$

Séries   111

As propriedades dos limites de funções têm suas contrapartidas óbvias para o caso de sequências, cujas provas são deixadas como exercício.

Proposição. 5.1.1. Se $\lim a_n = L$ e $\lim b_n = M$, então

1) $\lim (a_n + b_n) = L + M$;

2) $\lim (a_n b_n) = LM$;

3) $\lim \dfrac{a_n}{b_n} = \dfrac{L}{M}$, supondo, nesse caso, $M \neq 0^*$.

Corolário. Nas hipóteses da Proposição 5.1.1, têm-se

1) $\lim (ka_n) = kL$, k um número;

2) $\lim (n_a - b_n) = L - M$.

Proposição 5.1.2. a) Se $\lim a_n = L = \lim b_n$ e existe n_0 tal que para $n \geq n_0$ se verifica $a_n \leq c_n \leq b_n$, então $\lim c_n = L$.

b) Se $\lim a_n = L$, $\lim b_n = M$, e existe n_0 tal que para $n \geq n_0$ se verifica $a_n \leq b_n$, então $L \leq M$.

c) Se $\lim a_n = + \infty$ ($\lim a_n = - \infty$) e existe n_0 tal que para $n \geq n_0$ se verifica $b_n \geq a_n$ ($b_n \leq a_n$), então $\lim b_n = + \infty$ ($\lim b_n = - \infty$).

A proposição seguinte nos dá um resultado importante, intuitivo, cuja prova está dada no Apêndice E. Antes, porém, damos algumas definições; $\{a_n\}$ se diz *monotônica não crescente* (não decrescente) se para todo n se verifica $a_n \geq a_{n+1}$ ($a_n \leq a_{n+1}$). $\{a_n\}$ é *monotônica* se for ou monotônica não crescente ou monotônica não decrescente[**]

---

[*] Como $\lim b_n \neq 0$, existe M tal que $n > M$ acarreta $b_n \neq 0$. Então $\left\{\dfrac{a_n}{b_n}\right\}$ tem sentido para tais n. Para $n < N$, pode-se atribuir qualquer valor $\dfrac{a_n}{b_n}$ que $\lim \dfrac{a_n}{b_n}$ continua o mesmo, pois o limite de uma sequência não muda se alteramos um número finito de elementos.

[**] As definições são casos particulares da seguinte: seja f uma função, A um conjunto. f se diz monotônica não crescente (não decrescente) em A se, para todo x_1 e x_2 de A com $x_1 \leq x_2$, resulta $f(x_1) \geq f(x_2)$ ($f(x_1) \leq f(x_2)$); f se diz monotônica em A se e monotônica não crescente ou não decrescente em A. Se A é o domínio de f, omitem-se em geral, as palavras "em A".

Proposição 5.1.3. Se $\{a_n\}$ é monotônica não decrescente e restrita superiormente por A (isto é $a_n \leq A$ para todo n) então $\{a_n\}$ é convergente e

$$a_n \leq \lim a_n \leq A.$$

A Fig. 5-5 mostra a razoabilidade de tal resultado: os números a_n devem "não descer" à medida que n cresce, mas não podem ultrapassar A. Logo, devem se aproximar de um número L, $L \leq A$.

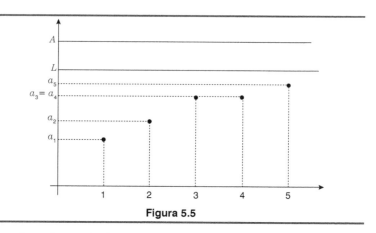

Figura 5.5

Corolário 1. Se $\{a_n\}$ é monotônica não crescente e restrita inferiormente por A (ou seja, $a_n \geq A$ para todo n), então $\{a_n\}$ é convergente, e $a_n \geq \lim a_n \geq A$.

Prova. Trivial, bastando considerar a sequência $\{-a_n\}$ e aplicar a Proposição 5.1.3.

Corolário 2. Uma sequência monotônica não decrescente (não crescente) ou é convergente, ou diverge para mais infinito (menos infinito).

Prova. Seja $\{a_n\}$ sequência monotônica não decrescente (o outro caso fica como exercício). Existem duas possibilidades: ou $\{a_n\}$ é restrita superiormente e, pela proposição anterior, é convergente; ou $\{a_n\}$ não é restrita superiormente, o que acarreta que, dado M, existe n_0 tal que $a_{n0} > M$. Então, se $n > n_0$, resulta $a_n \geq a_{n0} > M$, o que quer dizer $\lim a_n = +\infty$.

Séries   113

Dada uma sequência $\{a_n\}$, podemos extrair dela outras sequências. Um modo de fazer isso é mostrado a seguir. Dada a sequência

$$1, 2, 3, \dots, n, \dots,$$

consideremos as sequências

$$1, 3, 5, \dots, 2n - 1, \dots$$
$$2, 4, 6, \dots, 2n, \dots$$
$$2, 3, 4, \dots, n + 1, \dots$$
$$1, 4, 9, \dots, n^2, \dots,$$

obtidas da sequência inicial, respectivamente, omitindo os elementos de ordem par, os de ordem ímpar, o primeiro elemento, os elementos não da forma n^2. Todas as sequências acima são chamadas *subsequências* da sequência inicial. Para obtermos uma subsequência de uma sequência dada, podemos omitir alguns elementos (infinitos ou não), deixando infinitos deles e reenumerando esses restantes, mantendo a ordem.

Então, para escolher uma subsequência, devemos escolher uma sequência de índices

$$t_1 < t_2 < \cdots < t_n < \cdots,$$

que indicam quais termos devem permanecer.

No caso dos exemplos vistos, temos, para a sequência inicialmente dada,

$$a_1 = 1, \, a_2 = 2, \, a_3 = 3, \cdots, a_n = n, \cdots$$

e, no caso da primeira subsequência apresentada,

$$1 = t_1 < t_2 = 3 < t_3 = 5 < \cdots < t_n = 2n - 1 < \cdots$$

de modo que a subsequência é dada por

$$a_{tn} = a_{2n-1} = 2n - 1.$$

A segunda subsequência é dada por $a_{tn} = a_{2n} = 2n$, a terceira por $a_{tn} = a_{n+1} = n + 1$, e a quarta por $a_{tn} = a_{n}^{\,2} = n^2$.

Formalizando, a sequência $\{b_n\}$ é dita uma subsequência de $\{a_n\}$ se existem números naturais $t_1, t_2, t_3, \dots, t_n, \dots$ tais que

$$t_1 < t_2 < t_3 < \cdots < t_n < \cdots$$

e

$$b_n = a_{tn}.$$

114   *Introdução ao cálculo*

Exemplo 5.1.5. As sequências $\{b_n\}$ e $\{c_n\}$, dadas por

$$b_n = \frac{2n+1}{12n^2}$$

e

$$c_n = \frac{2n+2}{3(2n+1)^2},$$

são subsequências da sequência $\{a_n\}$, onde

$$a_n = \frac{n+1}{3n^2}.$$

Nesse caso, têm-se, respectivamente,

$$b_n = a_{t_n}, \quad \text{com} \quad t_n = 2n$$

e

$$c_n = a_{t_n}, \quad \text{com} \quad t_n = 2n+1.$$

Proposição 5.1.4. Se $\lim a_n = L$ e $\{b_n\}$ é subsequência de $\{a_n\}$, então $\lim b_n = L$. O resultado subsistirá se substituirmos L por $+\infty$ ou por $-\infty$.

Prova. Provaremos apenas no caso de L ser um número, deixando os outros casos para o leitor.

Como $\{b_n\}$ é subsequência de $\{a_n\}$, podemos escrever

$$b_n = a_{t_n},$$

onde

$$t_1 < t_2 < \cdots < t_n < \cdots \quad (t_i \text{ natural}).$$

Como $\lim a_n = L$, dado $\varepsilon > 0$, existe N tal que $n > N$ acarreta $|a_n - L| < \varepsilon$. Mas, como $t_n \geq n$ para todo n natural, resulta que, se $n > N$, então $|a_{t_n} - L| < \varepsilon$, o que prova a afirmação.

Como aplicação desse resultado, vejamos o seguinte exemplo.

Exemplo 5.1.6. Prove que a sequência

$$0, 2, 0, 2, 0, \cdots, (-1)^n + 1, \cdots$$

não é convergente.

Sejam $\{b_n\}$ e $\{c_n\}$ dadas por $b_n = 0$ e $c_n = 2$, as quais são claramente subsequências da sequência dada.

Séries   115

Como $\lim b_n = 0 \neq 2 = \lim c_n$, a sequência dada não é convergente, de acordo com a proposição anterior.

EXERCÍCIOS

5.1.1. Represente a sequência $\{a_n\}$ na forma $a_1, a_2, a_3, \dots, a_n, \dots$ nos casos

a) $a_n = (-1)^n$;

b) $a_n = \dfrac{(-1)^n - 1}{2}$;

c) $a_n = \dfrac{1}{2^n}$;

d) $a_n = \dfrac{n}{n+1}$;

e) $a_n = n$;

f) $a_n = n!$.

5.1.2. Calcule pela definição $\lim a_n$ nos casos (c) e (d) do exercício anterior. E, nos casos (a), (b), (e) e (f), o que se pode afirmar a respeito de $\lim a_n$? Prove que $\lim \dfrac{1}{n^k} = 0$, k natural (fixo).

5.1.3. Para achar limites de sequências, você pode utilizar as mesmas técnicas usadas para o cálculo de $\lim\limits_{x \to +\infty} f(x)$. Esta afirmação decorre dos resultados que dissemos valer sobre limites de sequências e de alguns limites especiais tais como:

1) $\lim a^n = \begin{cases} +\infty & \text{se} \quad a > 1, \\ 0 & \text{se} \quad 0 < a < 1, \end{cases}$ (Exer. 5.1.4c);

2) $\lim \sqrt[n]{n} = 1$ (Exercício suplementar 4a, Sec. 5.1);

3) $\lim \sqrt[n]{a} = 1$, $a > 0$ (Exercício suplementar 4c, Sec. 5.1);

4) $\lim \dfrac{a^n}{n!} = 0$, $a > 0$ (Exercício suplementar 4d, Sec. 5.1).

Um outro resultado importante é o seguinte: uma função f é contínua em x_0 se e somente se, para toda sequência $\{x_n\}$ tal que $x_n \to x_0$ (e x_n esteja no domínio de f), tenhamos $f(x_n) \to f(x_0)$*. Em símbolos,

$$\lim f(x_n) = f(x_0) = f(\lim x_n).$$

---

* Veja a prova no Apêndice E.

116   *Introdução ao cálculo*

Assim, para calcular

$$\lim \sqrt{1 + \frac{1}{n}},$$

podemos escrever

$$\lim \sqrt{1 + \frac{1}{n}} = \sqrt{\lim \left(1 + \frac{1}{n} \right)} = \sqrt{1} = 1,$$

pois a função $f(x) = \sqrt{x}$ é contínua em $x_0 = 1$.

Do mesmo modo,

$$\lim \ln \left(1 + \frac{1}{n} \right) = \ln \left(\lim \left(1 + \frac{1}{n} \right) \right) = \ln 1 = 0.$$

Nos casos a seguir ache $\lim a_n$ usando os resultados acima, sendo $a_n =$

a) $\dfrac{n^2 + 10}{2n^3 + 1}$;

b) $\dfrac{2n^2 + 3n + 5}{n^2 + 1}$;

c) $\dfrac{n^2 + 3n + 5}{n^4}$;

d) $\dfrac{n^2 + 3n + 5}{n}$;

e) $\sqrt{2n + 3} - \sqrt{2n - 3}$;

f) $\sqrt{4n^2 - 1} - 2n$;

g) $\dfrac{1}{\sqrt{n}}$;

h) $\sqrt{\dfrac{2n + 5}{n + 1}}$;

i) $\dfrac{1}{3^n}$;

*j) $\dfrac{\operatorname{sen} n}{n}$ (usar $|\operatorname{sen} n| \le 1$);

l) $\dfrac{\ln n}{n}$;

*m) $\dfrac{n}{3^n}$ $\left(\text{prove} : 0 \le \dfrac{n}{3^n} \le \left(\dfrac{2}{3} \right)^n \right)$;

n) $\dfrac{n}{2^n}$;

o) $\dfrac{1 + 2 + 3 + \cdots + n}{n^2 + n}$;

*p) 1 se n é par, $\dfrac{n^2 - 1}{n^2 + 1}$ se n é ímpar;

q) e^{-n};

r) $e^{-n} \operatorname{sen} 5n$;

s) $\sqrt[n]{n^p}$, p natural.

Séries   117

5.1.4. Prove que

a) $\lim \dfrac{1 + 2 + 3 + \cdots + n}{n} = +\infty$;

b) $\lim \sqrt[n]{a} = 1$, $a > 0$ (use o fato de que $f(x) = a^x$ é contínua em 0);

*c) $\lim a^n = \begin{cases} +\infty & \text{se } a > 1, \\ 0 & \text{se } 0 < a < 1. \end{cases}$

Sugestão. Mostre que, se $a > 1$, $a^n \geq 1 + n(a - 1)$. usando o binômio de Newton; escrever $a = 1 + t$, $t > 0$. Daí vem que $\lim a^n = \infty$. No caso $0 < a < 1$, considerar $\dfrac{1}{a} > 1$.

5.1.5. Se $\lim a_n = 0$, a sequência $\{a_n\}$ se diz infinitésima.

a) Prove que soma, diferença e produto de sequências infinitésimas é uma sequência infinitésima.

b) É verdade que o quociente de sequências infinitésimas é uma sequência infinitésima?

c) Se $\{a_n\}$ é infinitésima e $\lim b_n = L$, ou $\lim b_n = +\infty$, ou $\lim b_n = -\infty$, então $\lim (a_n + b_n) = L$, ou $\lim (a_n + b_n) = +\infty$, ou $\lim (a_n + b_n) = -\infty$, respectivamente. Prove que $\left\{ \dfrac{(-1)^n}{n} \right\}$ é infinitésima e que

$$\lim \left(1 + \dfrac{(-1)^n}{n} \right) = 1.$$

*5.1.6. Se $\{a_n\}$ é restrita, isto é, existe A tal que $|a_n| \leq A$ e $\{b_n\}$ é infinitésima, então $\{a_n b_n\}$ é infinitésima (Cf. Exer. 5.1.3j e r).

Sugestão. $|a_n b_n| \leq A |b_n|$; se existe $\lim b_n$, então $\lim |b_n| = |\lim b_n|$.

5.1.7. Prove: se $\lim a_n = L$, $\lim a_n = M$, então $L = M$ (unicidade do limite).

5.1.8. Prove: uma sequência convergente é restrita.

*5.1.9. As sequências podem ser classificadas em convergentes e divergentes. As divergentes, por sua vez, em divergentes para mais infinito, divergentes para menos infinito, e as restantes que são chamadas *oscilantes*. Em suma,

118 *Introdução ao cálculo*

$$\text{sequências} \begin{cases} \text{convergentes} \\ \text{divergentes} \begin{cases} \text{divergentes para mais infinito} \\ \text{divergentes para menos infinito} \\ \text{oscilantes} \end{cases} \end{cases}$$

Mostre que as sequências $\left\{ \dfrac{1+(-1)^n}{2} \right\}$, $\left\{ \operatorname{sen} n\dfrac{\pi}{2} \right\}$, $\left\{ (-1)^n \dfrac{n^2+2}{2n} \right\}$ são oscilantes.

5.2 SÉRIE DE NÚMEROS. CONVERGÊNCIA E DIVERGÊNCIA

Consideremos uma sequência

$$a_1, a_2, a_3, \cdots, a_n, \cdots$$

A partir dela formamos a sequência

$$s_1, s_2, s_3, \cdots, s_n, \cdots$$

do seguinte modo:

$$s_1 = a_1, \quad s_2 = a_1 + a_2, \quad s_3 = a_1 + a_2 + a_3,$$

e em geral

$$s_n = a_1 + a_2 + a_3 + \cdots + a_n = \sum_{k=1}^{n} a_k.$$

A sequência $\{s_n\}$ recebe o nome de *série* (associada à sequência $\{a_n\}$) e é representada por

$$a_1 + a_2 + a_3 + \cdots + a_n + \cdots$$

ou por

$$\sum_{k=1}^{\infty} a_k$$

ou então mais simplesmente por

$$\sum a_k$$

Os números a_k são chamados *termos* da série, e os números s_1, s_2, s_3, ... , *somas parciais* de ordem 1, 2, 3, ... , da série, respectivamente.

A noção de série pretende formalizar o conceito de "soma de infinitas parcelas". Observe que s_1, s_2, s_3, ... são aproximações cada vez

Séries   119

melhores à medida que n cresce da "soma infinita" $a_1 + a_2 + a_3 \ldots$, de modo que se justifica a definição a seguir.

Se existe um número s tal que

$$\lim s_n = s,$$

tal número é chamado *soma* da série Σa_n. Nesse caso, a série (que é uma sequência) é convergente.

Infelizmente costuma-se indicar

$$s = \sum_{k=1}^{\infty} a_k = a_1 + a_2 + a_3 + \cdots + a_n + \cdots$$

e assim os símbolos $s = \displaystyle\sum_{k=1}^{\infty} a_k$ e $a_1 + a_2 + a_3 + \cdots + a_n + \cdots$ ficam com dois sentidos: indicam tanto a série (que é uma sequência) quanto sua soma (que é um número).

Exemplo 5.2.1. Consideremos a série

$$1 + r + r^2 + \cdots + r^n + \cdots = \sum_{k=0}^{\infty} r^k,$$

chamada *série geométrica*. Suas somas parciais de ordem 1, 2, 3 são

$$s_1 = 1, \quad s_2 = 1 + r, \quad s_3 = 1 + r + r^2,$$

e em geral a de ordem n é

$$s_n = 1 + r + r^2 + \cdots + r^{n-1} = \begin{cases} \dfrac{r^n - 1}{r - 1} & \text{se} \quad r \neq 1, \\ n & \text{se} \quad r = 1. \end{cases}$$

Daí vem

$$\lim s_n = \begin{cases} \dfrac{1}{1-r} & \text{se} \quad |r| < 1^*, \\ +\infty & \text{se} \quad r = 1. \\ \text{não existe} & \text{se} \quad r = -1^{**}, \end{cases}$$

---

* Exer. 5.1.4c.

** De fato, $s_1 = 1, s_2 = 0, s_3 = 1, \ldots$, e a sequência $\{s_n\}$ não é convergente pelo mesmo motivo do Ex. 5.1.6.

120   *Introdução ao cálculo*

e portanto a série geométrica é convergente somente para r tal que $|r| < 1$, caso em que sua soma é $\dfrac{1}{1-r}$.

Exemplo 5.2.2. A série

$$1 + 2 + 3 + \cdots + n + \cdots = \sum_{k=1}^{\infty} k$$

é divergente, pois

$$s_1 = 1, \quad s_2 = 3, \quad s_3 = 6,$$

e em geral

$$s_n = 1 + 2 + 3 + \ldots + n = \frac{n(n+1)}{2},$$

de forma que

$$\lim s_n = +\infty.$$

EXERCÍCIOS

5.2.1. Prove que

a) $1 + x^2 + x^4 + \cdots + x^{2n} + \cdots = \dfrac{1}{1 - x^2}, \quad |x| < 1;$

b) $x + x^3 + x^5 + \cdots + x^{2n+1} + \cdots = \dfrac{x}{1 - x^2}, \quad |x| < 1;$

c) $1 - x + x^2 - x^3 + \cdots + (-1)^n x^n + \cdots = \dfrac{1}{1 + x}, \quad |x| < 1;$

d) $1 - x^2 + x^4 - x^6 + \cdots + (-1)^n x^{2n} + \cdots = \dfrac{1}{1 + x^2}, \quad |x| < 1;$

e) $1 + 4x^2 + 16x^4 + \cdots + 4^n x^{2n} + \cdots = \dfrac{1}{1 - 4x^2}, \quad |x| < \dfrac{1}{2}.$

5.2.2. *a) Prove que

$$1 + 2r + 3r^2 + 4r^3 + \cdots + nr^{n-1} = \frac{1}{(1-r)^2} - \frac{r^{n+1}}{(1-r)^2} - \frac{(n+1)r^n}{1-r}.$$

Sugestão. $1 + 2r + 3r^2 + \cdots + nr^{n-1} = \dfrac{d}{dr}\left(1 + r + r^2 + \cdots + r^n\right).$

b) Prove que

$$\sum_{n=1}^{\infty} nr^{n-1} = \frac{1}{(1-r)^2}, \quad |r| < 1.$$

Séries 121

5.2.3. Prove que $\displaystyle\sum_{k=1}^{\infty} \frac{1}{k(k+1)} = 1$.

Solução. Podemos escrever (Sec. 2.5)

$$\frac{1}{k(k+1)} = \frac{A}{k} + \frac{B}{k+1}.$$

Encontramos os valores $A = 1$, $B = -1$. Então

$$\frac{1}{k(k+1)} = \frac{1}{k} - \frac{1}{k+1}.$$

Logo,

$$s_n = \sum_{k=1}^{n} \left(\frac{1}{k} - \frac{1}{k+1} \right) = \left(\frac{1}{1} - \frac{1}{2} \right) + \left(\frac{1}{2} - \frac{1}{3} \right) +$$

$$+ \left(\frac{1}{3} - \frac{1}{4} \right) + \cdots + \left(\frac{1}{n} - \frac{1}{n+1} \right) = 1 - \frac{1}{n+1}.$$

e daí

$$\lim s_n = 1.$$

Com procedimento análogo, prove que

a) $\displaystyle\sum_{k=1}^{\infty} \frac{1}{(k+a)(k+a+1)} = \frac{1}{a+1} \quad (a \neq -1, -2, \cdots)$;

b) $\displaystyle\sum_{k=1}^{\infty} \frac{1}{(2k-1)(2k+1)} = \frac{1}{2}$;

c) $\displaystyle\sum_{k=1}^{\infty} \frac{1}{k(k+1)(k+2)} = \frac{1}{4}$;

d) $\displaystyle\sum_{k=1}^{\infty} \frac{1}{(2k-1)(2k+1)(2k+3)} = \frac{1}{12}$;

*e) $\displaystyle\sum_{k=1}^{\infty} \frac{2k-1}{3^k} = 1$.

Sugestão. $2k - 1 = 3k - (k+1)$, $\therefore \dfrac{2k-1}{3^k} = \dfrac{k}{3^{k-1}} - \dfrac{k+1}{3^k}$.

5.3 SÉRIE DE NÚMEROS. PROPRIEDADES

Veremos nesta secção algumas propriedades das séries.

S1. Se numa série

$$a_1 + a_2 + a_3 + \cdots + a_n + \cdots$$

substituímos a_1 por b_1, a_2 por b_2, ... , a_p por b_p, obtemos a série

$$b_1 + b_2 + b_3 + \cdots + b_p + a_{p+1} + \cdots + a_n + \cdots,$$

que é convergente ou divergente conforme seja a dada inicialmente. Se

$$a_1 + a_2 + a_3 + \cdots + a_n + \cdots = s,$$

então

$$b_1 + b_2 + b_3 + \cdots + b_p + a_{p+1} + \cdots + a_n + \cdots =$$
$$= s + \left(b_1 + b_2 + b_3 + \cdots + b_p \right) - \left(a_1 + a_2 + \cdots + a_p \right).$$

Observe a analogia com somas finitas: você pode cancelar o termo ($b_1 + b_2 + ... + b_p$) e passar ($a_1 + a_2 + a_3 + ... + a_p$) para o primeiro membro!

Prova. Se $n > p$, a soma parcial S_n da série obtida será

$$S_n = b_1 + b_2 + b_3 + \cdots + b_p + a_{p+1} + \cdots + a_n =$$
$$= \left(a_1 + a_2 + a_3 + \cdots + a_p \right) + a_{p+1} + \cdots + a_n -$$
$$- \left(a_1 + a_2 + a_3 + \cdots + a_p \right) + b_1 + b_2 + b_3 + \cdots + b_p =$$
$$= s_n - \left(a_1 + a_2 + a_3 + \cdots + a_p \right) + \left(b_1 + b_2 + b_3 + \cdots + b_p \right),$$

onde s_n é soma parcial da série inicial. Logo, se não existir $\lim s_n$ também não existirá $\lim S_n$, e, se existir $\lim s_n$, teremos

$$\lim S_n = \lim s_n - \left(a_1 + a_2 + a_3 + \cdots + a_p \right) + \left(b_1 + b_2 + b_3 + \cdots + b_p \right) =$$
$$= s - \left(a_1 + a_2 + a_3 + \cdots + a_p \right) + \left(b_1 + b_2 + b_3 + \cdots + b_p \right).$$

Corolário. Em particular, se $b_1 = ... = b_p = 0$, estamos suprimindo os p primeiros termos, e então as duas séries divergem ou convergem simultaneamente. Neste último caso, a soma da série obtida vale

$$s - \left(a_1 + a_2 + a_3 + \cdots + a_p \right),$$

onde s é a soma da série inicial.

Séries

Da mesma forma, a introdução de um número finito de termos não altera a convergência ou divergência da série, ficando alterada, porém, a sua soma de um modo óbvio (quando for o caso da convergência ver Exer. 5.3.3).

Exemplo 5.3.1. Já vimos que

$$1 + r + r^2 + \cdots + r^n + \cdots = \frac{1}{1-r}, \quad |r| < 1.$$

Então

$$r + r^2 + \cdots + r^n + \cdots = \frac{1}{1-r} - 1 = \frac{r}{1-r}$$

e

$$4 + 1 + r + r^2 + \cdots + r^n + \cdots = 4 + \frac{1}{1-r} = \frac{5-4r}{1-r}.$$

Também

$$1 + r + \underset{\uparrow}{3} + r^2 + r^3 + \underset{\uparrow}{1} + r^4 + r^5 + \cdots + r^n + \cdots = \frac{1}{1-r} + \underset{\uparrow}{3} + \underset{\uparrow}{1} = \frac{5-4r}{1-r}.$$

S2. Se $\sum a_n$ e $\sum b_n$ são convergentes, então

a) $\displaystyle\sum_{k=1}^{\infty}\left(a_k \pm b_k\right) = \sum_{k=1}^{\infty} a_k \pm \sum_{k=1}^{\infty} b_k;$

b) $\displaystyle\sum_{k=1}^{\infty} c a_k = c \sum_{k=1}^{\infty} a_k,$ onde c é um número.

(Observe a analogia com as somas finitas.)

Prova. a) A soma parcial de ordem n da série do primeiro membro é

$$\sum_{k=1}^{n}\left(a_k \pm b_k\right) = \sum_{k=1}^{n} a_k \pm \sum_{k=1}^{n} b_k.$$

Basta agora tomar o limite de ambos os membros para $n \to \infty$.

b) Exercício.

Corolário. a) Se $\sum a_n$ é convergente e $\sum b_n$ é divergente, então $\sum (a_n + b_n)$ é divergente (se não, $\sum b_n = \sum (a_n + b_n) - \sum a_n$ seria convergente).

124   *Introdução ao cálculo*

b)   Se $\sum a_n$ divergente e $c \neq 0$, então $\sum c a_n$ é divergente (exercício).

Exemplo 5.3.2. A série $\sum \left(\dfrac{1}{5^k} + k \right)$ é divergente, pois $\sum \dfrac{1}{5^k}$ é convergente e $\sum k$ é divergente.

Atenção. Se $\sum a_n$ e $\sum b_n$ forem ambas divergentes, nada se pode afirmar sobre $\sum (a_n + b_n)$ (Exer. 5.3.5).

Proposição 5.3.1. (Condição necessária à convergência de uma série). Se $\sum a_n$ é convergente, então $\lim a_n = 0$.

Prova. Temos

$$a_n = \left(a_1 + a_2 + \cdots + a_n \right) - \left(a_1 + a_2 + \cdots + a_{n-1} \right) = s_n - s_{n-1}.$$

Logo,

$$\lim a_n = \lim s_n - \lim s_{n-1} = 0.$$

Corolário. Se $\lim a_n \neq 0$, então $\sum a_n$ é divergente.

Exemplo 5.3.3. Prove que $\sum \ln n$ é divergente.

De fato,

$$\lim \ln n = +\infty.$$

Atenção. A recíproca não é verdadeira: pode suceder que $\lim a_n = 0$ e que se tenha $\sum a_n$ divergente!

Basta considerar a série $\sum \dfrac{1}{\sqrt{n}}$: tem-se

$$\lim \frac{1}{\sqrt{n}} = 0$$

e, por ser

$$s_n = 1 + \frac{1}{\sqrt{2}} + \frac{1}{\sqrt{3}} + \cdots + \frac{1}{\sqrt{n}} \geq \frac{1}{\sqrt{n}} + \frac{1}{\sqrt{n}} +$$

$$+ \frac{1}{\sqrt{n}} + \cdots + \frac{1}{\sqrt{n}} = \frac{n}{\sqrt{n}} = \sqrt{n},$$

resulta $\lim s_n = +\infty$, por ser

$$\lim \sqrt{n} = +\infty \text{ (Proposição 5.1.2c)}$$

Séries

EXERCÍCIOS

5.3.1. Prove que

a) $\displaystyle\sum_{k=0}^{\infty} \frac{3^k + 5^k}{15^k} = \frac{11}{4}$;

b) $\displaystyle\sum_{k=1}^{\infty} \frac{3^k + 5^k}{15^k} = \frac{3}{4}$;

c) $\dfrac{1}{3} + \dfrac{2}{3^2} + \dfrac{1}{3^3} + \dfrac{2}{3^4} + \dfrac{1}{3^5} + \dfrac{2}{3^6} + \cdots = \dfrac{5}{8}$;

d) $\displaystyle\sum_{k=1}^{\infty} \frac{\sqrt{k+1} - \sqrt{k}}{\sqrt{k^2 + k}} = 1$;

e) $\displaystyle\sum_{k=2}^{\infty} \frac{1}{2^k} = \frac{1}{2}$;

f) $r + \dfrac{r}{1+r} + \dfrac{r}{(1+r)^2} + \cdots = \begin{cases} 1+r & \text{se} \quad r > 0 \quad \text{ou} \quad r < -2, \\ 0 & \text{se} \quad r = 0; \end{cases}$

g) $\dfrac{1}{2} + \dfrac{1}{2^2} + \dfrac{1}{2^3} + 400 + \dfrac{1}{2^4} + 500 + \dfrac{1}{2^5} + \dfrac{1}{2^6} + \dfrac{1}{2^7} + \dfrac{1}{2^8} + \cdots = 901$.

5.3.2. Prove que são divergentes as séries

a) $\sum n \ln n$;

b) $\displaystyle\sum \frac{1}{\sqrt[n]{n}}$;

c) $\displaystyle\sum \frac{2n+1}{n+2}$;

d) $\displaystyle\sum n!$;

e) $\displaystyle\sum \frac{1}{\sqrt[n]{3}}$;

f) $\displaystyle\sum \operatorname{sen} n$;

5.3.3. Dada a série $a_1 + a_2 + a_3 + \cdots + a_n + \cdots$, considere a série

$$b_1 + b_2 + b_3 + \cdots + b_p + a_1 + a_2 + a_3 + \cdots + a_n + \cdots$$

(p natural, b_i números).

Mostre que as duas séries são convergentes ou divergentes simultaneamente. No caso de convergência, a soma da segunda é igual à soma da primeira mais $\left(b_1 + b_2 + b_3 + \cdots + b_p \right)$.

5.3.4. Prove que, se você inserir os p termos b_i do exercício anterior, de qualquer modo o resultado ainda é válido.

Sugestão. Não faça no caso geral. Veja, por exemplo, o caso

$$b_1 + a_1 + a_2 + b_2 + a_3 + a_4 + a_5 + a_6 + b_3 + b_4 + a_7 + a_8 + \cdots$$

As somas parciais serão

$$S_1 = b_1, \quad S_2 = b_1 + a_1, \quad S_3 = b_1 + a_1 + a_2,$$

e, para $n > 10$,

$$S_n = b_1 + b_2 + b_3 + b_4 + a_1 + a_2 + a_3 + \cdots + a_{n-4} =$$
$$= b_1 + b_2 + b_3 + b_4 + s_{n-4}.$$

Convença-se de que vale no caso geral (a menos que você fique intranquilo).

5.3.5. Prove que

a) Σn e $\Sigma(-n)$ são divergentes e sua soma $\Sigma[n + (-n)]$ é convergente;

b) Σn e Σn são divergentes e sua soma $\Sigma(n + n) = \Sigma 2n$ é divergente.

*5.3.6. (Continuação das propriedades das séries)

S3. Seja $a_1 + a_2 + a_3 + \cdots + a_n + \cdots = s$. Consideremos $\{t_n\}$ uma sequência de naturais tais que

$$t_1 < t_2 < \cdots < t_n < \cdots$$

Pondo

$$b_1 = a_1 + a_2 + a_3 + \cdots + a_{t_1},$$
$$b_2 = a_{t_1+1} + a_{t_1+2} + \cdots + a_{t_2},$$

e, em geral,

$$b_n = a_{t_{n-1}+1} + \cdots + a_{t_n}$$

vale que

$$b_1 + b_2 + b_3 + \cdots + b_n + \cdots = s.$$

Em outras palavras, se uma série é convergente e tem soma s, você pode colocar parênteses à vontade, que a nova série será convergente e com soma s. (Observe a semelhança com as somas finitas.)

Exemplo. Como

$$1 + \frac{1}{2} + \frac{1}{2^2} + \cdots + \frac{1}{2^n} + \cdots = \frac{1}{1 - \frac{1}{2}} = 2,$$

temos

$$1 + \left(\frac{1}{2} + \frac{1}{2^2} \right) + \left(\frac{1}{2^3} + \frac{1}{2^4} + \frac{1}{2^5} \right) + \left(\frac{1}{2^6} + \frac{1}{2^7} + \frac{1}{2^8} + \frac{1}{2^9} \right) + \cdots$$

$$+ \cdots + \left(\frac{1}{2^{\left[n(n+1) \right]/2}} + \cdots + \frac{1}{2^{\left[(n+1)(n+2)/2 \right]-1}} \right) + \cdots = 2,$$

ou seja,

$$1 + \frac{2+1}{2^2} + \frac{2^2 + 2 + 1}{2^5} + \frac{2^3 + 2^2 + 2 + 1}{2^9} + \cdots$$

$$+ \cdots + \frac{2^n + \cdots + 2^2 + 2 + 1}{2^{\left[(n+1)(n+2)/2 \right]-1}} + \cdots = 2$$

ou, finalmente,

$$\sum_{n=0}^{\infty} \frac{2^{n+1} - 1}{2^{\left[(n+1)(n+2)/2 \right]-1}} = 1 + \frac{3}{2^2} + \frac{7}{2^5} + \frac{15}{2^9} + \cdots +$$

$$+ \frac{2^{n+1} - 1}{2^{\left[(n+1)(n+2)/2 \right]-1}} + \cdots = 2.$$

Prova. Se s_n e S_n são somas parciais de $\sum a_n$ e $\sum b_n$ respectivamente, tem-se

$$S_n = s_{t_n}.$$

Logo, $\{S_n\}$ é subsequência de $\{s_n\}$ e portanto

$$s = \lim s_n = \lim S_n.$$

Nota. Se a série não é convergente, colocação de parênteses pode transformá-la numa série convergente:

$$2 - \frac{3}{2} + \frac{4}{3} - \frac{5}{4} + \frac{6}{5} - \frac{7}{6} + \cdots + \left(-1 \right)^{n-1} \frac{n+1}{n} + \cdots$$

é divergente, pois $\lim (-1)^{n+1} \dfrac{n+1}{n} \neq 0$, mas

$$\left(2 - \frac{3}{2}\right) + \left(\frac{4}{3} - \frac{5}{4}\right) + \left(\frac{6}{5} - \frac{7}{6}\right) + \cdots =$$

$$= \frac{1}{1 \cdot 2} + \frac{1}{3 \cdot 4} + \frac{1}{5 \cdot 6} + \cdots + \frac{1}{(2n-1)2n} + \cdots,$$

que e convergente (prove). No entanto, se a série é divergente para $+\infty$ $(-\infty)$, então a colocação de parênteses dá margem a uma série ainda divergente para $+\infty$ $(-\infty)$.

5.3.7. Prove a última afirmação da nota anterior.

5.3.8. Se a remoção de parênteses numa série convergente produz uma série convergente, então ambas têm mesma soma. Prove.

Exemplo. A série

$$\left(1 - \frac{9}{10}\right) + \left(1 - \frac{99}{100}\right) + \cdots = \frac{1}{10} + \frac{1}{100} + \cdots$$

é obviamente convergente, sendo sua soma $\dfrac{1}{9}$. Se removemos os parênteses, obtemos

$$1 - \frac{9}{10} + 1 - \frac{99}{100} + \cdots,$$

que é divergente, pois, indicando por s_n a soma parcial de ordem n desta última série, resulta que

$$\lim s_{2n} = \frac{1}{9}$$

e que

$$\lim s_{2n-1} = \frac{10}{9}.$$

Nesse caso, a remoção de parênteses em uma série convergente produziu uma série divergente.

Eis um caso em que a remoção de parênteses de uma série convergente produz uma série convergente, a qual terá pelo resultado do exercício, mesma soma que a série inicial:

$$\frac{1}{1\cdot 2}+\frac{1}{2\cdot 3}+\cdots+\frac{1}{n\left(n+1\right)}+\cdots,$$

Esta série, que tem soma 1 (Exer. 5.2.3), pode ser escrita

$$\left(1-\frac{1}{2}\right)+\left(\frac{1}{2}-\frac{1}{3}\right)+\cdots+\left(\frac{1}{n}-\frac{1}{n+1}\right)+\cdots$$

Removendo os parênteses, obtemos a série

$$1-\frac{1}{2}+\frac{1}{2}-\frac{1}{3}+\cdots+\frac{1}{n}-\frac{1}{n+1}+\cdots,$$

que é convergente, pois, sendo s_n sua soma parcial de ordem n, temos

$$s_{2n-1}=1$$

e

$$s_{2n}=1-\frac{1}{n+1},$$

de forma que

$$\lim s_n = 1.$$

5.4 SÉRIE DE NÚMEROS NÃO NEGATIVOS. CRITÉRIOS DE CONVERGÊNCIA

Em geral é difícil decidir, através cio estudo de $\lim s_n$, se uma série é convergente ou divergente. Daí a utilidade dos critérios de convergência e divergência das séries, alguns dos quais estudaremos nesta secção. Esses critérios nos permitem, em geral, dizer se uma série de *números não negativos* é convergente ou divergente, sem que tenhamos de estudar $\lim s_n$. Veremos mais tarde como proceder no caso de séries de números que não sejam necessariamente todos não negativos.

Antes, porém, vejamos um resultado que define o comportamento de uma série de números não negativos:

Proposição 5.4.1. Se $\sum a_n$ é uma série tal que $a_n \geq 0$, então

a) ou existe um número s tal que $\lim s_n = s$ (ou seja, a série é convergente);

b) ou $\lim s_n = +\infty$,

onde s_n tem o significado habitual.

130   *Introdução ao cálculo*

Prova. A sequência $\{s_n\}$ é monotônica não decrescente, pois

$$s_n - s_{n-1} = a_n \geq 0.$$

O resultado é então garantido pelo Corolário 2 da Proposição 5.1.3

Nota. Pode-se garantir, pela Proposição 5.1.3. que $s_n \leq s$, para todo n.

Passemos agora aos critérios.

Proposição 5.4.2. (Critério do confronto.) Seja $\sum a_n$ uma série tal que $a_n \geq 0$. Suponhamos que exista $c > 0$ tal que

$$a_n \leq cb_n \text{ para todo } n.$$

Então

a)   se $\sum b_n$ é convergente, resulta que $\sum a_n$ é convergente

$$\left(\sum_{n=1}^{\infty} a_n \leq c \sum_{n=1}^{\infty} b_n \right);$$

b)   se $\sum a_n$ é divergente, também $\sum b_n$ é divergente.

Prova. Sendo

$$s_n = a_1 + a_2 + a_3 + \cdots + a_n,$$
$$S_n = b_1 + b_2 + b_3 + \cdots + b_n,$$

temos

$$s_n \leq cS_n.$$

a)   Sendo $\sum b_n$ convergente, seja T sua soma. Então, para todo n,

$$cS_n \leq cT,$$

pela Proposição 5.1.3. Como $s_n \leq cS_n$, vem

$$s_n \leq cT.$$

Então $\{s_n\}$ é limitada e, como é monotônica não decrescente (lembrar que $a_n \geq 0$), é convergente e

$$\lim s_n \leq cT,$$

novamente pela Proposição 5.1.3.

Séries

b) Exercício.

Nota. Como a supressão de um número finito de termos no início da série não afeta sua convergência ou divergência, a condição $a_n \leq cb_n$, sendo verificada a partir de um certo n_0, ainda implica o resultado da proposição.

Exemplo 5.4.1. Examine o caráter da série $\sum_{n=1}^{\infty} \dfrac{1}{n!}$ quanto à convergência.

Temos o seguinte resultado, que pode ser provado facilmente[*]:

$$\frac{1}{n!} \leq \frac{1}{2^{n-1}} \qquad\qquad n = 1, 2, \cdots$$

Como $\sum \dfrac{1}{2^{n-1}} = 2 \sum \left(\dfrac{1}{2}\right)^n$ é convergente, resulta que $\sum \dfrac{1}{n!}$ é convergente.

Exemplo 5.4.2. Idem para $\sum \dfrac{1}{n^3 + n}$.

Vamos utilizar a série $\sum \dfrac{1}{n^2 + n}$, que já vimos ser convergente (Exer. 5.2.3). Como $n^2 + n \leq n^3 + n$, então

$$\frac{1}{n^3 + n} \leq \frac{1}{n^2 + n},$$

o que mostra que a série em questão é convergente.

O método do confronto como foi apresentado faz depender seu sucesso da habilidade e imaginação do leitor.

Em primeiro lugar, é necessário que se tenham algumas séries cujo comportamento seja conhecido. Em segundo lugar, saber qual delas é a mais adequada para o confronto. Existe um modo que, em alguns casos, evita o uso de desigualdades para efetuar tal confronto, o qual é dado no seguinte corolário.

Corolário. Se $a_n > 0$, $b_n > 0$ e existe $c > 0$ tal que

$$\lim \frac{a_n}{b_n} = c,$$

então as séries $\sum a_n$ e $\sum b_n$ convergem ou divergem simultaneamente.

---

[*] $\quad 2^{n-1} = 1 \cdot 2^{n-1} = \underbrace{1 \cdot 2 \cdot 2 \cdot 2 \cdots 2}_{n} \leq 1 \cdot 2 \cdot 3 \cdot 4 \cdots n = n!$

132 *Introdução ao cálculo*

Prova. Como $\lim \dfrac{a_n}{b_n} = c$, considerado $\varepsilon = \dfrac{c}{2}$, existe N tal que $n > N$ acarreta

$$\left| \frac{a_n}{b_n} - c \right| < \frac{c}{2},$$

ou

$$\frac{c}{2} < \frac{a_n}{b_n} < \frac{3c}{2}.$$

Então, para $n > N$, têm-se

$$a_n < \frac{3}{2} c b_n.$$

e

$$b_n < \frac{2}{c} a_n.$$

Basta aplicar agora a Proposição 5.4.2.

Exemplo 5.4.3. A série $\displaystyle\sum \frac{1}{n^2}$ é convergente.
De fato,

$$\lim \frac{\dfrac{1}{n^2}}{\dfrac{1}{n^2 + n}} = \lim \frac{n^2 + n}{n^2} = 1 > 0.$$

Logo, $\displaystyle\sum \frac{1}{n^2}$ é convergente, pois é convergente a série $\displaystyle\sum \frac{1}{n^2 + n}$ (Exer. 5.2.3).

Proposição 5.4.3. (Critério da integral.) Seja f uma função definida e contínua no intervalo $x \geq 1$, assumindo valores ≥ 0, e tal que $x_1 \leq x_2$ acarreta $f(x_1) \geq f(x_2)$ para todo x_1, x_2 do intervalo[*]. Então a série $\Sigma f(n)$ é convergente se e somente se a integral $\int_1^\infty f(x)\,dx$ existe.

Prova. Observe a Fig. 5-6.
Sejam

$$s_n = f(1) + f(2) + \cdots + f(n),$$
$$S_n = \int_1^n f(x)\,dx.$$

---

[*] Seja A um conjunto de números contido no domínio de uma função f . f se diz *monotônica não crescente* em A se se verifica, para todo x_1, x_2 de A com $x_1 \leq x_2$, $f(x_1) \geq f(x_2)$. De modo semelhante se define função monotônica não decrescente em A.

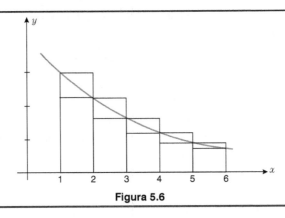

Figura 5.6

Vemos que, associadas à partição de $[1, n]$ dada pelos números $1, 2, \ldots, n$, temos a soma inferior de f,

$$f(2) + f(3) + \cdots + f(n) = s_n - f(1),$$

e a soma superior de f,

$$f(1) + f(2) + \cdots + f(n-1) = s_n - f(n)$$

de modo que podemos escrever

$$s_n - f(1) \le \int_1^n f(x)dx \le s_n - f(n) \le s_n$$

ou seja,

$$s_n - f(1) \le S_n \le s_n.$$

a) Suponhamos $\Sigma f(n)$ convergente, ou seja, existe s tal que $\lim s_n = s$. Então, por ser $\{s_n\}$ monotônica não decrescente, temos

$$s_n \le s.$$

Logo, lembrando a relação anterior,

$$S_n \le s_n \le s.$$

Ou seja, $\{S_n\}$ é limitada e, sendo monotônica não decrescente, ela é convergente: existe $S = \lim S_n = \lim \int_1^n f(x)dx \ge \int_1^n f(x)dx$ (Proposição 5.1.3).

Resta mostrar que a existência desse limite implica a existência de $\int_1^\infty f(x)dx = \lim\limits_{x \to +\infty} \int_1^x f(x)dx$.

Dado $\varepsilon > 0$, existe N tal que $n > N$ acarreta

$$S - \varepsilon \le \int_1^n f(x)dx \le S + \varepsilon.$$

Tomemos $x > N + 1$. Nesse caso existe n_0 tal que $n_0 \le x < n_0 + 1$ ($n_0 = I(x)$, maior inteiro contido em x) e, como $x > N + 1$, temos

$$N < n_0 \le x < n_0 + 1.$$

Por ser $f(x) \ge 0$, vem

$$\int_1^{n_0} f(x)dx \le \int_1^x f(x)dx \le \int_1^{n_0+1} f(x)dx.$$

Pela relação (β), podemos escrever

$$S - \varepsilon \le \int_1^{n_0} f(x)dx \le \int_1^x f(x)dx \le \int_1^{n_0+1} f(x)dx \le S + \varepsilon$$

(pois n_0, $n_0 + 1 > N$), ou seja,

$$\lim_{x \to +\infty} \int_1^x f(x)dx = S.$$

b) Suponhamos agora que exista

$$\int_1^{+\infty} f(x)dx, \quad \text{ou seja} \quad \lim_{x \to +\infty} \int_1^x f(x)dx,$$

o que acarreta a existência de $\int_1^n f(x)dx = \lim S_n$. Utilizando a primeira desigualdade de (α), pode-se efetuar raciocínio análogo ao acima e chegar-se ao resultado.

Exemplo 5.4.4. Estudar a série harmônica generalizada $\sum \dfrac{1}{n^p}$.

Consideremos $f(x) = \dfrac{1}{x^p}$, $\;\; x \ge 1$, que está nas condições da proposição anterior, se $p > 0$. Se $p \le 0$, a série é divergente, pois então $\lim \dfrac{1}{n^p} \ne 0$.

Como sabemos (Sec. 4.3), a integral $\int_1^{+\infty} \dfrac{dx}{x^p}$ existe se e somente

se $p > 1$. Logo, a série dada é convergente se e somente se $p > 1$.

Exemplo 5.4.5. Idem para $\displaystyle\sum_{n=2}^{\infty} \dfrac{1}{n\left(\ln n\right)^p}$.

Consideremos $f\left(x\right) = \dfrac{1}{x\left(\ln x\right)^p}$. Se $p \leq 0$ a série é divergente (por quê?):

se $p > 0$ f está nas hipóteses da Proposição 5.4.3. Nesse caso[*]

$$\int_2^c \frac{dx}{x\left(ln\,x\right)^p} = \begin{cases} \dfrac{\left(\ln c\right)^{1-p} - \left(\ln 2\right)^{1-p}}{1-p} & \text{se} \quad p \neq 1, \\[2ex] \ln\left(\ln c\right) - \ln\left(\ln 2\right) & \text{se} \quad p = 1. \end{cases}$$

Portanto é fácil ver que $\int_2^{+\infty} f\left(x\right)dx$ existe se e somente se $p > 1$, o que implica que a série dada converge se e somente se $p > 1$.

Eis aqui alguns conselhos na resolução de problemas relativos à verificação de convergência e divergência de séries, mediante utilização dos resultados obtidos.

Em primeiro lugar, verifique se $\lim a_n = 0$ (quando isso for viável). Se não for o caso, o assunto estará liquidado: a série não é convergente. Porém, se $\lim a_n = 0$, *nada se pode concluir!* Então procure aplicar um critério de confronto se a série se parece com alguma de comportamento conhecido; utilize de preferência o confronto usando limite (corolário da Proposição 5.4.2). Damos a seguir algumas séries para referência.

1. Série geométrica: $\Sigma\, r^n$.

Convergente   se $\left|r\right| < 1$.

Divergente   se $\left|r\right| \geq 1$.

2. Série harmônica generalizada: $\displaystyle\sum \dfrac{1}{n^p}$.

Convergente   se $p > 1$.

Divergente   se $p \leq 1$.

---

[*] No critério da integral é permitido substituir o extremo inferior de integração 1 por outro natural qualquer ou 0, como é fácil de ver.

A série harmônica ($p = 1$) é um caso particular.

3. A série $\displaystyle\sum \frac{1}{n\left(\ln n\right)^p}$ é

$$\begin{aligned}\text{convergente} \quad &\text{se} \quad p > 1; \\ \text{divergente} \quad &\text{se} \quad p \leq 1.\end{aligned}$$

4. A série $\Sigma\, a_n$, com $\lim a_n \neq 0$, é divergente.

Se o confronto é difícil, tenta-se o critério da integral (se esta não for muito complicada). Daremos a seguir alguns exemplos.

Exemplo 5.4.6. Estudar a convergência da série $\displaystyle\sum \frac{1}{n^2 + 1}$.

Essa série se parece com $\displaystyle\sum \frac{1}{n^2}$, que é convergente. Tentamos

$$\lim \frac{\dfrac{1}{n^2 + 1}}{\dfrac{1}{n^2}} = \lim \frac{n^2}{n^2 + 1} = 1 > 0.$$

Logo, pelo corolário da Proposição 5.4.2. a série dada é convergente.

Exemplo 5.4.7. Idem para $\displaystyle\sum \frac{2n + 3}{n^2 + 7}$.

O grau do numerador sendo 1 e o do numerador sendo 2, a série se parece com a série harmônica $\displaystyle\sum \frac{1}{n}$, que é divergente. Tentamos

$$\lim \frac{\dfrac{2n + 3}{n^2 + 7}}{\dfrac{1}{n}} = \lim \frac{2n + 3}{n^2 + 7} \cdot n = 2 > 0.$$

Logo, a série dada é divergente, pelo corolário da Proposição 5.4.2.

Exemplo 5.4.8. Idem para $\displaystyle\sum \frac{1}{3^n + 10}$.

Como

$$\lim \frac{\dfrac{1}{3^n}}{\dfrac{1}{3^n + 10}} = \lim \frac{3^n + 10}{3^n} = \lim \left(1 + \frac{10}{3^n}\right) = 1 > 0$$

e a série $\sum \dfrac{1}{3^n}$ é convergente (série geométrica), resulta que a série dada é convergente.

Exemplo 5.4.9. Idem para $\sum \dfrac{n!}{n^n}$.

Nesse caso, fazemos o confronto usando desigualdades: $\dfrac{n!}{n^n} \le \dfrac{2^*}{n^2}$

Logo, a série dada é convergente, pois $\sum \dfrac{2}{n^2}$ é convergente.

Exemplo 5.4.10. Idem para $\sum n e^{-n^2}$.

Nesse caso o critério da integral e conveniente. Temos

$$\int_1^{+\infty} x e^{-x^2} dx = \lim_{c \to +\infty} \int_1^c x e^{-x^2} dx =$$

$$= \lim_{c \to +\infty} -\dfrac{e^{-x^2}}{2} \bigg|_1^c = \lim_{c \to +\infty} \dfrac{e^{-1} - e^{-c^2}}{2} = \dfrac{1}{2e}.$$

Logo, a série dada é convergente.

Exemplo 5.4.11. Idem para $\sum \dfrac{1}{\ln n}$.

Observe que $n > \ln n$, resultado esse que pode ser verificado por método já visto no Vol. 1 (Ex. 3.3.5). Então

$$\dfrac{1}{n} < \dfrac{1}{\ln n}$$

e, como $\sum \dfrac{1}{n}$ é divergente, certamente o será também $\sum \dfrac{1}{\ln n}$, pelo critério do confronto.

EXERCÍCIOS

Nos exercícios seguintes, dizer se são convergentes ou divergentes as séries.

5.4.1. $\sum \dfrac{1}{\sqrt{n^6}}$.

5.4.2. $\sum \dfrac{1}{\sqrt[3]{n^2 + 3}}$.

---

* Para $k \ge 2$, é claro que $1 \le \left(1 + \dfrac{1}{k}\right)^{k-2}$ $\therefore$ $k+1 \le \dfrac{(k+1)^{k-1}}{k^{k-2}}$. Fazendo $k = 2, 3, ..., n$ e multiplicando membro a membro vem $n! \le 2n^{n-2}$.

138 *Introdução ao cálculo*

5.4.3. $\displaystyle\sum \frac{1}{\sqrt{n^3 + 1}}$.

5.4.4. $\displaystyle\sum \frac{1}{6^n}$.

5.4.5. $\displaystyle\sum \frac{1}{\sqrt[n]{10}}$.

5.4.6. $\displaystyle\sum \frac{1}{n^5 + \pi}$.

5.4.7. $\displaystyle\sum \frac{n}{\ln n}$.

5.4.8. $\displaystyle\sum \frac{\ln n}{n}$.

5.4.9. $\displaystyle\sum \cos n$.

5.4.10. $\displaystyle\sum \operatorname{sen}^2 \frac{\pi}{n}$.

5.4.11. $\displaystyle\sum \frac{1}{\sqrt{1 + n^2 + n}}$.

*5.4.12. $\displaystyle\sum_{n=2}^{\infty} \frac{1}{\left(\ln n\right)^{1/n}}$.

Sugestão. Comparar com $\displaystyle\sum \frac{1}{\sqrt[n]{n}}$.

5.4.13. $\displaystyle\sum \frac{1}{n \cdot \ln n \cdot \ln \ln n}$.

5.4.14. $\displaystyle\sum \frac{1}{n \cdot \ln n \cdot \left[\ln \ln n\right]^p}$.

5.4.15. $\displaystyle\sum \frac{n+1}{n^2}$.

5.4.16. $\displaystyle\sum \frac{3 + \left(-1\right)^n}{3^n}$.

5.4.17. $\displaystyle\sum \frac{1}{n 2^n}$.

5.4.18. $\displaystyle\sum_{n=2}^{\infty} \frac{1}{n \left(\ln n\right)^{1/2}}$.

5.4.19 $\displaystyle\sum \frac{3^{\cos n}}{n^2}$.

5.4.20. $\displaystyle\sum_{n=2}^{\infty} \frac{1}{\sqrt{n}\ln n}$.

5.5 SÉRIE DE NÚMEROS NÃO NEGATIVOS. MAIS DOIS CRITÉRIOS: DA RAIZ E DA RAZÃO

Veremos agora dois critérios, que na verdade são aplicações do critério do confronto (Proposição 5.4.2).

Proposição 5.5.1. (Critério da raiz.) Seja $\Sigma\, a_n$ tal que $a_n \geq 0$. Suponhamos que

$$\lim \sqrt[n]{a_n} = L.$$

a) Se $L < 1$, a série é convergente.

b) Se $L > 1$, a série é divergente.

c) Se $L = 1$, nada se pode afirmar quanto à convergência da série.

Prova. a) Suponhamos $L < 1$. Então existe um número r tal que $L < r < 1$ (Fig. 5-7). Como $\lim \sqrt[n]{a_n} = L$, dado $\varepsilon = r - L > 0$ (Fig. 5-7), existe N tal que $n > N$ acarreta $\left|\sqrt[n]{a_n} - L\right| < r - L$, e daí $\sqrt[n]{a_n} < r$. Portanto, se $n > N$, resulta

$$0 \leq a_n < r^n,$$

o que, pelo critério do confronto, implica, pela convergência de $\Sigma\, r^n$ ($0 < r < 1$), a convergência de $\Sigma\, a_n$.

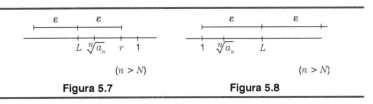

Figura 5.7   **Figura 5.8**

b) Se $L > 1$, tomado $\varepsilon = L - 1 > 0$ (Fig. 5-8), existe N tal que $\left|\sqrt[n]{a_n} - L\right| < L - 1$, e daí $1 \leq \sqrt[n]{a_n}$, logo, $1 \leq a_n$, para todo $n \geq N$. Daí não se tem $\lim a_n = 0^*$ e então $\Sigma\, a_n$ é divergente (Corolário da Proposição 5.3.1).

c) Basta considerar $\displaystyle\sum \frac{1}{n}$ e $\displaystyle\sum \frac{1}{n^2}$; a primeira é divergente, a segunda convergente e $\lim \sqrt[n]{\dfrac{1}{n}} = \lim \sqrt[n]{\dfrac{1}{n^2}} = 1$.

Exemplo 5.5.1. A série $\displaystyle\sum \frac{n}{3^n}$ é convergente, pois

$$\lim \sqrt[n]{\frac{n}{3^n}} = \lim \frac{\sqrt[n]{n}}{3} = \frac{1}{3} < 1.$$

Exemplo 5.5.2. A série $\displaystyle\sum \frac{1}{n^n}$ é convergente, pois

$$\lim \sqrt[n]{\frac{1}{n^n}} = \lim \frac{1}{n} = 0 < 1.$$

---

[*] Aplicação imediata da Proposição 1.2*b* na hipótese de existir $\lim a_n$. Se tal não suceder, então a divergência se configura e a afirmação de (b) fica provada.

140   *Introdução ao cálculo*

Proposição 5.5.2. (Critério da razão.) Seja $\Sigma\, a_n$ tal que $a_n > 0$. Suponhamos que

$$\lim \frac{a_{n+1}}{a_n} = L.$$

a) Se $L < 1$, a série é convergente.

b) Se $L > 1$, a série é divergente.

c) Se $L = 1$, nada se pode afirmar quanto à convergência da série.

Prova. a) Se $L < 1$, existe r tal que $L < r < 1$. Dado $\varepsilon = r - L$, existe N tal que $n > N$ acarreta

$$\left| \frac{a_{n+1}}{a_n} - L \right| < r - L$$

e portanto

$$\frac{a_{n+1}}{a_n} < r.$$

Logo,

$$\frac{a_{N+2}}{a_{N+1}} < r \quad \text{isto é,} \quad a_{N+2} < r a_{N+1}.$$

Da mesma forma, $a_{N+3} < r a_{N+2} < r^2\, a_{N+1}$. Em geral,

$$a_{N+k} < a_{N+1}\, r^{k-1}, k = 2, 3, \ldots$$

Resulta, pelo critério do confronto, que a série $\Sigma\, a_n$ é convergente, porquanto $\Sigma\, r^k$ é convergente para $0 < r < 1$.

b) Se $L > 1$, tomado $\varepsilon = L - 1$, existe N tal que $n > N$ implica

$$\left| \frac{a_{n+1}}{a_n} - L \right| < L - 1,$$

e daí $1 < \dfrac{a_{n+1}}{a_n}$ para $n > N$. Então

$$a_{N+1} < a_{N+2} < a_{N+3} < \cdots < a_{N+k}, \quad k = 2, 3, 4, \cdots$$

Logo, não sucede $\lim a_n = 0$, sendo, pois, divergente a série $\Sigma\, a_n$.

c) Considerar as séries $\displaystyle\sum \frac{1}{n}$ e $\displaystyle\sum \frac{1}{n^2}$.

Séries   141

Nota. Se $\lim \dfrac{a_{n+1}}{a_n} = +\infty$, a série é divergente. Basta observar a prova da parte (b).

Exemplo 5.5.3. A série $\displaystyle\sum \dfrac{n!}{3 \cdot 5 \cdot 7 \cdots (2n+1)}$ é convergente, pois

$$\dfrac{a_{n+1}}{a_n} = \dfrac{\dfrac{(n+1)!}{3 \cdot 5 \cdot 7 \cdots (2n+1)(2n+3)}}{\dfrac{n!}{3 \cdot 5 \cdot 7 \cdots (2n+1)}} = \dfrac{(n+1)!}{n!} \cdot \dfrac{3 \cdot 5 \cdot 7 \cdots (2n+1)}{3 \cdot 5 \cdot 7 \cdots (2n+1)(2n+3)} =$$

$$= \dfrac{n+1}{2n+3}$$

e

$$\lim \dfrac{a_{n+1}}{a_n} = \lim \dfrac{n+1}{2n+3} = \dfrac{1}{2} < 1.$$

Exemplo 5.5.4. Estudar a série do Ex. 5.5.1, usando o critério da razão. Temos

$$\dfrac{a_{n+1}}{a_n} = \dfrac{\dfrac{n+1}{3^{n+1}}}{\dfrac{n}{3^n}} = \dfrac{n+1}{n} \cdot \dfrac{3^n}{3^{n+1}} = \dfrac{n+1}{n} \cdot \dfrac{1}{3}.$$

Logo,

$$\lim \dfrac{a_{n+1}}{a_n} = \dfrac{1}{3} < 1,$$

e a série é convergente.

Nota. Pode-se provar o seguinte: se existe $\lim \dfrac{a_{n+1}}{a_n} = L$, então existe $\lim \sqrt[n]{a_n} = L$. Pode suceder, no entanto, que exista $\lim \sqrt[n]{a_n}$ sem que exista $\lim \dfrac{a_{n+1}}{a_n}$.

Para uma prova desses fatos veja exercício suplementar 13, Sec. 5.1.

Exemplo 5.5.5. A série $\displaystyle\sum \dfrac{n!}{p^n}$, $p > 0$, é divergente, pois

142   *Introdução ao cálculo*

$$\frac{a_{n+1}}{a_n} = \frac{\dfrac{(n+1)!}{p^{n+1}}}{\dfrac{n!}{p^n}} = \frac{(n+1)!}{n!}\,\frac{p^n}{p^{n+1}} = \frac{(n+1)}{p}.$$

Logo,

$$\lim \frac{a_{n+1}}{a_n} = +\infty,$$

e a série é divergente.

EXERCÍCIOS

Verifique se são convergentes ou divergentes as séries.

5.5.1 $\displaystyle\sum \frac{1}{(\ln n)^n}.$ 5.5.2. $\displaystyle\sum \left(\sqrt[n]{n} - 1\right)^n.$

5.5.3. $\displaystyle\sum \frac{2n}{\sqrt{2^n}}.$ 5.5.4. $\displaystyle\sum \left(\frac{na}{n+1}\right)^n, \quad a>1.$

5.5.5. $\displaystyle\sum \frac{n^2}{3^n}.$ 5.5.6. $\displaystyle\sum e^{-n^3}.$

5.5.7. $\displaystyle\sum \frac{(n!)^2}{(2n)!}.$ 5.5.8. $\displaystyle\sum nr^n, \quad r>0.$

5.5.9. $\displaystyle\sum \frac{n(n+1)}{2}x^n, \quad x>0.$ 5.5.10. $\displaystyle\sum \frac{x^n}{n+n^2}, \quad x>0.$

Nos exercícios seguintes você precisará saber que

$$\lim\left(1+\frac{1}{n}\right)^n = e, \quad e = 2{,}71\cdots$$

e

$$\lim \frac{n!}{n^n} = 0.$$

O primeiro decorre do Exer. C. 3c (Apêndice C). Quanto ao segundo, observe que podemos escrever

$$\frac{n!}{n^n} = \frac{1}{n}\cdot\frac{2}{n}\cdots\frac{k}{n}\cdot\frac{k+1}{n}\cdots\frac{n}{n},$$

onde $k = \dfrac{n}{2}$ se n é par, e $k = \dfrac{n-1}{2}$ se k é ímpar.

Se $n \geq 2$, temos

$$\frac{1}{n} \cdot \frac{2}{n} \cdots \frac{k}{n} \leq \left(\frac{1}{2}\right)^k$$

e

$$\frac{k+1}{n} \cdots \frac{n}{n} < 1$$

e então

$$0 \leq \frac{n!}{n^n} \leq \left(\frac{1}{2}\right)^k \quad \text{se} \quad n \geq 2.$$

Pelo teorema do confronto para sequências (Proposição 5.1.2a), vem que

$$\lim \frac{n!}{n^n} = 0,$$

porquanto $\displaystyle\lim_{x \to \infty} \left(\frac{1}{2}\right)^k = 0 \left(k = \dfrac{n}{2} \text{ ou } k = \dfrac{n-1}{2}\right).$

5.5.11. $\displaystyle\sum \frac{n!}{n^n}$ 5.5.12. $\displaystyle\sum \frac{n^n}{n!\,n^p}, \quad p > 0.$ 5.5.13. $\displaystyle\sum \frac{3^n\,n!}{n^n}.$

5.6 SÉRIE ALTERNADA

Temos considerado até aqui séries de números positivos ou nulos. Passamos a considerar agora séries do tipo

$$\sum_{n=1}^{\infty} (-1)^{n-1} a_n = a_1 - a_2 + a_3 - a_4 + a_5 + \cdots + (-1)^{n-1} a_n + \cdots,$$

onde

$$a_n > 0, \text{ para todo } n.$$

Para esse tipo de série temos o seguinte critério.

Proposição 5.6.1. (Critério de Leibniz.) Se $\{a_n\}$ é uma sequência tal que

a) $a_n \geq 0$, para todo n;

b) é não crescente, isto é, $a_{n+1} \le a_n$, para todo n e

c) $\lim_{n\to\infty} a_n = 0$.

então a série $\sum_{n=1}^{\infty}(-1)^{n-1} a_n$ é convergente.

Prova. Sejam

$$s_{2n} = a_1 - a_2 + a_3 - a_4 + \cdots + a_{2n-1} - a_{2n}$$
$$s_{2n-1} = a_1 - a_2 + a_3 - a_4 + \cdots + a_{2n-1}.$$

Temos que $\{S_{2n}\}$ é não decrescente, pois

$$s_{2n+2} - s_{2n} = a_1 - a_2 + a_3 - a_4 + \cdots + a_{2n-1} - a_{2n} + a_{2n+1} - a_{2n+2} -$$
$$-(a_1 - a_2 + a_3 - a_4 + \cdots + a_{2n-1} - a_{2n}) = a_{2n+1} - a_{2n+2} \ge 0$$

[por (b)].

Do mesmo modo, $\{S_{2n-1}\}$ é não crescente. A situação é ilustrada na Fig. 5-9.

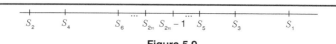

Figura 5.9

Como $\{S_{2n}\}$ é restrita superiormente por s_1 e $\{S_{2n-1}\}$ é restrita inferiormente por s_2, podemos afirmar (Proposição 5.1.3) que existem números s' e s'' tais que

$$\lim s_{2n} = s',$$
$$\lim s_{2n-1} = s''$$

Mas

$$s'' - s' = \lim s_{2n-1} - \lim s_{2n} = \lim(s_{2n-1} - s_{2n}) = -\lim a_{2n} = 0.$$

[por (c)].

Logo,

$$s' = s''.$$

Portanto $\{S_n\}$ é convergente, e

$$\lim s_n = s' = s''{}^*.$$

---

* Usamos o seguinte: se $\lim a_{2n} = \lim a_{2n-1} = L$, então $\lim a_n = L$, exercício trivial que deixamos ao leitor.

Séries   145

Exemplo 5.6.1. A série $\sum (-1)^n \dfrac{1}{n}$ é convergente, pois

a) $\dfrac{1}{n} \geq 0, \quad n = 1, 2, 3, \cdots;$

b) $\left\{ \dfrac{1}{n} \right\}$ é não crescente:

$$1 \geq \frac{1}{2} \geq \frac{1}{3} \geq \frac{1}{4} \geq \cdots \geq \frac{1}{n} \geq \cdots;$$

c) $\lim \dfrac{1}{n} = 0.$

EXERCÍCIOS

Dizer se são convergentes ou divergentes as séries.

5.6.1. $\sum \dfrac{(-1)^n}{n^2}.$
5.6.2. $\sum \dfrac{(-1)^{n-1}}{2n-1}.$
5.6.3. $\sum \dfrac{(-1)^{n-1}}{\sqrt{n}}.$

5.6.4. $\sum \dfrac{(-1)^{n-1} n}{n+5}.$
5.6.5. $\sum \dfrac{(-1)^{n+1}}{\ln(n+2)}.$
5.6.6. $\sum \dfrac{(-1)^n}{\log_3 n}.$

5.6.7. $\sum (-1)^n \dfrac{n}{n^2+1}$
5.6.8. $\sum \dfrac{(-1)^n n^3}{e^n}.$

5.6.9. $\sum (-1)^{n+1} \left(\dfrac{2}{5} \right)^{l/n}.$

*5.6.10. Prove que se $\{a_n\}$ é como na Proposição 5.6.1. então

$$0 \leq (-1)^n (s - s_n) \leq a_{n+1}, \quad n \geq 1,$$

onde s é a soma de $\Sigma(-1)^{n-1} a_n$, e s_n é a reduzida de ordem n dessa série.

Sugestão. Observe a prova da mencionada proposição. Como $s_{2k+1} = s_{2k} + a_{2k+1}$ e s está entre s_{2k} e s_{2k+1}, então $s_{2k} \leq s \leq s_{2k} + a_{2k+1}$, logo $0 \leq s - s_{2k} \leq a_{2k+1}$. De modo análogo, $0 \leq -(s - s_{2k+1}) \leq a_{2k+2}$.

5.7 SÉRIE DE NÚMEROS QUAISQUER. CONVERGÊNCIA ABSOLUTA E CONDICIONAl.

Um modo de estudar a convergência ou divergência de uma série Σa_n onde não necessariamente se tem $a_n \geq 0$ é estudar a série $\Sigma |a_n|$, à qual podemos aplicar os critérios estudados. Isso porque, conforme veremos a seguir, a convergência de $\Sigma |a_n|$ implica a convergência de Σa_n.

Se $\Sigma\, a_n$ é tal que $\Sigma\, |a_n|$ é convergente, dizemos que $\Sigma\, a_n$ é *absolutamente conveniente*. Se $\Sigma\, a_n$ é convergente, mas não absolutamente convergente, ela se diz *condicionalmente convergente*.

Proposição 5.7.1. Se $\Sigma\, a_n$ é absolutamente convergente, então $\Sigma\, a_n$ é convergente. Nesse caso,

$$\left|\sum_{n=1}^{\infty} a_n\right| \leq \sum_{n=1}^{\infty} |a_n|.$$

Prova. Seja $b_n = a_n + |a_n|$. Se mostrarmos que $\Sigma\, b_n$ é convergente, então $\Sigma\, a_n$ será convergente, uma vez que $a_n = b_n - |a_n|$.

Como b_n ou é 0 ou é $2\,|a_n|$, temos

$$0 \leq b_n \leq 2|a_n|,$$

o que acarreta, pelo critério da comparação, a convergência de $\Sigma\, b_n$, uma vez que, por hipótese, $\Sigma\, |a_n|$ é convergente.

Quanto à desigualdade, observemos que

$$\left|\sum_{k=1}^{n} a_k\right| \leq \sum_{k=1}^{n} |a_k|, \text{ para todo } n.$$

Passando ao limite para $n \to \infty$, obtemos o resultado.

Atenção. Não vale a recíproca: existem séries, como $\displaystyle\sum \frac{(-1)^{n-1}}{n}$, que são convergentes, sem serem absolutamente convergentes.

Proposição 5.7.2. Se $\Sigma\, a_n$ e $\Sigma\, b_n$ são absolutamente convergentes, também o são $\Sigma\, (a_n \pm b_n)$ e $\Sigma\, ca_n$, onde c é um número.

Prova. Mostraremos, por exemplo, que $\Sigma\, (a_n + b_n)$ é absolutamente convergente. Temos, para todo n, que

$$\sum_{k=1}^{n} |a_k + b_k| \leq \sum_{k=1}^{n} \left(|a_k| + |b_k|\right) =$$

$$= \sum_{k=1}^{n} |a_k| + \sum_{k=1}^{n} |b_k| \leq \sum_{k=1}^{\infty} |a_k| + \sum_{k+1}^{\infty} |b_k|$$

(Que resultado foi usado na última desigualdade?)

Séries 147

Logo, as somas parciais de $\Sigma |a_k + b_k|$ são restritas e, como constituem uma sequência monotônica não decrescente, resulta que $\Sigma |a_k + b_k|$ é convergente, ou seja, $\Sigma (a_k + b_k)$ é absolutamente convergente.

Proposição 5.7.3. a) $\lim \sqrt[n]{|a_n|} < 1 \left(\lim |a_{n+1} / a_n| < 1 \right)$ implica Σa_n convergente.

b) $\lim \sqrt[n]{|a_n|} > 1 \left(\lim |a_{n+1} / a_n| > 1 \right)$ implica Σa_n divergente.

c) $\lim \sqrt[n]{|a_n|} = 1 \left(\lim |a_{n+1} / a_n| = 1 \right)$ não permite concluir nada sobre a convergência de Σa_n.

Prova. a) Decorre das Proposições 5.5.1, 5.5.2 e 5.7.1. b) Nesse caso não se tem $\lim a_n = 0$. c) Exercício.

Exemplo 5.7.1. Estudar a série Σr^n quanto a convergência.

Estudemos a série $\Sigma |r|^n$. Como $\lim \sqrt[n]{|r|^n} = |r|$.

vemos que, se $|r| < 1$, a série $\Sigma |r|^n$ é convergente, ou seja, Σr^n é absolutamente convergente e, portanto, convergente.

Se $|r| \geq 1$, a série Σr^n é divergente, pois não se tem $\lim r^n = 0$.

Exemplo 5.7.2. Idem, para a série do Exer. 5.6.8. A série é

$$\sum \frac{(-1)^n n^3}{e^n}.$$

Estudemos a série $\displaystyle\sum \frac{n^3}{e^n}$. Apliquemos o critério da razão.

$$\lim \frac{\dfrac{(n+1)^3}{e^{n+1}}}{\dfrac{n^3}{e^n}} = \lim \frac{(n+1)^3}{n^3} \cdot \frac{e^n}{e^{n+1}} =$$

$$= \lim \left(1 + \frac{1}{n} \right)^3 \frac{1}{e} = \frac{1}{e} < 1.$$

Logo, $\displaystyle\sum \frac{n^3}{e^n}$ é convergente, e então $\displaystyle\sum \frac{(-1)^n n^3}{e^n}$ é absolutamente convergente, sendo, pois, convergente.

Observação sobre a analogia das séries com as somas finitas.

Na Sec. 5.3, vimos algumas propriedades das séries e tivemos oportunidade de chamar a atenção sobre a analogia que algumas das mencionadas propriedades guardam com as propriedades das somas finitas. No entanto ocorrem fenômenos com as séries que não participam da analogia acima referida. É o caso, por exemplo, da "mudança da ordem" dos termos da série. Exemplifiquemos: consideremos a série $\sum \dfrac{(-1)^{n-1}}{n}$, que sabemos ser convergente (Ex. 5.6.1). Seja s sua soma.

$$s = 1 - \frac{1}{2} + \frac{1}{3} - \frac{1}{4} + \frac{1}{5} - \frac{1}{6} + \frac{1}{7} - \frac{1}{8} + \frac{1}{9} - \frac{1}{10} + \frac{1}{11} - \frac{1}{12} + \frac{1}{13} - \frac{1}{14} + \cdots$$

Logo,

$$2s = \left(\underset{b_1}{2-1}\right) + \underset{b_2}{\frac{2}{3}} - \frac{1}{2} + \underset{b_5}{\frac{2}{5}} - \frac{1}{3} + \underset{b_4}{\frac{2}{7}} - \frac{1}{4} + \frac{2}{9} - \frac{1}{5} + \underset{b_6}{\frac{2}{11}} - \frac{1}{6} + \frac{2}{13} - \frac{1}{7} + \cdots$$

Efetuaremos em seguida uma mudança na ordem em que aparecem os termos, do seguinte modo: em primeiro lugar, mantemos $b_1 = 2 - 1 = 1$; em seguida, escrevemos $b_2 = -\dfrac{1}{2}$; a seguir $b_3 = \dfrac{2}{3} - \dfrac{1}{3} = \dfrac{1}{3}$; a seguir $b_4 = -\dfrac{1}{4}$; a seguir $b_5 = \dfrac{2}{5} - \dfrac{1}{5} = \dfrac{1}{5}$; a seguir $b_6 = -\dfrac{1}{6}$; a seguir $b_7 = \dfrac{2}{7} - \dfrac{1}{7} = \dfrac{1}{7}$ etc. (Olhe para as indicações acima, que isso auxilia a compreensão.)

Assim, teremos

$$2s = 1 - \frac{1}{2} + \frac{1}{3} - \frac{1}{4} + \frac{1}{5} - \frac{1}{6} + \frac{1}{7} - \cdots = s,$$

e daí

$$s = 0.$$

Mas (veja prova do critério de Leibniz, Proposição 5.6.1)

$$s \geq s_2 = 1 - \frac{1}{2} > 0.$$

Séries   149

Vemos assim que não podemos mudar arbitrariamente a ordem em que os números aparecem numa série. No entanto, se uma série é absolutamente convergente, a ordem pode ser alterada e a soma da série "rearranjada", que será absolutamente convergente, é a mesma que a da série dada. Definições e provas serão fornecidas, para o leitor interessado, no Apêndice E.

Um outro fato interessante é o seguinte, em conexão com o que se disse: se uma série é condicionalmente convergente, isto é, relembremos, a série é convergente, mas não absolutamente convergente, então ela pode ser rearranjada de modo que a nova série tenha por soma qualquer número prefixado, ou então seja divergente[*].

Este é o famoso teorema de Riemann-Dini, o qual será provado no Apêndice E. Mencionaremos ainda que se pode definir o produto de duas séries de modo que, se as séries-fatores forem absolutamente convergentes com somas s_1 e s_2, a série-produto também será absolutamente convergente, com soma $s_1 s_2$. Enviamos o leitor interessado ao Apêndice E.

EXERCÍCIOS

Nos exercícios seguintes, verificar se são convergentes ou divergentes as séries dadas e, no caso de convergência, dizer se se trata de convergência absoluta ou condicional.

5.7.1. $\displaystyle\sum (-1)^{n-1}\frac{3n-1}{10n+2}$.

5.7.2. $\displaystyle\sum \frac{(-1)^{n+1}}{\sqrt{n}}$.

5.7.3. $\displaystyle\sum (-1)^n\frac{\sqrt{n}}{n+1}$.

5.7.4. $\displaystyle\sum \frac{m(m-1)\cdots(m-n+1)}{2^n n!}$.

5.7.5. $\displaystyle\sum \frac{m(m-1)\cdots(m-n+1)\left(\sqrt{3}\right)^n}{n!}$.

5.7.6. $\displaystyle\sum \frac{(-1)^{n-1}}{2^n}$.

5.7.7. $\displaystyle\sum (-1)^{n-1}\frac{2^{2n-1}}{(2n-1)!}$.

5.7.8. $\displaystyle\sum \frac{(-1)^n}{\sqrt[n]{n}}$.

5.7.9. $\displaystyle\sum \frac{\operatorname{sen} n}{n^3}$.

5.7.10. $\displaystyle\sum \frac{\operatorname{sen} n\pi + \operatorname{sen} 2n\pi}{n^{10}}$.

5.7.11. $\displaystyle\sum \operatorname{sen}\ln n^2$.

5.7.12. $\displaystyle\sum \frac{(-1)^n}{\ln n}$.

---

[*] Para mais infinito, menos infinito, ou então seja oscilante (veja Exer. 5.1.9).

5.8 SÉRIE DE POTÊNCIAS

Uma série da forma

$$\sum_{n=0}^{\infty} a_n \left(x - x_0\right)^n = a_0 + a_1 \left(x - x_0\right) + a_2 \left(x - x_0\right)^2 + \cdots + a_n \left(x - x_0\right)^n + \cdots$$

é chamada *série de potências* (em $x - x_0$, ou centrada em x_0). Se A é o conjunto de números x tais que $\Sigma\, a_n\, (x - x_0)^n$ é convergente, podemos definir uma função f, de domínio A, por

$$f\left(x\right) = \sum_{n=0}^{\infty} a_n \left(x - x_0\right)^n.$$

A se diz *região de convergência da série.*

Pode-se provar (o que faremos no Apêndice E) que apenas três casos ocorrem:

a) a série só é convergente para $x = x_0$, caso em que a série é

$$0 + 0 + 0 + \cdots + 0 + \cdots,$$

tendo por soma 0 (A convergência é absoluta);

b) a série é absolutamente convergente para todo x;

c) existe $r > 0$ tal que a série é absolutamente convergente para todo x do intervalo $(x_0 - r, x_0 + r)$, e divergente para todo x não pertencente a $[x_0 - r, x_0 + r]$. Se $x = x_0 - r$ ou $x = x_0 + r$, a série pode ou não ser convergente.

Nos casos (a) e (c) define-se *raio de convergência da série* como sendo 0 e r, respectivamente. No caso (b) diz-se que o *raio de convergência da série é infinito.*

Do exposto se deduz que a região de convergência de uma série de potências é sempre um intervalo.

Exemplo 5.8.1. Achar a região de convergência e o raio de convergência da série $\displaystyle\sum \frac{x^n}{n}$.

Temos

$$\frac{\left|a_{n+1}\right|}{\left|a_n\right|} = \frac{\left|x\right|^{n+1}}{n+1} \cdot \frac{n}{\left|x\right|^n} = \frac{x}{1 + \dfrac{1}{n}}.$$

Séries 151

Logo,

$$\lim \frac{|a_{n+1}|}{|a_n|} = |x|.$$

Pelo critério da razão, se $|x| < 1$, a série é convergente e, se $|x| > 1$, a série é divergente. O raio de convergência é, portanto, 1.

Se $|x| = 1$, isto é, $x = \pm 1$, a série é convergente se $x = -1$ e divergente se $x = 1$, porquanto se trata, respectivamente, das séries

$$\sum \frac{(-1)^n}{n} \quad \text{e} \quad \sum \frac{1}{n}, \text{já estudadas.}$$

A região de convergência é $[-1, 1)$.

Exemplo 5.8.2. Achar o raio de convergência e a região de convergência da série $\displaystyle\sum (-1)^n \frac{x^n}{n!}$.

Temos que se $x = 0$ a série é convergente. Se $x \neq 0$,

$$\lim \frac{|a_{n+1}|}{|a_n|} = \lim \frac{|x|^{n+1}}{(n+1)!} \cdot \frac{n!}{|x|^n} = \lim \frac{|x|}{n+1} = 0 < 1$$

e, pelo critério da razão, a série é absolutamente convergente para todo x.

O raio de convergência da série é infinito, e a região de convergência o conjunto de todos os números.

Nota. Como $\displaystyle\sum \frac{|x|^n}{n!}$ é convergente para todo x, tem-se $\lim \dfrac{|x|^n}{n!} = 0$, para todo x. Este resultado será usado na Sec. 5.10.

Exemplo 5.8.3. Achar o raio de convergência e a região de convergência da série $\sum n! x^n$.

Se $x = 0$, a série é obviamente (absolutamente) convergente. Se $x \neq 0$,

$$\lim \frac{|a_{n+1}|}{|a_n|} = \lim \frac{(n+1)!}{n!} \frac{|x|^{n+1}}{|x|^n} = \lim (n+1)|x| = +\infty$$

e a série é divergente. O raio de convergência é 0, e a região, o conjunto constituído pelo número 0.

Exemplo 5.8.4. Achar o raio de convergência e a região de convergência da série $\sum \dfrac{x^n}{n^2}$.

Aplicaremos, para variar, o critério da raiz:

$$\lim \sqrt[n]{\dfrac{|x|^n}{n^2}} = \lim \dfrac{|x|}{\sqrt[n]{n^2}} = |x|.$$

Então a série é absolutamente convergente se $|x| < 1$ e divergente se $|x| > 1$.

O raio de convergência é 1. Se $x = 1$, a série é $\sum \dfrac{1}{n^2}$, que é convergente, e daí $\sum \dfrac{(-1)^n}{n^2}$, que corresponde a $x = -1$, também é. Resulta que $[-1, 1]$ é a região de convergência.

Nota. Suponha que o raio de convergência r da série $\Sigma\, a_n (x - x_0)^n$ seja não nulo. Então o intervalo $(x_0 - r, x_0 + r)$ é chamado intervalo de convergência da série. Se o raio for infinito, o intervalo de convergência será o conjunto dos números. Como se vê, intervalo de convergência nem sempre coincide com a região de convergência da série. Os exemplos vistos nos mostram que o comportamento de uma série nos extremos do intervalo de convergência é variado. Nos Exs. 5.8.1 e 5.8.4, o intervalo de convergência é $(-1, 1)$. No primeiro caso, a série é convergente se $x = -1$ e divergente se $x = 1$. No segundo, é convergente se $x = -1$ e se $x = 1$.

Proposição 5.8.1. Se a série $\Sigma\, a_n (x - x_0)^n$ é convergente para $x = x_1 \neq x_0$, então ela será convergente para todo x tal que $|x - x_0| < |x_1 - x_0|$ (Fig. 5-10).

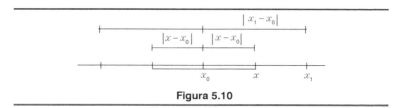

Figura 5.10

Prova. Como a série $\Sigma\, a_n (x_1 - x_0)^n$ é convergente, temos que $\lim a_n (x_1 - x_0)^n = 0$; portanto existe M tal que

Séries 153

$$\left| a_n \left(x_1 - x_0 \right)^n \right| \leq M^*.$$

Logo,

$$\left| a_n \left(x - x_0 \right)^n \right| = \left| a_n \left(x_1 - x_0 \right)^n \frac{\left(x - x_0 \right)^n}{\left(x_1 - x_0 \right)^n} \right| =$$

$$= \left| a_n \left(x_1 - x_0 \right)^n \right| \left(\frac{\left| x - x_0 \right|}{\left| x_1 - x_0 \right|} \right)^n \leq M \left(\frac{\left| x - x_0 \right|}{\left| x_1 - x_0 \right|} \right)^n.$$

Sendo $\left| x - x_0 \right| < \left| x_1 - x_0 \right|$, resulta que a série $\sum \left(\dfrac{\left| x - x_0 \right|}{\left| x_1 - x_0 \right|} \right)^n$ é

convergente, e o critério do confronto nos garante, à vista do resultado anterior, que $\sum a_n \left(x - x_0 \right)^n$ é absolutamente convergente.

A seguir registramos o exposto no início desta secção.

Proposição 5.8.2. Dada $\sum a_n \left(x - x_0 \right)^n$, então

a) ou a série é convergente apenas para $x = x_0$, e a convergência é absoluta;

b) ou a série é absolutamente convergente para todo x;

c) ou existe $r > 0$ tal que a serie é absolutamente convergente para todo x tal que $\left| x - x_0 \right| < r$ e divergente para todo x tal que $\left| x - x_0 \right| > r$.

Prova. Veja Apêndice E, Proposição E.7.

EXERCÍCIOS

Nos Exers. 5.8.1. a 5.8.10. dar o raio de convergência e a região de convergência da série.

5.8.1. $\displaystyle\sum \frac{n x^n}{2^n}.$

5.8.2. $\displaystyle\sum \frac{x^n}{n!}.$

5.8.3. $\displaystyle\sum \frac{x^n}{\sqrt{n}}.$

5.8.4. $\displaystyle\sum \left(-1 \right)^{n-1} \frac{x^{2n}}{\sqrt{2n}}.$

---

* Toda sequência convergente é restrita (veja Exer. 5.1.8).

154   *Introdução ao cálculo*

5.8.5. $\displaystyle\sum \frac{(-1)^n (x+1)^n}{2^n \cdot n^2}$.

5.8.6. $\displaystyle\sum \frac{n^{2n}}{(3n)!}(x-2)^n$.

5.8.7. $\displaystyle\sum (\operatorname{senh} n)x^n$.

5.8.8. $\displaystyle\sum \frac{(-1)^n x^n}{n^p}$, $p > 0$.

5.8.9. $\displaystyle\sum (-1)^n \frac{(x-1)^n}{(n+1)2^n}$.

5.8.10. $\displaystyle\sum n^p x^n$, $p > 0$.

Achar os raios de convergência das séries dadas nos exercícios seguintes.

5.8.11. $\displaystyle\sum \left(x\operatorname{sen}\frac{\pi}{n}\right)^n$.

5.8.12. $\displaystyle\sum \frac{1\cdot 3\cdots(2n-1)(x-2)^n}{1\cdot 4\cdots(3n-2)2^n}$.

5.8.13. $\displaystyle\sum \frac{a(a-nb)^{n-1}x^n}{n!}$, $b \neq 0$.

5.8.14. $1+\displaystyle\sum_{n=1}^{\infty} \frac{m(m-1)\cdots(m-n+1)}{n!}x^n$.

5.8.15. $\displaystyle\sum (-1)^n a^n x^n$, $a \neq 0$.

5.8.16. $\displaystyle\sum n^2! x^n$.

5.8.17. $\displaystyle\sum n^n (x+3)^n$.

5.9 PROPRIEDADES DAS FUNÇÕES DEFINIDAS POR UMA SÉRIE DE POTÊNCIAS

Seja f uma função dada por uma série de potências,

$$f(x) = \sum_{n=0}^{\infty} a_n (x-x_0)^n = a_0 + a_1(x-x_0) + a_2(x-x_0)^2 + \cdots + a_n(x-x_0)^n + \cdots,$$

definida num intervalo da forma $(x_0 - r, x_0 + r)$ (naturalmente contido no intervalo de convergência da série). Veremos nesta secção que f é derivável em $(x_0 - r, x_0 + r)$ e que

$$f'(x) = \sum_{n=1}^{\infty} n a_n (x-x_0)^{n-1} = a_1 + 2a_2(x-x_0) + \cdots + na_n(x-x_0)^{n-1} + \cdots,$$

isto é, a derivada de f se obtém derivando a série termo a termo.

Outro resultado que veremos é que f é integrável em qualquer intervalo fechado $[a, b]$ contido em $(x_0 - r, x_0 + r)$ e

$$\int_a^b f(x)dx = \sum_{n=0}^\infty \int_a^b a_n(x-x_0)^n dx = \sum_{n=0}^\infty a_n \frac{(x-x_0)^{n+1}}{n+1}\bigg|_a^b =$$
$$= \sum_{n=0}^\infty \frac{a_n}{n+1}\left[(b-x_0)^{n+1} - (a-x_0)^{n+1}\right].$$

Em particular,
$$\int_{x_0}^x f(x)dx = \sum_{n=0}^\infty \frac{a_n}{n+1}(x-x_0)^{n+1},$$
para todo x de $(x_0 - r, x_0 + r)$.

Vemos assim que a integração de f é obtida por integração termo a termo da série que define f.

Passemos à prova desses resultados.

LEMA. As séries $\sum_{n=1}^\infty na_n(x-x_0)^{n-1}$ e $\sum_{n=0}^\infty a_n(x-x_0)^n$ possuem mesmo raio de convergência.

Prova. Suponhamos que $\Sigma\, a_n (x - x_0)^n$ seja convergente num intervalo $(x_0 - r, x_0 + r)^*$.

a) Mostraremos que a série $\Sigma\, na_n (x - x_0)^{n-1}$ é absolutamente convergente em $(x_0 - r, x_0 + r)$. Para isso, tomemos x e x_1 tais que $|x - x_0| < |x_1 - x_0| < r$ (Fig. 5-11).

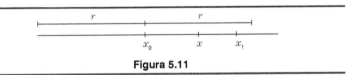

Figura 5.11

Como $\Sigma\, a_n (x_1 - x_0)^n$ é convergente, temos que existe A tal que
$$\left|a_n(x_1-x_0)^n\right| \leq A, \quad \text{para todo } n.$$
(ver a prova da Proposição 5.8.1.)

---

* O caso de o raio de convergência ser nulo é deixado ao leitor como exercício.

Então

$$\left|na_n\left(x-x_0\right)^{n-1}\right| = \left|na_n\frac{\left(x_1-x_0\right)^{n-1}}{\left(x_1-x_0\right)^{n-1}}\left(x-x_0\right)^{n-1}\right| =$$

$$= \left|a_n\left(x_1-x_0\right)^n \cdot \frac{n}{\left(x_1-x_0\right)} \cdot \left(\frac{x-x_0}{x_1-x_0}\right)^{n-1}\right| \leq \frac{An}{\left|x_1-x_0\right|}\left|\frac{x-x_0}{x_1-x_0}\right|^{n-1}.$$

Se mostrarmos que a série Σb_n, onde $b_n = \dfrac{An}{\left|x_1-x_0\right|}\left|\dfrac{x-x_0}{x_1-x_0}\right|^n$, é

convergente, resultará, pelo critério do confronto, que $\displaystyle\sum_{n=1}^{\infty} na_n\left(x-x_0\right)^{n-1}$

é absolutamente convergente, conforme queríamos. Mas isto resulta do critério da razão.

$$\frac{b_{n+1}}{b_n} = \frac{n+1}{n}\left|\frac{x-x_0}{x_1-x_0}\right|$$

e

$$\lim \frac{b_{n+1}}{b_n} = \left|\frac{x-x_0}{x_1-x_0}\right| < 1.$$

b) Sendo R o raio de convergência de $\Sigma\, a_n\left(x-x_0\right)^n$ e R' o da série $\Sigma\, na_n\left(x-x_0\right)^{n-1}$, a parte (a) mostra que

$$R' \geq R.$$

mas, para $n \geq 1$, tem-se

$$\left|a_n\left(x-x_0\right)^n\right| \leq \left|na_n\left(x-x_0\right)^{n-1}\right|,$$

o que implica R' não poder ser maior que R (senão a série $\Sigma\, a_n\left(x-x_0\right)^n$ convergiria para um valor de x tal que $\left|x-x_0\right| > R$). Logo $R = R'$.

Corolário. As séries $\displaystyle\sum_{n=0}^{\infty} a_n\left(x-x_0\right)^n$,

$$\sum_{n=1}^{\infty} na_n\left(x-x_0\right)^{n-1}, \quad \sum_{n=2}^{\infty} n(n-1)a_n\left(x-x_0\right)^{n-2} \text{ etc.}$$

possuem mesmo raio de convergência.

Proposição 5.9.1. Se a série $\Sigma\, a_n\, (x - x_0)^n$ é convergente para todo x de um intervalo $(x_0 - r, x_0 + r)$, então a função

$$f(x) = \sum_{n=0}^{\infty} a_n (x - x_0)^n, \quad x_0 - r < x < x_0 + r,$$

é derivável nesse intervalo e

$$f'(x) = \sum_{n=1}^{\infty} n a_n (x - x_0)^{n-1}.$$

Prova*. Apenas por comodidade, vamos supor $x_0 = 0$. Tomemos x e x_1 de $(-r, r)$ tal que $0 \le |x| < |x_1|$, e $h \ne 0$ tal que $0 \le |x + h| < |x_1|$ (Fig. 5-12).

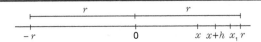

Figura 5.12

Temos

$$\frac{f(x+h) - f(x)}{h} = \sum_{n=0}^{\infty} a_n \frac{(x+h)^n - x^n}{h}.\text{**}$$

Aplicando o teorema do valor médio, podemos escrever

$$(x+h)^n - x^n = h \cdot n c_n^{n-1},$$

onde c_n está entre x e $x + h$, e $n \ge 2$, Logo,

$$\frac{f(x+h) - f(x)}{h} = \sum_{n=1}^{\infty} n a_n c_n^{n-1}$$

e essa série é absolutamente convergente como diferença de séries absolutamente convergentes. Então

---

* Apesar de não ser difícil, não aconselhamos a leitura da prova nesse estágio.

** As séries $\Sigma\, a_n\, (x + h)^n$ e $\Sigma\, a_n\, x^n$ são absolutamente convergentes, pela escolha de x e h.

158   *Introdução ao cálculo*

$$\frac{f(x+h)-f(x)}{h} = \sum_{n=1}^{\infty} na_n x^{n-1} = \sum_{n=2}^{\infty} na_n \left(c_n^{n-1} - x^{n-1}\right),$$

e essa última série é absolutamente convergente, como diferença de séries absolutamente convergentes.

Aplicando novamente o teorema do valor médio, podemos escrever

$$c_n^{n-1} - x^{n-1} = (n-1)d_n^{n-2}\left(c_n - x\right),$$

onde d_n está entre x e c_n. Levando isso em conta, temos

$$\frac{f(x+h)-f(x)}{h} - \sum_{n=1}^{\infty} na_n x^{n-1} = \sum_{n=2}^{\infty} n(n-1)a_n d_n^{n-2}\left(c_n - x\right)$$

e, como $|x - c_n| < |h|$ e $|d_n| < |x_1|$, vem

$$0 \le \left| \frac{f(x+h)-f(x)}{h} - \sum_{n=1}^{\infty} na_n x^{n-1} \right| \le |h| \sum_{n=2}^{\infty} n(n-1)|a_n| \, |x_1|^{n-2},$$

onde usamos o corolário anterior para garantir a convergência da série do último membro da desigualdade. Fazendo $h \to 0$, vem, pelo teorema do confronto (para funções), que

$$\lim_{h \to 0} \frac{f(x+h)-f(x)}{h} = \sum_{n=1}^{\infty} na_n x^{n-1}.$$

Corolário 1. Nas hipóteses da Proposição 5.9.1, f possui derivadas de todas as ordens; $f^{(k)}$ se obtém derivando termo a termo k vezes a série

$$\sum_{n=0}^{\infty} a_n \left(x - x_0\right)^n.$$

Prova. Imediato.

Corolário 2. Nas hipóteses da Proposição 5.9.1, tem-se

$$a_n = \frac{f^{(n)}\left(x_0\right)}{n!}, \quad n = 0, 1, 2, \cdots{}^{*}$$

---

* $f^{(0)}(x) = f(x)$.

Séries **159**

Prova. Sendo

$$f(x) = a_0 + a_1(x - x_0) + a_2(x - x_0)^2 + a_3(x - x_0)^3 + \cdots + a_n(x - x_0)^n + \cdots,$$

temos

$$f'(x) = a_1 + 2a_2(x - x_0) + 3a_3(x - x_0)^2 + \cdots + na_n(x - x_0)^{n-1} + \cdots$$

$$f''(x) = 2a_2 + 2 \cdot 3a_3(x - x_0) + \cdots + n(n-1)a_n(x - x_0)^{n-2} + \cdots$$

Em geral,

$$f^{(k)}(x) = k!\, a_k + (k+1)!\, a_{k+1}(x - x_0) + \cdots$$
$$+ n(n-1)\cdots(n-k+1)a_n(x - x_0)^{n-k} + \cdots$$

Fazendo $x = x_0$, vem

$$f^{(k)}(x_0) = k!\, a_k.$$

Corolário 3. Suponha que num intervalo $(x_0 - r, x_0 + r)$ se tenha

$$f(x) = \sum_{n=0}^{\infty} a_n(x - x_0)^n = \sum_{n=0}^{\infty} b_n(x - x_0)^n$$

(isto é, duas séries de potências definindo uma mesma função). Então

$$a_n = b_n, \quad n = 0, 1, 2, \ldots$$

Prova. Pelo Corolário 2,

$$a_n = \frac{f^{(n)}(x_0)}{n!}$$

e

$$b_n = \frac{f^{(n)}(x_0)}{n!}.$$

Proposição 5.9.2. Se a série $\Sigma\, a_n(x - x_0)^n$ é convergente para todo x de um intervalo $(x_0 - r, x_0 + r)$, então existe $\int_a^b f(x)dx$, onde

$$f(x) = \sum_{n=0}^{\infty} a_n(x - x_0)^n, \quad x_0 - r < x < x_0 + r,$$

e a e b são pontos de $(x_0 - r, x_0 + r)$. A integral pode ser obtida integrando se a série termo a termo. Em particular,

$$\int_{x_0}^{x} f(t)dt = \sum_{n=0}^{\infty} \frac{a_n}{n+1}(x-x_0)^{n+1},$$

para todo x de $(x_0 - r, x_0 + r)$.

Prova. Seja

$$F(x) = \sum_{n=0}^{\infty} \frac{a_n}{n+1}(x-x_0)^{n+1}, \quad x_0 - r < x < x_0 + r,$$

e R o raio de convergência dessa série.

Como

$$\left| \frac{a_n}{n+1}(x-x_0)^{n+1} \right| \leq \left| a_n(x-x_0)^n \right|$$

para n suficientemente grande, resulta que $R \geq r$, logo $R > 0$. Pelo lema anterior, as séries $\sum a_n(x-x_0)^n$ e $\sum \frac{a_n}{n+1}(x-x_0)^{n+1}$ têm mesmo raio de convergência. Pela Proposição 5.9.1 temos $F'(x) = f(x)$ para todo x de $(x_0 - r, x_0 + r)$. Logo, se a, b são números desse intervalo,

$$\int_a^b f(t)dt = F(x)\Big|_a^b = F(b) - F(a) =$$

$$= \sum_{n=0}^{\infty} \frac{a_n}{n+1}(b-x_0)^{n+1} - \sum_{n=0}^{\infty} \frac{a_n}{n+1}(a-x_0)^{n+1} =$$

$$= \sum_{n=0}^{\infty} \frac{a_n}{n+1}\left[(b-x_0)^{n+1} - (a-x_0)^{n+1}\right].$$

Nota. Ressaltamos, como ficou claro na prova, que a série dada e a integrada possuem o mesmo raio de convergência.

Pelo que vimos, as séries de potências servem para definir funções. Se soubermos uma expressão em "forma fechada" da série, como, por exemplo,

$$1 + x + x^2 + \cdots + x^n + \cdots = \frac{1}{1-x}, \quad |x| < 1,$$

então poderemos obter formas fechadas para outras séries, usando derivação e integração termo a termo.

Séries

161

Exemplo 5.9.1. Considerando a série geométrica

$$1 + x + x^2 + \cdots + x^n + \cdots = \frac{1}{1-x}, \quad |x| < 1,$$

resulta, derivando ambos os membros:

$$\frac{d}{dx}\left(1 + x + x^2 + \cdots + x^n + \cdots\right) = \frac{1}{\left(1-x\right)^2}, \quad |x| < 1,$$

ou, pela Proposição 5.9.1,

$$1 + 2x + 3x^2 + \cdots + nx^{n-1} + \cdots = \frac{1}{\left(1-x\right)^2}, \quad |x| < 1.$$

Derivando mais uma vez,

$$2 + 6x + \cdots + n\left(n-1\right)x^{n-2} + \cdots = \frac{1}{\left(1-x\right)^3}.$$

Se, agora, integrarmos a série geométrica dada inicialmente, termo a termo, resultará, pela Proposição 5.9.2, que

$$\int_0^x 1 \, dx + \int_0^x x \, dx + \cdots + \int_0^x x^n \, dx + \cdots = \int \frac{dx}{1-x}, \quad |x| < 1,$$

ou seja,

$$x + \frac{x^2}{2} + \cdots + \frac{x^{n+1}}{n+1} + \cdots = -\ln\left(1-x\right), \quad |x| < 1.$$

Substituindo x por $-x$,

$$\ln\left(1+x\right) = x - \frac{x^2}{2} + \frac{x^3}{3} - \cdots + \left(-1\right)^{n-1}\frac{x^{n+1}}{n+1} + \cdots = \sum_{n=0}^{\infty}\left(-1\right)^n\frac{x^{n+1}}{n+1}, \quad |x| < 1.$$

Exemplo 5.9.2. (Série binomial). Para todo m, $m \notin \mathbb{N} \cup \{0\}$, tem-se

$$\left(1+x\right)^m = 1 + \sum_{n=1}^{\infty}\frac{m\left(m-1\right)\cdots\left(m-n+1\right)}{n!}x^n, \quad \text{para} \quad |x| < 1.$$

Notemos inicialmente que a série do 2.º membro tem raio de convergência 1. (Exer. 5.8.14); chamemos de f sua soma, para $|x| < 1$:

$$f\left(x\right) = 1 + \sum_{n=1}^{\infty}\frac{m\left(m-1\right)\cdots\left[m-\left(n-1\right)\right]}{n!}x^n$$

Pela Proposição 5.9.1, podemos escrever

$$f'(x) = 0 + \sum_{n=1}^{\infty} \frac{m(m-1)\cdots\left[m-(n-1)\right]}{n!} \cdot nx^{n-1}$$

logo

$$xf'(x) = \sum_{n=1}^{\infty} \frac{m(m-1)\cdots\left[m-(n-1)\right]}{n!} nx^{n} =$$

$$= \sum_{n=2}^{\infty} \frac{m(m-1)\cdots\left[m-(n-2)\right]}{(n-1)!}(n-1)x^{n-1}$$

(usamos $n-1$ em lugar de n). Então

$$f'(x) + xf'(x) = \sum_{n=1}^{\infty} \frac{m(m-1)\cdots\left[m-(n-1)\right]}{n!} nx^{n-1} +$$

$$+ \sum_{n=2}^{\infty} \frac{m(m-1)\cdots\left[m-(n-2)\right]}{(n-1)!}(n-1)x^{n-1} =$$

$$= \frac{m}{1!} \cdot 1 \cdot x^{0} + \sum_{n=2}^{\infty} \frac{m(m-1)\cdots\left[m-(n-1)\right]}{n!} nx^{n-1} +$$

$$+ \sum_{n=2}^{\infty} \frac{m(m-1)\cdots\left[m-(n-2)\right]}{(n-1)!}(n-1)x^{n-1} =$$

$$= m + \sum_{n=2}^{\infty} \left[\frac{m(m-1)\cdots\left[m-(n-1)\right]}{n!} n + \right.$$

$$\left. + \frac{m(m-1)\cdots\left[m-(n-2)\right]}{(n-1)!}(n-1) \right] x^{n-1} =$$

$$= m + \sum_{n=2}^{\infty} \frac{m(m-1)\cdots\left[m-(n-2)\right]}{(n-1)!}\left(\frac{m-(n-1)}{n} \cdot n + n - 1 \right) x^{n-1} =$$

ou seja,

$$f'(x)[1+x] = m + mx + \frac{m(m-1)mx}{2!} + \cdots$$

$$+ \frac{m(m-1)\cdots(m-n)mx^{n-1}}{(n-1)!} + \cdots = mf(x),$$

igualdade essa equivalente à seguinte:

$$\frac{(1+x)^m f'(x) - f(x) \cdot m(1+x)^{m-1}}{(1+x)^{2m}} = 0,$$

ou seja,

$$\frac{d}{dx}\left(\frac{f(x)}{(1+x)^m}\right) = 0,$$

e portanto existe c tal que

$$\frac{f(x)}{(1+x)^m} = c.$$

Fazendo $x = 0$, resulta, por ser $f(0) = 1$, que $c = 1$, e portanto

$$f(x) = (1+x)^m.$$

Nota. Costuma-se indicar

$$C_{m,n} = \binom{m}{n} = \frac{m(m-1)\cdots(m-n+1)}{n!},$$

de modo que a série binomial fica

$$(1+x)^m = 1 + \sum_{n=1}^{\infty}\binom{m}{n}x^n = 1 + \sum_{n=1}^{\infty}C_{m,n}x^n, \quad |x| < 1.$$

É bom salientar que m é um número qualquer ($\sqrt{3}$, -1, 0,) e n é natural.

Exemplo 5.9.3. (Série do arco tangente). Mostremos que

$$\arctan x = x - \frac{x^3}{3} + \frac{x^5}{5} - \frac{x^7}{7} + \cdots + (-1)^n \frac{x^{2n+1}}{2n+1} + \cdots, \quad |x| < 1.$$

164   *Introdução ao cálculo*

De fato, se na série geométrica substituirmos x por $-x^2$, obteremos

$$1 - x^2 + x^4 - x^6 + \cdots + \left(-1\right)^n x^{2n} + \cdots = \frac{1}{1 + x^2}, \quad |x| < 1.$$

Integrando de 0 a x, podemos escrever, usando a Proposição 5.9.2.

$$x - \frac{x^3}{3} + \frac{x^5}{5} - \frac{x^7}{7} + \cdots + \left(-1\right)^n \frac{x^{2n+1}}{2n+1} + \cdots = \text{arc tg}\, x, \quad |x| < 1.$$

EXERCÍCIOS

Nos Exers. 5.9.1 a 5.9.7 prove as igualdades indicadas.

5.9.1. $\displaystyle\sum_{n=1}^{\infty} \frac{2}{3^{n-1}} = 3.$ 5.9.2. $\displaystyle\sum_{n=1}^{\infty} \frac{n}{2^{n-1}} = 4.$

Sugestão. Ex. 5.9.1.

5.9.3. $\ln\dfrac{1}{2} = \displaystyle\sum_{n=0}^{\infty} \left(-1\right)^n \frac{1}{2^{n+1}\left(n+1\right)}.$

5.9.4. $\left(\dfrac{4}{3}\right)^{1/2} = 1 + \displaystyle\sum_{n=1}^{\infty} \dfrac{\dfrac{1}{2}\left(\dfrac{1}{2} - 1\right)\cdots\left(\dfrac{1}{2} - n + 1\right)}{n!} \dfrac{1}{3^n}.$

5.9.5. $\left(1,75\right)^{\sqrt{3}} = 1 + \displaystyle\sum_{n=1}^{\infty} \left(\dfrac{\sqrt{3}}{n}\right)\left(0,75\right)^n.$ 5.9.6. $1 = \displaystyle\sum_{n=1}^{\infty} \left(\dfrac{-1}{n}\right)\dfrac{\left(-1\right)^n}{2^n}.$

5.9.7. $\dfrac{\pi}{6} = \dfrac{1}{\sqrt{3}}\left(1 - \dfrac{1}{9} + \dfrac{1}{45} - \cdots\left(-1\right)^n \dfrac{1}{3^n\left(2n+1\right)} + \cdots\right).$

Nos exercícios seguintes, prove as asserções.

5.9.8. $\displaystyle\sum_{n=0}^{\infty} \left(-1\right)^n x^n = \frac{1}{1+x}, \quad |x| < 1.$

5.9.9. $\displaystyle\sum_{n=1}^{\infty} n x^{n+1} = \left(\frac{x}{1-x}\right)^2, \quad |x| < 1.$

5.9.10. $\displaystyle\sum_{n=1}^{\infty} \frac{x^n}{n} = \ln\frac{1}{1-x}, \quad |x| < 1.$

Séries

5.9.11. $\displaystyle\sum_{n=1}^{\infty} \frac{x^{2n-1}}{2n-1} = \frac{1}{2}\ln\frac{1+x}{1-x}$, $|x| < 1$.

Sugestão. $\ln\dfrac{1+x}{1-x} = \ln(1+x) - \ln(1-x)$.

5.9.12. $\displaystyle\sum_{n=1}^{\infty} 2n^2 x^n = \frac{x^2 + x}{(1-x)^3}$, $|x| < 1$.

Sugestão. $\dfrac{x^2 + x}{(1-x)^3} = x\left[\dfrac{x}{(1-x)^3} + \dfrac{1}{(1-x)^3}\right]$ e $\left(\dfrac{1}{1-x}\right)^n = \dfrac{2}{(1-x)^3}$.

*5.9.13. $\dfrac{3-2x}{x^2-3x+2} = \displaystyle\sum_{n=0}^{\infty}\left(1+\frac{1}{2^{n+1}}\right)x^n$, $|x| < 1$.

Sugestão. $\dfrac{3-2x}{x^2-3x+2} = \dfrac{A}{x-1} + \dfrac{B}{x-2}$.

* 5.9.14. $\arccos\operatorname{sen} x = x + \displaystyle\sum_{n=1}^{\infty} \frac{1\cdot 3\cdots(2n-1)}{n!\, 2^n\,(2n+1)}\, x^{2n+1}$, $|x| < 1$.

Sugestão. Use a série binomial com $m = -\dfrac{1}{2}$ e $-x^2$, no lugar de x e observe que $\displaystyle\int_0^x \frac{dx}{\sqrt{1-x^2}} = \operatorname{arc\,sen} x$.

5.9.15. $\displaystyle\int_0^x \frac{\ln(x+1)}{x}dx = \sum_{n=1}^{\infty}(-1)^{n-1}\frac{x^n}{n^2}$, $x \neq 0$, $-1 < x < 1$.

*5.9.16. $(x+1)\big(\ln(x+1)-x-1\big) = \displaystyle\sum_{n=1}^{\infty}(-1)^{n-1}\frac{x^{n+1}}{n(n+1)}$, $-1 < x < 1$.

Sugestão. $\int \ln x = x\ln x - x$.

5.10 FÓRMULA DE TAYLOR COM RESTO. SÉRIE DE TAYLOR

Na secção anterior estudamos propriedades de uma função definida por uma série de potências. Uma questão que surge é a seguinte: dada uma função f definida num intervalo aberto $(x_0 - r, x_0 + r)$, será que f pode ser representada por uma série de potências centrada em x_0, isto é, existirão números $a_0, a_1, a_2, \dots$ tais que

$$f(x) = \sum_{n=0}^{\infty} a_n \left(x - x_0\right)^n$$

para todo x de $(x_0 - r, x_0 + r)$?

Pelo que vimos, se tal for o caso, necessariamente se deve ter

$$a_n = \frac{f^{(n)}(x_0)}{n!}, \quad n = 0, 1, 2, \cdots$$

(veja Corolário 1 da Proposição 5.9.1)[*].

Essa última série, com os a_n dados por esta fórmula, chama-se *série de Taylor centrada em* (ou *em torno de*) x_0 de f.

Dada uma função f, sua correspondente série de Taylor é uma série de potências. Duas perguntas surgem naturalmente:

1.°) Tal série é convergente para algum $x \neq x_0$?

2.°) Se for o caso, para tais x a soma da série é $f(x)$?

Em geral, a resposta é não. No entanto veremos uma condição suficiente para que a resposta a ambas as perguntas seja afirmativa.

Nosso ponto de partida será uma observação bastante simples. Dada a função f, consideramos a soma parcial

$$s_n(x) = \sum_{k=0}^{\infty} \frac{f^{(k)}(x_0)}{k!} \left(x - x_0\right)^k$$

(também chamada *polinômio de Taylor de ordem n de f em x_0*) e consideremos

$$r_n(x) = f(x) - s_n(x),$$

que chamaremos de resto de $f(x)$. Vemos então que

$$f(x) = \sum_{n=0}^{\infty} a_n \left(x - x_0\right)^n \Leftrightarrow \lim r_n(x) = 0.$$

Apenas para referência, colocamos o resultado sob forma de uma proposição.

---

[*] Logo f deve admitir derivadas de todas as ordens.

Séries   167

Proposição 5.10.1. Seja f uma função definida num intervalo da forma $(x_0 - r, x_0 + r)$, possuindo derivadas de qualquer ordem em todo ponto desse intervalo. Então, posto

$$f(x) = s_n(x) + r_n(x),$$

onde

$$s_n(x) = \sum_{k=0}^{n} \frac{f^{(k)}(x_0)}{k!}(x - x_0), \quad x_0 - r < x < x_0 + r,$$

resulta que

$$f(x) = \sum_{n=0}^{\infty} \frac{f^{(n)}(x_0)}{n!}(x - x_0)^n,$$

para todo x de $(x_0 - r, x_0 + r)$, se e somente

$$\lim r_n(x) = 0.$$

O próximo passo será arranjar uma expressão conveniente para $r_n(x)$ a fim de que se possa verificar, na prática, se ocorre ou não $\lim r_n(x) = 0$.

Proposição 5.10.2. (Fórmula de Taylor de f em torno de x_0). Se f possui derivada até a ordem $n + 1$ no intervalo $[x_0, x]$, e definindo $r_n(x)$ por

$$f(x) = \sum_{k=0}^{n} \frac{f^{(k)}(x_0)}{k!}(x - x_0)^k + r_n(x),$$

então existe c de (x_0, x) tal que

$$r_n(x) = \frac{f^{(n+1)}(c)}{(n+1)!}(x - x_0)^{n+1}.$$

Nota. O resultado vale, *mutatis mutandis*, no caso $[x, x_0]$.

Prova. Consideremos a função h definida em $[x_0, x]$, dada por

$$h(t) = f(x) - \left[f(t) + \frac{f'(t)}{1!}(x - t) + \cdots + \frac{f^{(n)}(t)}{n!}(x - t)^n + \frac{A}{(n+1)}(x - t)^{n+1} \right],$$

168   *Introdução ao cálculo*

onde $A = \dfrac{r_n\left(x\right)\left(n+1\right)!}{\left(x - x_0\right)^{n+1}}$.

Temos

$$h(x) = 0, \quad h(x_0) = 0;$$

h é contínua em $[x_0, x]$ e derivável em (x_0, x), de modo que podemos aplicar o teorema de Rolle e dizer que existe c, $x_0 < c < x$, tal que

$$h'(c) = 0.$$

Mas

$$h'\left(t\right) = 0 - \left[f'\left(t\right) + \frac{f''\left(t\right)}{1!}\left(x - t\right) + \frac{f'\left(t\right)}{1!}\left(-1\right) + \right.$$

$$+ \frac{f'''\left(t\right)}{2!}\left(x - t\right)^2 + \frac{f''\left(t\right)}{2!}2\left(x - t\right)\left(-1\right) +$$

$$+ \frac{f^{(4)}\left(t\right)}{3!}\left(x - t\right)^3 + \frac{f'''\left(t\right)}{3!}3\left(x - t\right)^2\left(-1\right)$$

$$+ \cdots\cdots\cdots\cdots\cdots\cdots\cdots\cdots\cdots +$$

$$+ \frac{f^{(n+1)}\left(t\right)}{n!}\left(x - t\right)^n + \frac{f^{(n)}\left(t\right)}{n!}n\left(x - t\right)^{n-1}\left(-1\right) +$$

$$\left. + \frac{A}{\left(n+1\right)!}\left(n+1\right)\left(x - t\right)^n\left(-1\right) \right]^{*} =$$

$$= \frac{-f^{(n+1)}\left(t\right)}{n!}\left(x - t\right)^n + \frac{A}{n!}\left(x - t\right)^n =$$

$$= \frac{-\left(x - t\right)^n}{n!}\left(f^{(n+1)}\left(t\right) - A\right).$$

---

* Os termos que se cancelam são mostrados, para melhor compreensão, através das setas.

Séries

Daí

$$h'(c) = 0 \quad \text{nos dá}$$
$$A = f^{(n+1)}(c),$$

o que, considerado na definição de A, termina a prova.

Corolário. Nas hipóteses da Proposição 5.10.2, se existe M tal que, para todo t de $[x_0, x]$, subsiste

$$\left| f^{(n+1)}(t) \right| \le M^{n+1},$$

então

$$\left| r_n(x) \right| \le \frac{M^{n+1} \left| x - x_0 \right|^{n+1}}{(n+1)!}.$$

Finalmente, uma condição suficiente para que uma função seja representada por sua série de Taylor.

Proposição 5.10.3. Seja f uma função que possui derivada de qualquer ordem num intervalo $(x_0 - r, x_0 + r)$. Suponhamos que exista M tal que, para todo x desse intervalo e todo n natural, tenha-se

$$\left| f^{(n)}(x) \right| \le M^n.$$

Então, para todo x de $(x_0 - r, x_0 + r)$, subsiste

$$f(x) = \sum_{n=0}^{\infty} \frac{f^{(n)}(x_0)}{n!} (x - x_0)^n.$$

Prova. Tomemos x de $(x_0 - r, x_0 + r)$. Podemos escrever, pela proposição anterior e seu corolário, que, para todo n,

$$f(x) = \sum_{k=0}^{n} \frac{f^{(k)}(x_0)}{k!} (x - x_0)^k + r_n(x),$$

onde

$$\left| r_n(x) \right| \le \frac{M^{n+1} \left| x - x_0 \right|^{n+1}}{(n+1)!}.$$

Daí, como $\lim \dfrac{\left(M\left|x-x_0\right|\right)^{n+1}}{(n+1)!} = 0$ (veja nota do Ex. 5.8.2), resulta [Proposição 5.1.2(a)] que

$$\lim r_n(x) = 0,$$

o que, pela Proposição 5.10.1, termina a prova.

Nota. Se, para todo n, $\left|f^{(n)}(x)\right| \le M$, então a conclusão da proposição anterior é verdadeira, pois

$$\left|f^{(n)}(x)\right| \le M < M + 1 \le (M+1)^n.$$

Exemplo 5.10.1. As séries de Taylor em torno de 0 das funções exponencial, seno e co-seno são

$$e^x = 1 + x + \frac{x^2}{2!} + \cdots + \frac{x^n}{n!} + \cdots,$$

$$\operatorname{sen} x = x - \frac{x^3}{3!} + \frac{x^5}{5!} - \cdots + (-1)^{n-1}\frac{x^{2n-1}}{(2n-1)} + \cdots,$$

$$\cos x = 1 - \frac{x^2}{2!} + \frac{x^4}{4!} - \cdots + (-1)^n\frac{x^{2n}}{(2n)} + \cdots,$$

para todo x.

As condições da proposição anterior são claramente verificadas em qualquer intervalo aberto da forma $(-r, r)$.

Como $f'(x) = e^x, f''(x) = e^x, \ldots, f^{(n)}(x) = e^x$, para todo n, no caso da exponencial, a série de Taylor em torno de 0 dessa função será

$$f(0) + \frac{f'(0)}{1!}x + \frac{f''(0)}{2!}x^2 + \cdots + \frac{f^{(n)}(0)}{n!}x^n + \cdots =$$

$$= 1 + x + \frac{x^2}{2!} + \cdots + \frac{x^n}{n!} + \cdots, \quad -r < x < r.$$

Por outro lado,

$$f^{(n)}(c) = e^c < e^r = M,$$

Séries

para todo n, de modo que, pela proposição anterior, pode-se escrever

$$e^x = 1 + x + \frac{x^2}{2!} + \cdots + \frac{x^n}{n!} + \cdots, \quad -r < x < r.$$

Por ser r um número positivo qualquer, o resultado subsiste para *qualquer* x.

Quanto ao seno,

$f(0) = \text{sen } 0 = 0,$	$f^{(4)}(0) = \text{sen } 0 = 0,$
$f'(0) = \cos 0 = 1,$	$f^{(5)}(0) = \cos 0 = 1,$
$f''(0) = -\text{sen } 0 = 0,$	$f^{(6)}(0) = -\text{sen } 0 = 0,$
$f'''(0) = -\cos 0 = -1$	etc.

A série de Taylor em torno de 0 correspondente será

$$f(0) + \frac{f'(0)}{1!}x + \frac{f''(0)x^2}{2!} + \frac{f'''(0)x^3}{3!} + \cdots + \frac{f^{(n)}(0)}{n!}x^n + \cdots =$$

$$= 0 + x + 0 - \frac{x^3}{3!} + \cdots + (-1)^{n-1}\frac{x^{2n-1}}{(2n-1)!} + \cdots =$$

$$= x - \frac{x^3}{3!} + \cdots + (-1)^{n-1}\frac{x^{2n-1}}{(2n-1)} + \cdots$$

Por outro lado, para todo n,

$$\left| f^{(n)}(c) \right| = \left| \frac{d^n}{dx^n} \text{sen } x \right|_c \le 1$$

obviamente, o que, pela proposição anterior, permite escrever

$$\text{sen } x = x - \frac{x^3}{3!} + \cdots + (-1)^{n-1}\frac{x^{2n-1}}{(2n-1)!} + \cdots$$

para todo x.

Deixamos o caso do co-seno como exercício.

172   *Introdução ao cálculo*

Exemplo 5.10.2. As séries de Taylor em torno de um ponto x_0 das funções do Ex. 5.10.1 são

$$e^x = e^{x0} \sum_{n=0}^{\infty} \frac{(x - x_0)^n}{n!},$$

$$\operatorname{sen} x = \sum_{n=0}^{\infty} \frac{\operatorname{sen}\left(x_0 + n\frac{\pi}{2}\right)}{n!} (x - x_0)^n,$$

$$\cos x = \sum_{n=0}^{\infty} \frac{\cos\left(x_0 + n\frac{\pi}{2}\right)}{n!} (x - x_0)^n,$$

para todo x.

Deixaremos como exercício para o leitor. Apenas fizemos referência para ressaltar que, mudando o ponto x_0, a série em geral muda. Por exemplo, se $x_0 = 0$, os termos de ordem par na série do seno são nulos, o que não sucede se, digamos, $x_0 = \frac{\pi}{3}$.

Notas. 1) A obtenção da série de Taylor de uma função muitas vezes é difícil, assim como uma estimativa para as derivadas da função. Pode-se perfeitamente sentir isso ao se tentar obter, por exemplo, a série binomial pelo procedimento do Ex. 5.10.1. Para casos como esses são precisos métodos mais práticos (veja, por exemplo, como se procedeu nos exemplos da Sec. 5.9).

2) Considere a função

$$f(x) = \begin{cases} e^{-1/x^2} & \text{se} \quad x \neq 0 \\ 0 & \text{se} \quad x = 0. \end{cases}$$

Pode-se provar que, para todo $n, f^{(n)}(0) = 0$[*]. Então a série de Taylor em torno do 0 de f tem por soma a função nula, que a todo número x associa o número 0 (o raio de convergência é infinito, como é fácil ver); então tal série não representa f em nenhum ponto x, a não ser $x = 0$.

---

[*]   Veja sugestão no Exer. C.8, Apêndice C.

Séries

173

EXERCÍCIOS

Nos exercícios 5.10.1 a 5.10.9 mostrar a validade dos desenvolvimentos.

5.10.1. Os do Ex. 5.10.2 e o do co-seno (Ex. 5.10.1).

5.10.2. $e^{-x} = \sum_{n=0}^{\infty} (-1)^n \dfrac{x^n}{n!}$, todo x.

5.10.3. $\operatorname{senh} x = \sum_{n=1}^{\infty} \dfrac{x^{2n-1}}{(2n-1)!}$.

$\cosh x = \sum_{n=0}^{\infty} \dfrac{x^{2n}}{(2n)!}$, todo x.

Sugestão. Faça diretamente e também usando $\operatorname{senh} x = \dfrac{e^x - e^{-x}}{2}$.

5.10.4. $a^x = \sum_{n=0}^{\infty} \dfrac{(\ln a)^n}{n!} x^n$, $\quad a > 0$, todo x.

Sugestão. $a^x = e^{x \ln a}$.

5.10.5. $e^{-x^2} = \sum_{n=1}^{\infty} \dfrac{(-1)^n x^{2n}}{n!}$, todo x.

5.10.6. $\cos^2 2x = 1 + \dfrac{1}{2} \sum_{n=1}^{\infty} \dfrac{(-1)^n (4x)^{2n}}{(2n)!}$, todo x.

Sugestão. $\cos^2 2x = \dfrac{1 + \cos 4x}{2}$.

5.10.7. $\operatorname{sen}^2 x = \dfrac{1}{2} \sum_{n=1}^{\infty} \dfrac{(-1)^{n-1} (2x)^{2n}}{(2n)!}$, todo x.

5.10.8. $\displaystyle\int_0^x e^{-t^2} dt = \sum_{n=0}^{\infty} \dfrac{(-1)^n x^{2n+1}}{n!(2n+1)}$.

5.10.9. $\sqrt{x} = \sum \dbinom{1/2}{n} (x-1)^n$, $\quad |x-1| < 1$.

5.10.10. $\displaystyle\int_0^x \dfrac{dx}{\sqrt{1-x^4}} = 1 + \sum_{n=1}^{\infty} \dbinom{-1/2}{n} (-1)^n \dfrac{x^{4n+1}}{4n+1}$, $\quad |x| < 1$.

5.10.11. $\displaystyle\int_0^x \cos x^2 \, dx = \sum_{n=0}^{\infty} (-1)^n \dfrac{x^{4n+1}}{(2n)!(4n+1)}$.

174   *Introdução ao cálculo*

Nos Exers. 5.10.10 e 5.10.11, achar as séries de Taylor em torno dos pontos indicados das funções dadas, fornecendo os intervalos onde estas são representadas pelas correspondentes séries.

5.10.10. $f(x) = \dfrac{1}{x}$, $x_0 = -1$.

5.10.11. $f(x) = \operatorname{sen} x$, $x_0 = \dfrac{\pi}{6}$.

5.10.12. (Uso de séries no cálculo de limites). As séries podem ser usadas no cálculo de limites. Por exemplo, seja calcular

$$\lim_{x \to 0} \frac{\operatorname{sen} x}{x}.$$

Como $\lim\limits_{x \to 0} \operatorname{sen} x = 0$ e $\lim\limits_{x \to 0} x = 0$, nada se pode concluir pela regra do quociente de limites. Utilizando a série do seno,

$$\frac{\operatorname{sen} x}{x} = \frac{x - \dfrac{x^3}{3!} + \dfrac{x^5}{5!} - \cdots}{x} = 1 - \frac{x^2}{3!} + \frac{x^4}{5!} - \cdots \quad (x \neq 0),$$

$$\therefore \lim_{x \to 0} \frac{\operatorname{sen} x}{x} = \lim_{x \to 0} \left(1 - \frac{x^2}{3!} + \frac{x^4}{5!} - \cdots \right) = 1.$$

Na última igualdade usamos o fato de que a função $1 - \dfrac{x^2}{3!} + \dfrac{x^4}{5!} - \cdots$ é contínua em $x = 0$ (por quê?).

Nota. Em muitos casos, esse processo é mais conveniente do que o uso das regras de L'Hôpital (Apêndice D do Vol. 1), evitando derivações sucessivas. Veja, por exemplo, o exercício (c), que bem ilustra o que se disse.

Nos casos seguintes, prove as afirmações.

a) $\lim\limits_{x \to 0} \dfrac{e^x - (1 + x)}{x^2} = \dfrac{1}{2}$.   b) $\lim\limits_{x \to 0} \dfrac{\operatorname{arc\,sen} x - x}{x^3} = \dfrac{1}{6}$.

c) $\lim\limits_{x \to 0} \dfrac{1 - \cos x - \dfrac{1}{2} x^2}{x^4} = -\dfrac{1}{24}$.   d) $\lim\limits_{x \to 1} \dfrac{\ln x - x + 1}{x - 1} = 0$.

e) $\lim\limits_{x \to 0} \left(\dfrac{1}{x^2} - \dfrac{1}{x \operatorname{tg} x} \right) = \dfrac{1}{3}$.   f) $\lim\limits_{x \to 0} \dfrac{(1 + x) \operatorname{sen} x - x}{x \operatorname{sen} x} = 1$.

Séries   175

*5.10.13. (Uso da fórmula de Taylor para detetar máximos e mínimos).
Seja f uma função derivável até a ordem $n + 1$ em (a, b), com derivadas contínuas nesse intervalo, e x_0 um ponto do mesmo tal que

a) $f'(x_0) = f''(x_0) = \cdots = f^{(n-1)}(x_0) = 0$;

b) $f^{(n)}(x_0) \neq 0, \quad n \geq 1$.

Então

1.º) Se n é par e $f^{(n)}(x_0) > 0$, x_0 é ponto de mínimo local de f.

2.º) Se n é par e $f^{(n)}(x_0) < 0$, x_0 é ponto de máximo local de f.

3.º) Se n é ímpar, x_0 não é ponto de máximo local, nem de mínimo local de f.

Sugestão. Pela fórmula de Taylor,

$$f(x) - f(x_0) = \frac{f^{(n)}(x_0)}{n!}(x - x_0)^n + r_n(x) =$$

$$= \frac{(x - x_0)^n}{n!}\left[f^{(n)}(x_0) + \frac{f^{(n+1)}(c)}{n + 1}(x - x_0) \right].$$

Como $\displaystyle\lim_{x \to x_0} \frac{f^{(n+1)}(c)}{n + 1}(x - x_0) = 0$, para x suficientemente próximo de x_0, o sinal de $f(x) - f(x_0)$ é dado pelo sinal de $\dfrac{(x - x_0)^n}{n!} f^{(n)}(x_0)$.

5.10.14. (Unicidade do polinômio de Taylor de ordem n). Seja f uma
função definida num intervalo $(-a, a)$, com derivadas até a ordem $n + 1$
contínuas nesse intervalo, tal que existem números $a_0, a_1, a_2, \ldots, a_n$, e
uma função g definida nesse intervalo, de modo que

$$f(x) = a_0 + a_1 x + a_2 x^2 + \cdots + a_n x^n + g(x).$$

Suponha que existe $M > 0$ tal que, para todo x de $(-a, a)$, verifica-se

$$|g(x)| \leq M|x|^{n+1}.$$

Então

$$a_k = \frac{f^{(k)}(0)}{k!}, \quad k = 0, 1, 2, \cdots$$

(Portanto trata-se do polinômio de Taylor de f em 0).

Introdução ao cálculo

Solução. Podemos escrever

$$f(x) = b_0 + b_1 x + b_2 x^2 + \cdots + b_n x^n + R_n(x),$$

onde

$$b_k = \frac{f^{(k)}(0)}{k!} \quad \text{e} \quad \lim \frac{R_n(x)}{x^{n+1}} = 0.$$

Igualando com a expressão de f dada na hipótese, vem

$$b_0 + b_1 x + b_2 x^2 + \cdots + b_n x^n + R_n(x) = a_0 + a_1 x + a_2 x^2 + \cdots + a_n x^n + g(x)$$

e daí

$$(b_0 - a_0) + (b_1 - a_1)x + (b_2 - a_2)x^2 + \cdots + (b_n - a_n)x^n = g(x) - R_n(x).$$

Fazendo $x = 0$, resulta

$$b_0 - a_0 = 0, \quad \therefore \quad b_0 = a_0.$$

Levando em conta isso na expressão anterior, resulta

$$(b_1 - a_1) + (b_2 - a_2)x + \cdots + (b_n - a_n)x^{n-1} = \frac{g(x)}{x} - \frac{R_n(x)}{x}.$$

Fazendo $x \to 0$, resulta

$$b_1 - a_1 = 0, \quad \therefore \quad b_1 = a_1,$$

pois

$$\lim_{x \to 0} \frac{R_n(x)}{x} = \lim_{x \to 0} \frac{R_n(x)}{x^n} \cdot x^{n-1} = 0$$

e, sendo

$$\left| \frac{g(x)}{x} \right| \le M \frac{|x|^{n+1}}{|x|} = M |x|^n,$$

vê-se que

$$\lim_{x \to 0} \frac{g(x)}{x} = 0.$$

Repetindo o procedimento, chega-se ao resultado.

Nota. O resultado subsiste claramente, *mutatis mutandis*, para $x - x_0$ no lugar de x.

5.11 APLICAÇÕES A CÁLCULOS NUMÉRICOS

Vamos nesta secção aprender como calcular aproximadamente valores como sen 1, $e^{1/10}$, ln 1,01 etc., utilizando polinômios.

A ideia básica é a seguinte: dada uma função f definida num intervalo $(x_0 - r, x_0 + r)$, suponhamos que se possa escrever, para x nesse intervalo,

$$f(x) = s_n(x) + r_n(x),$$

onde s_n é um polinômio, com

$$\lim r_n(x) = 0 \quad (x \text{ fixo}).$$

Isto quer dizer que, dado $\varepsilon > 0$, existe N tal que $n \geq N$ acarreta $|r_n(x)| < \varepsilon$, ou seja,

$$-\varepsilon < r_n(x) < \varepsilon.$$

ou ainda, lembrando a definição de $r_n(x)$,

$$s_n(x) - \varepsilon < f(x) < s_n(x) + \varepsilon$$

(Fig. 5-13). Portanto $f(x)$ é aproximado por $s_n(x)$, com erro menor que ε, desde que $n \geq N$. É claro que tomamos o menor N possível, e $n = N$, por motivos óbvios.

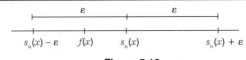

Figura 5.13

Pelo esquema apresentado é evidente que o uso da fórmula de Taylor é de grande valia.

Exemplo 5.11.1. Calcular e com erro inferior a 10^{-3}.

Vamos escrever a fórmula de Taylor para $f(x) = e^x$ em torno de $x_0 = 0$:

$$e^x = s_n(x) + r_n(x),$$

onde

$$s_n(x) = f(0) + \frac{f'(0)}{1!}x + \cdots + \frac{f^{(n)}(0)}{n!}x^n = 1 + \frac{x}{1!} + \cdots + \frac{x^n}{n!}$$

e

$$r_n(x) = \frac{f^{(n+1)}(c)x^{n+1}}{(n+1)!} = \frac{e^c \cdot x^{n+1}}{(n+1)!},$$

onde c está entre 0 e x^*.

Usando o fato de que $e < 4$ (Exer. C.1), temos

$$\left| r_n(x) \right| = \frac{e^c |x|^{n+1}}{(n+1)!} < \frac{4^c |x|^{n+1}}{(n+1)!}.$$

Fazendo $x = 1$,

$$\left| r_n(1) \right| < \frac{4}{(n+1)!}.$$

Impondo erro menor que 10^{-3},

$$\frac{4}{(n+1)!} < 10^{-3},$$

ou seja,

$$(n+1)! > 4 \cdot 10^3,$$

vemos que o menor n que satisfaz é $n = 6$. Então

$$e = 1 + \frac{1}{1!} + \frac{1}{2!} + \frac{1}{3!} + \frac{1}{4!} + \frac{1}{5!} + \frac{1}{6!},$$

com erro inferior a 10^{-3}. Efetuando os cálculos, resulta

$$e = 2,718 \ldots$$

Num exame mais acurado da questão do cálculo numérico, devemos observar que, além do erro que se comete ao se abandonarem os termos de uma série (a partir de um certo índice), chamado *erro de*

---

[*] Daí resulta $\lim r_n(x) = 0$, fato aliás já estabelecido na secção anterior.

Séries 179

truncamento, existe o *erro de arredondamento*, que se comete, por exemplo, ao se escrever

$$\frac{1}{3 \cdot 5^3} = 0,00266666.$$

Nesse caso, estamos desprezando os números (no caso, todos iguais a 6) que vêm depois do último 6.

O problema que se põe é o seguinte: queremos calcular $f(x_0)$ com erro inferior a $\varepsilon > 0$. Sendo $p(x_0)$ o valor aproximado, e m o número que "arredonda" $p(x_0)$, queremos que $|f(x_0) - m| < \varepsilon$.

Por exemplo, considerando o Ex. 5.11.1, $x_0 = 1$, $f(x_0) = e$,

$$p(x_0) = 1 + \frac{1}{1!} + \cdots + \frac{1}{6!}, \quad \varepsilon = 10^{-3}.$$

Um procedimento possível é o seguinte. Considera-se $0 < \varepsilon' < \varepsilon$ (em geral, ε' um pouco menor que ε). Com o procedimento indicado no texto, obtém-se um polinômio p tal que

$$p(x_0) - \varepsilon' < f(x_0) < p(x_0) + \varepsilon'.$$

Sendo s o número de parcelas de $p(x_0)$, calculamos cada uma de modo que o erro (em cada uma) seja inferior a $\dfrac{\varepsilon - \varepsilon'}{s}$. Desse modo, designando por m a soma das parcelas "arredondadas", temos

$$|p(x_0) - m| < \varepsilon - \varepsilon',$$

ou seja

$$m - (\varepsilon - \varepsilon') < p(x_0) < m + (\varepsilon - \varepsilon').$$

Combinando esse resultado com a relação (x), resulta

$$m - \varepsilon < f(x_0) < m + \varepsilon,$$

como se deseja.

Exemplifiquemos através do Ex. 5.11.1. Temos

$$|r_6(1)| < \frac{4}{(6+1)!} = \frac{4}{7!} < 0,8 \cdot 10^{-3} = \varepsilon' < 10^{-3} = \varepsilon.$$

Temos

$$p(1) = 1 + \frac{1}{1!} + \frac{1}{2!} + \frac{1}{3!} + \frac{1}{4!} + \frac{1}{5!} + \frac{1}{6!},$$

logo sete parcelas das quais vão ser arredondadas apenas quatro. Devemos então ter um erro de

$$\frac{\varepsilon - \varepsilon'}{4} = \frac{0{,}2 \cdot 10^{-3}}{4} = 0{,}5 \cdot 10^{-4},$$

por parcela arredondada. Calcular cada parcela com 5 casas decimais é suficiente, pois, escrevendo

$$a = a_0, a_1\, a_2\, a_3\, a_4 \ldots ,$$

significa

$$a = \sum_{n=0}^{\infty} \frac{a_n}{10^n}, \quad (a_n \text{ inteiro, de } 0 \text{ a } 9)$$

e então

$$\left| a - \left(a_0 + \frac{a_1}{10} + \frac{a_2}{10^2} + \frac{a_3}{10^3} + \frac{a_4}{10^4} + \frac{a_5}{10^5} \right) \right| = \left| \sum_{n=6}^{\infty} \frac{a_n}{10^n} \right| \le \sum_{n=6}^{\infty} \frac{10}{10^n} =$$

$$= \frac{10}{10^6} \left[1 + \frac{1}{10} + \frac{1}{10^2} + \cdots \right] = \frac{10}{10^6} \cdot \frac{1}{1 - \dfrac{1}{10}} = \frac{1}{9} \cdot 10^{-4} < 0{,}5 \cdot 10^{-4}.$$

Desse modo,

$$p(1) = 2{,}5 + 0{,}16666 + 0{,}41666 + 0{,}00833 + 0{,}00138 = 2{,}71803$$

e

$$e = 2{,}71803 \quad \text{com erro inferior a } 10^{-3*}.$$

Nota. O resultado significa que

$$2{,}71703 = 2{,}71803 - 10^{-3} < e < 2{,}71803 + 10^{-3} = 2{,}71903,$$

e, portanto, certamente $e = 2{,}71 \ldots$

Exemplo 5.11.2. Calcular $\ln(1{,}01)$ com erro menor que 10^{-3}.

------

* $e = 2{,}71818285 \ldots$

Séries

Escrevemos

$$\ln(1,01) = \ln(1 + 0,01).$$

A fórmula de Taylor para $f(x) = \ln(1 + x)$ em torno de $x_0 = 0$ é a seguinte, como um cálculo fácil mostra:

$$\ln(1 + x) = x - \frac{x^2}{2} + \frac{x^3}{3} - \cdots + (-1)^{n-1}\frac{x^n}{n} + r_n(x),$$

sendo

$$r_n(x) = (-1)^n \frac{1}{(1+c)^{n+1}} \cdot \frac{x^{n+1**}}{(n+1)}, \quad n = 1, 2, 3, \cdots$$

Fazendo $x = 0,01$, teremos $0 < c < 0,01$, e então $\dfrac{1}{(1+c)^{n+1}} < 1$. Portanto

$$\left| r_n(0,01) \right| < \frac{(0,01)^{n+1}}{n+1}.$$

Impondo erro inferior a 10^{-3},

$$\frac{(0,01)^{n+1}}{n+1} < 10^{-3}.$$

Resulta que o menor n que satisfaz a desigualdade é 1. Logo,

$$\ln 1,01 = 0,01.$$

com erro inferior a 10^{-3}.

Exemplo 5.11.3. Calcular $\text{sen}\left(\dfrac{\pi}{3} + 0,1\right)$ com erro inferior a 10^{-6}.

Escrevamos a fórmula de Taylor para $f(x) = \text{sen } x$ em torno de $x_0 = \dfrac{\pi}{3}$:

$$\text{sen } x = \text{sen}\frac{\pi}{3} + \frac{\cos\dfrac{\pi}{3}}{1!}\left(x - \frac{\pi}{3}\right) - \frac{\text{sen}\dfrac{\pi}{3}}{2!}\left(x - \frac{\pi}{3}\right)^2 -$$

** Esta expressão já mostra que, se $|x| \leq 1$, $\lim r_n(x) = 0$.

182   *Introdução ao cálculo*

$$-\frac{\cos\frac{\pi}{3}}{3!}\left(x-\frac{\pi}{3}\right)^3+\cdots+a_n\left(x-\frac{\pi}{3}\right)^n+r_n\left(x\right)^*,$$

onde

$$r_n\left(x\right)=\frac{sen^{(n+1)}\left(c\right)}{\left(n+1\right)!}\left(x-\frac{\pi}{3}\right)^{n+1}.$$

Daí

$$\left|r_n\left(x\right)\right|\le\frac{\left|x-\frac{\pi}{3}\right|^{n+1}}{\left(n+1\right)!}\,^{**}$$

Fazendo $x=\frac{\pi}{3}+0,1$, vem

$$\left|r_n\left(\frac{\pi}{3}+0,1\right)\right|\le\frac{\left(0,1\right)^{n+1}}{\left(n+1\right)!};$$

impondo erro inferior a 10^{-6},

$$\frac{\left(0,1\right)^{n+1}}{\left(n+1\right)!}<10^{-6};$$

$n=4$ é o menor n que satisfaz a desigualdade. Então

$$sen\left(\frac{\pi}{3}+0,1\right)=sen\frac{\pi}{3}+\frac{\cos\frac{\pi}{3}}{1!}\cdot 0,1-\frac{sen\frac{\pi}{3}}{2!}\left(0,1\right)^2-$$

$$-\frac{\cos\frac{\pi}{3}}{3!}\left(0,1\right)^3+\frac{sen\frac{\pi}{3}}{4!}\left(0,1\right)^4=\frac{\sqrt{3}}{2}+\frac{1}{2}\cdot 0,1-$$

$$-\frac{\frac{\sqrt{3}}{2}}{2!}\left(0,1\right)^2-\frac{\frac{1}{2}}{3!}\left(0,1\right)^3+\frac{\frac{\sqrt{3}}{2}}{4!}\left(0,1\right)^4,$$

com erro inferior a 10^{-6}.

---

* $a_n=\dfrac{f^{(n)}\left(\frac{\pi}{3}\right)}{n!}=\dfrac{sen\left(\frac{\pi}{3}+n\,\frac{\pi}{2}\right)}{n!}.$

** Daí $\lim r_n(x)=0.$

Séries 183

Se tentarmos escrever a fórmula de Taylor para a função $f(x) =$ arc tg x, veremos que é difícil achar uma expressão da derivada de ordem n de f. O exemplo seguinte mostra como se pode proceder para recair no esquema proposto no início desta seção.

Exemplo 5.11.4. Mostraremos que

$$\text{arc tg}\, x = x - \frac{x^3}{3} + \frac{x^5}{5} - \cdots + \left(-1\right)^n \frac{x^{2n+1}}{2n+1} + r_{2n+1}\left(x\right)^*,$$

onde

$$r_{2n+1}\left(x\right) = \left(-1\right)^{n+1} \int_0^x \frac{t^{2n+2}}{1+t^2}\, dt$$

e

$$\left|r_{2n+1}\left(x\right)\right| \le \frac{|x|^{2n+3}}{2n+3}, \quad \left(n = 0, 1, 2, \cdots\right).$$

Seja

$$r_{2n+1}\left(x\right) = \text{arc tg}\, x - x + \frac{x^3}{3} - \frac{x^5}{5} + \cdots - \left(-1\right)^n \frac{x^{2n+1}}{2n+1}.$$

Então

$$r'_{2n+1}\left(x\right) = \frac{1}{1+x^2} - 1 + x^2 - x^4 + \cdots - \left(-1\right)^n x^{2n} =$$

$$= \frac{1 - \left(1+x^2\right) + x^2\left(1+x^2\right) - x^4\left(1+x^2\right) + \cdots - \left(-1\right)^n x^{2n}\left(1+x^2\right)}{1+x^2} =$$

$$= \frac{1 - 1 - x^2 + x^2 + x^4 - x^4 - x^6 + \cdots - \left(-1\right)^n x^{2n} - \left(-1\right)^n x^{2n+2}}{1+x^2} =$$

$$= \frac{-\left(-1\right)^n x^{2n+2}}{1+x^2}.$$

Daí

$$r_{2n+1}\left(x\right) = \left(-1\right)^{n+1} \int_0^x \frac{t^{2n+2}}{1+t^2}\, dt.$$

---

* Cf. o Ex. 5.9.3.

Portanto

$$\left|r_{2n+1}(x)\right| = \left|\int_0^x \frac{t^{2n+2}}{1+t^2}\,dt\right| \le \left|\int_0^x t^{2n+2}\,dt\right| = \frac{|x|^{2n+3}}{2n+3}.$$

Exemplo 5.11.5. Com o auxílio do exemplo anterior, vemos que, se $|x| \le 1$, tem-se

$$\lim r_{2n+1}(x) = 0.$$

Assim sendo, podemos calcular, por exemplo, arc tg $\dfrac{1}{5}$ com erro inferior a $\dfrac{1}{2} \cdot 10^{-7}$. Fazendo $x = \dfrac{1}{5}$ e impondo erro inferior a $\dfrac{1}{2} \cdot 10^{-7}$, tem-se

$$\left|r_{2n+1}\!\left(\frac{1}{5}\right)\right| \le \frac{1}{(2n+3)5^{2n+3}} < \frac{1}{2} \cdot 10^{-7}.$$

Verifica-se que $n = 4$ é o menor n que satisfaz e, de acordo com o exemplo anterior,

$$\text{arc tg } \frac{1}{5} = \frac{1}{5} - \frac{1}{3 \cdot 5^3} + \frac{1}{5 \cdot 5^5} - \frac{1}{7 \cdot 5^7} + \frac{1}{9 \cdot 5^9},$$

com erro inferior a $\dfrac{1}{2}\, 10^{-7}$.

Exemplo 5.11.6. (Cálculo de $\boldsymbol{\pi}$). Uma primeira ideia que surge para o cálculo do número $\boldsymbol{\pi}$ é calcular arc tg $1 = \dfrac{\pi}{4}$. No entanto o número de termos de que se necessita para um erro razoável é muito grande (utilizando os resultados do Ex. 5.11.5). Por exemplo, se quisermos erro inferior a 10^{-3}, deveremos tomar $n > \dfrac{10^3 - 3}{2}$. Para contornar tal dificuldade, observemos que, sendo

$$\left|r_{2n+1}(x)\right| \le \frac{|x|^{2n+3}}{2n+3}.$$

valores menores de n servirão se tomarmos valores menores de x. Então, usando a relação

$$\frac{\pi}{4} = 4 \operatorname{arc tg} \frac{1}{5} - \operatorname{arc tg} \frac{1^*}{239},$$

$$*2\,\mathrm{arc\,tg}\,\frac{1}{5} = \mathrm{arc\,tg}\,\frac{1}{5} + \mathrm{arc\,tg}\,\frac{1}{5} = \mathrm{arc\,tg}\,\frac{2\cdot\dfrac{1}{5}}{1-\left(\dfrac{1}{5}\right)^2} = \mathrm{arc\,tg}\,\frac{5}{12}.$$

Logo,

$$4\,\mathrm{arc\,tg}\,\frac{1}{5} = 2\,\mathrm{arc\,tg}\,\frac{1}{5} + 2\,\mathrm{arc\,tg}\,\frac{1}{5} = \mathrm{arc\,tg}\,\frac{5}{12} + \mathrm{arc\,tg}\,\frac{5}{12} =$$

$$= \mathrm{arc\,tg}\,\frac{2\cdot\dfrac{5}{12}}{1-\left(\dfrac{5}{12}\right)^2} = \mathrm{arc\,tg}\,\frac{120}{119}.$$

Daí

$$4\,\mathrm{arc\,tg}\,\frac{1}{5} - \mathrm{arc\,tg}\,\frac{1}{239} = \mathrm{arc\,tg}\,\frac{120}{119} - \mathrm{arc\,tg}\,\frac{1}{239} = \mathrm{arc\,tg}\,\frac{\dfrac{120}{119} - \dfrac{1}{239}}{1 + \dfrac{120}{119}\cdot\dfrac{1}{239}} =$$

$$= \mathrm{arc\,tg}\,1 = \frac{\pi}{4}.$$

veremos que o trabalho de cálculo diminui. De fato, seja calcular π com erro inferior a 10^{-6}.

Utilizaremos a relação acima. Então, basta calcularmos $\dfrac{\pi}{4}$ com erro menor do que $\dfrac{10^{-6}}{4}$. É suficiente então calcular $\mathrm{arc\,tg}\,\dfrac{1}{5}$ e $\mathrm{arc\,tg}\,\dfrac{1}{239}$ com erro menor do que $\dfrac{10^{-6}}{20} = \dfrac{1}{2}\cdot 10^{-7}$ *.

No caso de $\mathrm{arc\,tg}\,\dfrac{1}{239}$, devemos ter

$$\frac{1}{(2n+3)\cdot 239^{2n+3}} < \frac{1}{2}\cdot 10^{-7}$$

e $n = 0$ serve.

_____

* Erro $(a + b) \le$ erro $a +$ erro $b < 4\cdot\dfrac{10^{-6}}{20} + \dfrac{10^{-6}}{20} = \dfrac{1}{4}\cdot 10^{-6} < 10^{-6}$.

186   *Introdução ao cálculo*

O outro caso já foi feito no exemplo anterior. Portanto

$$\frac{\pi}{4} = 4 \cdot \left(\frac{1}{5} - \frac{1}{3 \cdot 5^3} + \frac{1}{5 \cdot 5^5} - \frac{1}{7 \cdot 5^7} + \frac{1}{9 \cdot 5^9} \right) - \frac{1}{239}$$

e

$$\pi = 16 \cdot 0{,}19739557 - 4 \cdot 0{,}0041841 = 3{,}14159272,$$

com erro menor do que 10^{-6}.

A título de informação, o valor de π com dez decimais é

$$\pi = 3{,}1415926535.$$

EXERCÍCIOS

5.11.1. Achar os polinômios de Taylor de ordem n, das funções dadas, em torno dos pontos dados.

a) $f(x) = e^{\operatorname{sen} x}$; $n = 2$; 0.

b) $f(x) = e^{ex}$; $n = 3$; 0.

c) $f(x) = x^5 + 2x^3 + x$; $n = 4$; 0.

d) $f(x) = x^5 + 2x^3 + x$; $n = 5$; 0.

e) $f(x) = x^5 + 2x^3 + x$; $n = 4$; 1.

f) $f(x) = x^5 + 2x^3 + x$; $n = 5$; 1.

g) $f(x) = x^5 + 2x^3 + x$; $n \geq 6$; 1.

h) $f(x) = \dfrac{1}{1 + x^2}$; $n = 5$; 0.

5.11.2. Escrever os polinômios dados sob forma de polinômios em potências de $x - 1$:

a) $f(x) = x^5 + 2x^3 + x$;

b) $f(x) = x^3$;

c) $f(x) = ax^2 + bx + c$.

5.11.3. Indique a soma que dá os valores especificados, com erro inferior a ε, nos casos

a) e, $\varepsilon = 10^{-4}$ (pelo Ex. 5.11.1, podemos usar $e < 3$);

b) sen 0,1; $\varepsilon = \dfrac{1}{2} \cdot 10^{-3}$;

c) sen $\dfrac{1}{2}$, $\varepsilon = 10^{-20}$;

Séries 187

d) $\ln 1{,}1$, $\qquad\qquad \varepsilon = \dfrac{1}{3}\cdot 10^{-3}$;

e) $\operatorname{arc\,tg}\left(-\dfrac{1}{200}\right)$, $\qquad \varepsilon = 10^{-6}$.

*5.11.4. Mostre que o polinômio de Taylor de ordem n em torno de 0 de

$$f(x) = \operatorname{arc\,tg} x\,\big(|x| < 1\big) \text{ é } x - \frac{x^3}{3} + \frac{x^5}{5} - \cdots + (-1)^n\,\frac{x^{2n+1}}{2n+1}$$

(Cf. Ex. 5.11.4).

Conclua daí que

$$\operatorname{arc\,tg}^{(k)}(0) = \begin{cases} 0 & \text{se } k \text{ é par,} \\ (-1)^{(k-1)/2}\,(k-1)! & \text{se } k \text{ é ímpar.} \end{cases}$$

5.11.5. a) Imitando o procedimento do Ex. 5.11.4, mostre que, sendo $-1 < x$,

$$\ln(1+x) = x - \frac{x^2}{2} + \frac{x^2}{3} - \cdots + (-1)^{n-1}\frac{x^n}{n} + r^n(x),$$

onde

$$r_n(x) = (-1)^n \int_0^x \frac{t^n}{1+t}\,dt, \quad n = 1, 2, 3, \cdots$$

b) Mostre que, se $0 \le x$, tem-se

$$\big|r_n(x)\big| \le \frac{x^{n+1}}{n+1}$$

e, portanto, se $0 \le x \le 1$, $\lim\limits_{n} r_n(x) = 0$[*].

*c) Mostre que, se $-1 < x \le 0$, tem-se

$$\big|r_n(x)\big| \le \frac{|x|^{n+1}}{(n+1)(1+x)}$$

e, então, $\lim\limits_{n} r_n(x) = 0$.

---

[*] Logo, podemos escrever $\ln(1+x) = x - \dfrac{x^2}{2} + \dfrac{x^3}{3} - \cdots + (-1)^{n-1}\dfrac{x^n}{n} + \cdots$

para $-1 < x \le 1$. Decorre então que $\ln 2 = 1 - \dfrac{1}{2} + \dfrac{1}{3} - \cdots$

188 *Introdução ao cálculo*

d) Deduza que o polinômio de Taylor de ordem n, em torno de 0, da função $f(x) = \ln(1 + x)$, $-1 < x \le 1$, é

$$x - \frac{x^2}{2} + \frac{x^3}{3} - \cdots + (-1)^{n-1}\frac{x^n}{n}.$$

Sugestão para (c). Se $-1 < x \le t < 0$, então $0 < 1 + x \le 1 + t \le 1$, e $0 \le \dfrac{1}{1+t} \le \dfrac{1}{1+x}$, de modo que

$$\left| \int_0^x \frac{t^n}{1+t}\,dt \right| \le \int_x^0 \frac{|t|^n}{1+x}\,dt \le \frac{|x|^{n+1}}{(n+1)(1+x)}$$

5.11.6. Calcular

a) $\ln 0{,}92$ com erro inferior a 10^{-3};

b) $\ln 1{,}005$ com erro inferior a 10^{-6};

c) $\ln\dfrac{9}{10}$ com erro inferior a 10^{-4}.

5.11.7. Seja $\{a_n\}$ como no Exer. 5.6.10. Então $|s - s_n| < a_{n+1}$, de modo que o erro cometido ao se tomar s_n por s é menor do que o primeiro termo omitido.

Calcular, com erro inferior a $\dfrac{1}{2}\cdot 10^{-3}$:

a) $\ln\dfrac{4}{3}$;   b) $\ln\dfrac{1}{20}$;   c) $\cos\dfrac{1}{2}$.

Comentário. Observe como o método é bem mais simples que o usado nos Exs. 5.11.2, 5.11.5 etc.

5.11.8. Dada a série $1 + \dfrac{1}{2!} - \dfrac{1}{3!} + \cdots + \dfrac{(-1)^n}{n!} + \cdots$, dar uma estimativa do erro cometido ao se substituir sua soma

a) pela soma dos quatro primeiros termos;

b) pela soma dos cinco primeiros termos. Qual o sinal desses erros?

5.11.9. Calcular

a) $\displaystyle\int_0^1 e^{-t^2}\,dt$ com erro inferior a 10^{-5};

b) $\displaystyle\int_0^1 \frac{\operatorname{sen} t}{t}\,dt$ com erro inferior a 10^{-3}.

Séries   189

*5.11.10. Mostre que e é irracional.

1.ª *Solução*. Temos, para todo n natural,

$$e = 1 + \frac{1}{1!} + \frac{1}{2!} + \cdots + \frac{1}{n!} + r_n,$$

com

$$0 < r_n < \frac{3}{(n+1)!}.$$

Se $e = \dfrac{p}{q}$, $p, q > 0$, inteiros, escolha $n > q$ e $n > 3$. Então

$$\frac{p}{q} = 1 + \frac{1}{1!} + \frac{1}{2!} + \cdots + \frac{1}{n!} + r_n$$

e daí

$$\frac{n!\,p}{q} = n! + \frac{n!}{1!} + \frac{n!}{2!} + \cdots + \frac{n!}{n!} + n!r_n,$$

o que mostra que $n!r_n$ é inteiro.

Como

$$0 < r_n < \frac{3}{(n+1)!},$$

então

$$0 < n!r_n < \frac{3n!}{(n+1)!} = \frac{3}{n+1} < \frac{3}{4},$$

o que é absurdo.

2.ª *Solução*. Usaremos o Exer. 5.11.7. Fazendo $x = -1$ na série de $f(x) = e^x$, obtemos a série $\displaystyle\sum \frac{(-1)^k}{k!}$. Então, pelo referido exercício,

$$0 < e^{-1} - s_{2k-1} < \frac{1}{(2k)!},$$

$$\therefore 0 < (2k-1)!\left(e^{-1} - s_{2k-1}\right) < \frac{1}{2k} \leq \frac{1}{2},$$

para todo $k \geq 1$.

190   *Introdução ao cálculo*

Se e^{-1} é racional, a escolha de k suficientemente grande acarreta que $(2k-1)!\, e^{-1}$ é inteiro, e $(2k-1)!\, s_{2k-1}$ certamente é inteiro. A última relação mostra que isto é absurdo.

5.11.11. Mostre que, sendo $-1 < x < 1$,

$$(1+x)^m = 1 + mx + r_1(x),$$

$$\left|r_1(x)\right| \le \frac{\left|m(m-1)\right|}{2}\left|1+c\right|^{m-2}\left|x\right|^2,$$

onde c é um número entre 0 e x.

Usando a aproximação,

$$(1+x)^m = 1 + mx$$

calcule os valores e estime o erro nos caso

a) $\sqrt{1,03}$;

b) $\sqrt[3]{1,3}$;

c) $\sqrt[4]{16,2}$;

d) $\sqrt{4,1}$;

e) $\sqrt{1,2}$.

Apêndice

INTEGRAL

A noção de integral definida foi introduzida no texto apenas para funções contínuas. No entanto o conceito pode ser definido para uma classe mais ampla de funções, a classe das funções restritas. É o que faremos neste apêndice.

Seja f uma função restrita num intervalo $[a, b]$, isto é, existe M tal que para todo x de $[a, b]$ se verifica $|f(x)| \le M$. Se P é uma partição de $[a, b]$ dada por

$$a = x_0 \le x_1 \le \cdots \le x_n = b,$$

sejam

a) m_i o ínfimo do conjunto dos números $f(x)$ para x percorrendo $[x_i, x_{i+1}]$;

b) M_i o supremo do conjunto dos números $f(x)$ para x percorrendo $[x_i, x_{i+1}]$;

c) $s(P,f) = \sum_{i=0}^{n-1} m_i(x_{i+1} - x_i)$, chamado *soma inferior de f associada a P*;

d) $S(P,f) = \sum_{i=0}^{n-1} m_i(x_{i+1} - x_i)$, chamado *soma superior de f associada a P*;

e) $\overline{\int}_a^b f(x)dx$ o ínfimo do conjunto das somas superiores de f (quando P varia no conjunto das partições de $[a, b]$), chamado *integral superior de f em* $[a, b]$;

f) $\underline{\int}_a^b f(x)dx$ o supremo do conjunto das somas inferiores de f (quando P varia no conjunto das partições de $[a, b]$), chamado *integral inferior de f em* $[a, b]$.

Se ocorrer que a integral inferior é igual à integral superior, f se diz *integrável* (segundo Riemann) em $[a, b]$, sendo o valor comum designado pelo símbolo

$$\int_a^b f(x)dx,$$

e chamado *integral de f em* $[a,b]$.

É claro que, qualquer que seja a partição P de $[a, b]$,

$$s(P,f) \leq \int_a^b f(x)dx \leq S(P,f)$$

e

$$\int_a^b f(x)dx$$

é o único número com tal propriedade.

Convém definir, se $b < a$,

$$\int_a^b f(x)dx = -\int_b^a f(x)dx$$

e

$$\int_a^a f(x)dx = 0.$$

Notas. 1) O fato de f ser restrita em $[a, b]$ nos permitiu a consideração de m_i e M_i.

2) Por ser f restrita em $[a, b]$, existem m, M tais que $m \leq f(x) \leq M$ para todo x de $[a, b]$ de modo que, sendo P uma partição desse intervalo dada por $a = x_0 \leq x_i \leq ... \leq x_n = b$, vem

$$\sum_{i=0}^{n-1} m(x_{i+1} - x_i) \leq \sum_{i=0}^{n-1} m_i(x_{i+1} - x_i) \leq \sum_{i=0}^{n-1} m_i(x_{i+1} - x_i) \leq \sum_{i=0}^{n-1} m(x_{i+1} - x_i),$$

ou seja,

$$m(b-a) \leq s(P,f) \leq S(P,f) \leq M(b-a),$$

o que mostra que podemos considerar a integral superior e a integral inferior de f em $[a, b]$.

3) Se f é contínua em $[a, b]$, f é restrita em $[a, b]$, e nesse caso m_i e M_i são, respectivamente, o mínimo e o máximo de f em $[x_i, x_{i+1}]$, de modo que as somas inferiores e superiores de f em $[a, b]$ como dadas

Apêndice A 193

neste apêndice coincidem com as somas inferiores e superiores como dadas na Sec. 1.5. O mesmo se diga do número $\int_a^b f(x)dx$.

Exemplo A.1. A função f, de domínio $\mathbb{R}$, dada por

$$f(x) = \begin{cases} 0 & \text{se} \quad x \text{ e irracional,} \\ 1 & \text{se} \quad x \text{ e racional,} \end{cases}$$

não é integrável em [0, 1].

De fato, se P é uma partição de [0, 1], digamos, dada por

$$0 = x_0 < x_i < \cdots < x_n = 1,$$

temos $m_i = 0$, pois sempre existe um número irracional em $[x_i, x_{i+1}]$, e $M_i = 1$, porque sempre existe um número racional em $[x_i, x_{i+1}]$, de forma que

$$s(P,f) = \sum_{i=0}^{n-1} 0 \cdot (x_{i+1} - x_i) = 0,$$

$$S(P,f) = \sum_{i=0}^{n-1} 1 \cdot (x_{i+1} - x_i) = 1 - 0 = 1;$$

logo,

$$\underline{\int_0^1} f(x)dx = 0 \neq 1 = \overline{\int_0^1} f(x)dx.$$

Dadas as partições P, Q de $[a, b]$, dizemos que P é um *refinamento* de Q se todos os pontos de Q são pontos de P^*. Em particular, P é um refinamento de P, e a partição $P \cup Q$ constituída dos pontos de P e dos pontos de Q é refinamento de P e de Q.

Proposição A.1. Se f é restrita em $[a, b]$, Q é refinamento de P (P e Q partições de $[a, b]$), então

$$s(P, f) \leq s(Q, f) \leq S(Q, f) \leq S(P, f).$$

Prova. Mostremos apenas que $s(P,f) \leq s(Q,f)$, deixando o restante para o leitor.

a) Suponhamos inicialmente que Q contém apenas um ponto c a mais que P. Se P é dada por $a = x_0 \leq x_1 \leq \ldots \leq x_n = b$, existirá j tal que

$$x_j < c < x_{j+1}.$$

---

* Logo, Q é parte de P, podendo ser igual a P.

Seja m'_j o ínfimo dos números $f(x)$ quando x percorre $[x_j, c]$, e m''_j o ínfimo dos números $f(x)$ quando x percorre $[c, x_{j+1}]$. Obviamente

$$m'_j \geq m_j,$$
$$m''_j \geq m_j.$$

Temos

$$s(Q, f) - s(P, f) =$$

$$\sum_{i=0}^{j-1} m_i(m_{i+1} - x_i) + m'_j(c - x_j) + m''_j(x_{j+1} - c) + \sum_{i=j+1}^{n-1} m_i(x_{i+1} - x_i) -$$

$$- \left[\sum_{i=0}^{j-1} m_i(x_{i+1} - x_i) + m_j(x_{j+1} - x_j) + \sum_{i=j+1}^{n-1} m_i(x_{i+1} - x_i) \right] =$$

$$= m'_j(c - x_j) + m''_j(x_{j+1} - c) - m_j(x_{j+1} - x_j) \geq$$

$$\geq m_j(c - x_j) + m_j(x_{j+1} - c) - m_j(x_{j+1} - x_j) = 0.$$

b) Se Q é obtida de P por acréscimo de k pontos, podemos considerar partições $Q_1, Q_2, Q_3, \ldots, Q_k$, obtidas da seguinte maneira: Q_1 é obtida de P pelo acréscimo de um dos k pontos; Q_2 é obtida de Q_1 pelo acréscimo de um dos $k - 1$ restantes pontos, e assim por diante. Então $Q_k = Q$. Aplicando o resultado estabelecido na parte (a), temos

$$s(P, f) \leq s(Q_1, f) \leq s(Q_2, f) \leq \cdots \leq s(Q, f).$$

Corolário 1. Sendo P e Q partições quaisquer de $[a, b]$, tem-se

$$s(P, f) \leq s(Q, f).$$

Prova. Temos

$$s(P, f) \leq s(P \cup Q, f) \leq S(P \cup Q, f) \leq S(Q, f).$$

Corolário 2. $\displaystyle\int_a^b f(x)dx \leq \int_a^b f(x)dx.$

Prova. Fixando Q no Corolário 1 e fazendo P variar no conjunto das partições de $[a, b]$, vem

$$\int_a^b f(x)dx \leq S(Q, f).$$

Faça agora Q variar no conjunto das partições de $[a, b]$.

Apêndice A

Vejamos agora algumas propriedades da integral inferior e da integral superior.

Proposição A.2.

a) Se existem números m e M tais que para todo x de $[a, b]$ se verifica $m \le f(x) \le M$,

então

$$m(b-a) \le \underline{\int_a^b} f(x)dx \le M(b-a)$$

e

$$m(b-a) \le \overline{\int_a^b} f(x)dx \le M(b-a).$$

b) Se f é restrita em $[a, b]$ e c pertence a $[a, b]$, então

$$\underline{\int_a^b} f(x)dx = \underline{\int_a^c} f(x)dx + \underline{\int_c^b} f(x)dx$$

e

$$\overline{\int_a^b} f(x)dx = \overline{\int_a^c} f(x)dx + \overline{\int_c^b} f(x)dx.$$

c) Se f e g são restritas em $[a, b]$, então

$$\underline{\int_a^b} f(x)dx + \underline{\int_a^b} g(x)dx \le \underline{\int_a^b}(f+g)(x) \le \overline{\int_a^b}(f+g)(x)dx \le$$

$$\le \overline{\int_a^b} f(x)dx + \overline{\int_a^b} g(x)dx,$$

d) Se f é restrita em $[a, b]$ e $\alpha \in \mathbb{R}$, então, se $\alpha \ge 0$, tem-se

$$\underline{\int_a^b}(\alpha f)(x)dx = \alpha\underline{\int_a^b} f(x)dx$$

e

$$\overline{\int_a^b}(\alpha f)(x)dx = \alpha\overline{\int_a^b} f(x)dx;$$

se $\alpha < 0$,

$$\underline{\int_a^b}(\alpha f)(x)dx = \alpha\overline{\int_a^b} f(x)dx$$

e

$$\overline{\int_a^b}(\alpha f)(x)dx = \alpha\underline{\int_a^b} f(x)dx.$$

196   *Introdução ao cálculo*

Prova. Será feita apenas no caso de integral inferior.

a) Decorre imediatamente da Nota 2 anterior.

b) Mostremos inicialmente que

$$\underline{\int_a^b} (\alpha f)(x)dx \leq \underline{\int_a^c} f(x)dx + \underline{\int_c^b} f(x)dx.$$

Seja P uma partição de $[a, b]$. Acrescentando c, obteremos uma partição Q de $[a, b]$ e partições R e T de $[a, c]$ e $[c, b]$ dadas de maneira óbvia. Então

$$s(P, f) \leq s(Q, f) = s(R, f) + s(T, f) \leq$$

$$\leq \underline{\int_a^c} f(x)dx + \underline{\int_c^b} f(x)dx.$$

Daí, como P é qualquer, resulta

$$\underline{\int_a^b} f(x)dx \leq \underline{\int_a^c} f(x)dx + \underline{\int_c^b} f(x)dx.$$

Mostraremos agora que

$$\underline{\int_a^b} f(x)dx \geq \underline{\int_a^c} f(x)dx + \underline{\int_c^b} f(x)dx,$$

o que, considerado com o resultado estabelecido, concluirá a prova.

Dado $\varepsilon > 0$, existem partições U e V de $[a, c]$ e $[c, b]$, respectivamente, tais que

$$\underline{\int_a^c} f(x)dx - \frac{\varepsilon}{2} < s(U, f)$$

e

$$\underline{\int_c^b} f(x)dx - \frac{\varepsilon}{2} < s(V, f),$$

por ser a integral inferior supremo.

Das duas relações segue-se que

$$\underline{\int_a^c} f(x)dx + \underline{\int_c^b} f(x)dx < s(U, f) + s(V, f) + \varepsilon =$$

$$= s(U \cup V, f) + \varepsilon \leq \underline{\int_a^b} f(x)dx + \varepsilon, \text{ onde } U \cup V \text{ tem significado óbvio.}$$

O resultado se segue da arbitrariedade de $\varepsilon > 0$.

Apêndice A   197

c) Seja P uma partição de $[a, b]$ dada por $a = x_0 \leq x_1 \leq \dots \leq x_n = b$. Seja m_i o ínfimo do conjunto dos números $(f + g)(x)$ para x percorrendo $[x_i, x_{i+1}]$, m'_i o ínfimo do conjunto dos números $f(x)$ e m''_i o ínfimo do conjunto dos números $g(x)$, para x percorrendo o mesmo intervalo. Então (Exer. A. 18)

$$m_i \geq m'_i + m''_i,$$

de sorte que

$$s(P, f) + s(P, g) \leq s(P, f + g) \leq \int_{\underline{a}}^{b} (f + g)(x) dx. \qquad (\alpha)$$

Dado $\varepsilon > 0$, sejam P_1 e P_2 partições de $[a, b]$ tais que

$$\int_{\underline{a}}^{b} f(x) dx - \frac{\varepsilon}{2} < s(P_{1,} f) \leq s(P_1 \cup P_2, f)$$

$$\int_{\underline{a}}^{b} g(x) dx - \frac{\varepsilon}{2} < s(P_{2,} g) \leq s(P_1 \cup P_2, f).$$

Dai, como a relação (α) subsiste para qualquer partição de $[a, b]$, resulta

$$\int_{\underline{a}}^{b} f(x) dx + \int_{\underline{a}}^{b} g(x) dx < \int_{\underline{a}}^{b} (f + g)(x) dx + \varepsilon,$$

e o resultado segue da arbitrariedade de $\varepsilon > 0$.

d) Deixamos como exercício.

Mostraremos agora que toda função contínua tem primitiva.

Proposição. A.3. Seja f uma função contínua em $[a, b]$. Suponhamos que para cada par de números (c, d) desse intervalo, com $c \leq d$, esteja associado um único número I_c^d, tal que

a) se $m \leq f(x) \leq M$ para todo x em $[c, d]$, então

$$m(d - c) \leq I_c^d \leq M(d - c);$$

e

b) $I_a^c + I_c^d = I_a^d$.

Então a função que a cada x de $[a, b]$ associa I_a^x é derivável em $[a, b]$ e sua derivada é f. (Entenda-se, se $x = a$ ou $x = b$, tal derivada como sendo derivada lateral apropriada.)

Além disso, se a cada par (c, d), como acima, associa-se um único número J_c^d satisfazendo (a) e (b), resulta $I_a^x = J_a^x$ para todo x de $[a, b]$.

Prova.

a) Mostremos que $\left(I_a^x \right)' = f\left(x \right)$ para todo x de $[a, b]$. (Se $x = a$ ou $x = b$, entenda-se derivada à direita e derivada à esquerda, respectivamente.)

Suporemos $a < x < b$, deixando os casos $x = a$ e $x = b$ para o leitor. Sendo $h > 0$, temos

$$\frac{I_a^{x+h} - I_a^x}{h} = \frac{I_a^x + I_x^{x+h} - I_a^x}{h} = \frac{I_x^{x+h}}{h}.$$

(Usamos b; note que $a < x < x + h < b$.)

Sendo t e s pontos de mínimo e máximo, respectivamente, de f em $[x, x + h]$, podemos escrever

$$f\left(t \right) \leq f\left(u \right) \leq f\left(s \right), \quad x \leq u \leq x + h,$$

e portanto por (a),

$$f\left(t \right)h \leq I_x^{x+h} \leq f\left(s \right)h,$$

ou seja,

$$f\left(t \right) \leq \frac{I_x^{x+h}}{h} \leq f\left(s \right).$$

Passando ao limite para $h \to 0$ e lembrando que

$$\lim_{h \to 0+} f\left(t \right) = \lim_{h \to 0+} f\left(s \right) = f\left(x \right)$$

por ser f contínua em x, virá, pelo teorema do confronto, que

$$\lim_{h \to 0+} \frac{I_x^{x+h}}{h} = f\left(x \right).$$

Suponhamos agora $h < 0$. Então $a < x + h < x < b$.

Temos

$$I_a^{x+h} + I_{x+h}^x = I_a^x,$$

$$\therefore \frac{I_a^{x+h} - I_a^x}{h} = \frac{I_{x+h}^x}{h}.$$

Sendo t e s pontos de mínimo e máximo, respectivamente, de f em $[x + h, x]$, vem

$$f\left(t \right) \leq f\left(u \right) \leq f\left(s \right), \quad x + h \leq u \leq x,$$

Apêndice A

e por (a)

$$f(t)(-h) \leq I_{x+h}^x \leq f(s)(-h),$$

e dai

$$f(t) \leq \frac{-I_{x+h}^x}{h} \leq f(s).$$

Fazendo $h \to 0$, vem

$$\lim_{h \to 0-} \frac{-I_{x+h}^x}{h} = f(x).$$

Resulta de (α) e (β) que

$$\lim_{h \to 0} \frac{I_a^{x+h} - I_a^x}{h} = f(x),$$

isto é,

$$\left(I_a^x\right)' = f(x), \quad a < x < b.$$

b) Quanto à unicidade, se a cada par (c, d) de elementos de $[a, b]$ com $c \leq d$ está associado um único número J_c^d de modo que (a) e (b) se verificam, então $\left(J_a^x\right)' = f(x)$, para todo x de (a, b); logo, existe C tal que

$$J_a^x = I_a^x + C, \quad a \leq x \leq b.$$

Mas, fazendo $x = a$, resulta, por ser $J_a^a = I_a^a = 0$ (prove!) que $C = 0$, e daí

$$J_a^x = I_a^x, \quad a \leq x \leq b.$$

Proposição A.4. (Existência de primitiva de função contínua.) Se f é uma função contínua em $[a, b]$, então f tem primitiva nesse intervalo.

Prova. De acordo com as partes (a) e (b) da Proposição A.2 e a unicidade referida na proposição anterior, podemos concluir que

$$\underline{\int_a^x} f(t)dt = \int_a^x f(t)dt.$$

Além disso, a função F, de domínio $[a, b]$, que a cada x associa esse valor comum é derivável em $[a, b]$, e $F'(x) = f(x)$, pela proposição anterior.

Nota. Como $F(a) = \underline{\int_a^a} f(t)dt = 0$, segue-se que, segundo a definição dada na Sec.1.3.

$$\underline{\int_a^x} f(t)dt = F(x) = \underline{\int_a^x} f(t)dt = \overline{\int_a^x} f(t)dt.$$

Em particular,

$$\int_a^b f(x)dx = \underline{\int_a^b} f(x)dx = \overline{\int_a^b} f(x)dx,$$

e então $\int_a^b f(x)dx$ é o único número maior ou igual a toda soma inferior de f e menor ou igual a toda soma superior de f.

Voltemos agora para o caso geral das funções restritas.

A proposição seguinte reformula a definição de função integrável, evitando supremo e ínfimo.

Proposição A.5. Seja f restrita em $[a, b]$. Então f é integrável em $[a, b]$ se e somente se, dado $\varepsilon > 0$, existe uma partição P de $[a, b]$ tal que

$$S(P, f) - s(P, f) < \varepsilon.$$

Prova. Se f é integrável em $[a, b]$, então

$$\underline{\int_a^b} f(x)dx = \overline{\int_a^b} f(x)dx = \int_a^b f(x)dx,$$

de modo que, dado $\varepsilon > 0$, existem partições P e Q de $[a, b]$ tais que

$$\int_a^b f(x)dx - \frac{\varepsilon}{2} < s(P, f)$$

e

$$\int_a^b f(x)dx + \frac{\varepsilon}{2} > S(Q, f).$$

Então

$$S(P \cup Q, f) - s(P \cup Q, f) \le S(Q, f) - s(P, f) < \varepsilon.$$

Se agora, dado $\varepsilon > 0$, existe uma partição P de $[a, b]$ tal que

$$S(P, f) - s(P, f) < \varepsilon,$$

então, como

$$s(P, f) \le \underline{\int_a^b} f(x)dx \le \overline{\int_a^b} f(x)dx \le S(P, f),$$

resulta

$$\overline{\int_a^b} f(x)dx - \underline{\int_a^b} f(x)dx \le S(P, f) - s(P, f) < \varepsilon,$$

Apêndice A

o que acarreta, dada a arbitrariedade de $\varepsilon > 0$, que

$$\overline{\int_a^b} f(x)dx = \underline{\int_a^b} f(x)dx.$$

Vejamos a seguir propriedades da integral.

Proposição A.6.

1) Se f e g são integráveis em $[a, b]$, então $f + g$ é integrável em $[a, b]$ e

$$\int_a^b (f + g)(x)dx = \int_a^b f(x)dx + \int_a^b g(x)dx.$$

2) Se f é integrável em $[a, b]$ e $\alpha \in \mathbb{R}$, então αf é integrável em $[a, b]$ e

$$\int_a^b (\alpha f)(x)dx = \alpha \int_a^b f(x)dx.$$

3) (a) Se f é integrável em $[a, b]$ e $a < c < b$, então f é integrável em $[a, c]$ e em $[c, b]$.

(b) Se f é integrável em $[a, c]$ e em $[c, b]$, então f é integrável em $[a, b]$.

Nos dois casos, vale

$$\int_a^b f(x)dx = \int_a^c f(x)dx + \int_c^b f(x)dx.$$

Prova.

1) Decorre imediatamente da parte (c) da Proposição A.2.

2) Decorre imediatamente da parte (d) da Proposição A.2.

3) Decorre da parte (b) da Proposição A.2.

Proposição A.7. Se f é integrável em $[a, b]$ e se para todo x desse intervalo se verifica $f(x) \geq 0$, então $\int_a^b f(x)dx \geq 0$.

Prova. Para toda partição P de $[a, b]$ se tem evidentemente $0 \leq s(P, f) \leq \underline{\int_a^b} f(x)dx = \int_a^b f(x)dx$.

Corolários.

1) Se f e g são integráveis em $[a, b]$ e para todo x desse intervalo se verifica $f(x) \geq g(x)$, então $\int_a^b f(x)dx \geq \int_a^b g(x)dx$.

202   *Introdução ao cálculo*

2) Se f é integrável em $[a, b]$ e existem números m e M tais que para todo x desse intervalo se verifica

$$m \leq f(x) \leq M,$$

então

$$m(b-a) \leq \int_a^b f(x)dx \leq M(b-a).$$

Em particular, se $\left|f(x)\right| \leq M$ para todo x de $[a, b]$, tem-se

$$\left| \int_a^b f(x)dx \right| \leq M(b-a).$$

Prova. Fácil.

Proposição A.8. Se f e g são integráveis em $[a, b]$, então

1) fg é integrável em $[a, b]$

2) $|f|$ é integrável em $[a, b]$,

$$\left| \int_a^b f(x)dx \right| \leq \int_a^b |f|(x)dx.$$

Prova. Será indicada no Exer. A. 12.

Proposição A.9.

1) Se f é contínua em $[a, b]$ então f é integrável em $[a, b]$.

2) Se f é restrita e contínua em $[a, b]$, salvo um número finito de pontos, então f é integrável em $[a, b]$.

3) Se f é monotônica em $[a, b]^*$, f é integrável em $[a, b]$.

Prova.

1) Já foi provado.

2) Faremos a prova apenas no caso em que f deixa de ser contínua em somente um ponto c, com $a < c < b$. Deixamos ao leitor a prova do fato quando $c = a$ ou $c = b$, e daí a prova no caso geral.

Como f é restrita em $[a, b]$, existe $M > 0$ tal que, para todo x de $[a, b]$, se tem $\left|f(x)\right| \leq M$. Dado $\varepsilon > 0$, seja $\delta = \dfrac{\varepsilon}{6M}$. Como f é contínua em

---

*   Isto é, monotônica não crescente, ou monotônica não decrescente em $[a, b]$.
    Observe que f nesse caso é restrita em $[a, b]$.

$\left[a, c - \dfrac{\delta}{2}\right]$ e em $\left[c + \dfrac{\delta}{2}, b\right]$, existem partições P do primeiro intervalo e Q do segundo tais que

$$S(P, f) - s(P, f) < \frac{\varepsilon}{3}$$

e

$$S(Q, f) - s(Q, f) < \frac{\varepsilon}{3}.$$

Considerando a partição R de $[a, b]$ formada pelos pontos de P e de Q, temos

$$S(R, f) = S(P, f) + \delta \cdot M_\delta + S(Q, f),$$

onde $M\delta$ é o supremo do conjunto dos $f(x)$ quando x percorre o intervalo $\left[c - \dfrac{\delta}{2}, c + \dfrac{\delta}{2}\right]$.

Da mesma forma,

$$s(R, f) = s(P, f) + \delta \cdot m_\delta + s(Q, f),$$

onde m_δ é o ínfimo do conjunto dos $f(x)$ quando x percorre o intervalo $\left[c - \dfrac{\delta}{2}, c + \dfrac{\delta}{2}\right]$. Portanto

$$S(R, f) - s(R, f) = S(P, f) - s(P, f) + \delta(M_\delta - m_\delta) +$$

$$+ S(Q, f) - s(Q, f) \leq \frac{\varepsilon}{3} + \delta \cdot 2M + \frac{\varepsilon}{3} \leq \frac{\varepsilon}{3} + \frac{\varepsilon}{6M} \cdot 2M + \frac{\varepsilon}{3} = \varepsilon.$$

Basta aplicar agora a Proposição A.5.

3) Suporemos, por exemplo, f monotônica não decrescente. Se $f(b) = f(a)$, o resultado é trivialmente verificado. Suponhamos, então, $f(b) \neq f(a)$, que no caso implica $f(b) > f(a)$. Dado $\varepsilon > 0$, seja P uma partição de $[a, b]$, digamos dada por

$$a = x_0 \leq x_1 \leq \cdots \leq x_n = b,$$

tal que

$$x_{i+1} - x_i < \frac{\varepsilon}{f(b) - f(a)}, \quad i = 1, 2, \cdots, n-1.$$

Então, por ser f monotônica não decrescente, tem-se

$$m_i = f(x_i) \quad \text{e} \quad M_i = f(x_{i+1}) \quad (i = 0, 1, \cdots, n-1).$$

Logo,

$$S(P, f) - s(P, f) = \sum_{i=0}^{n-1} (M_i - m_i)(x_{i+1} - x_i) =$$

$$= \sum_{i=0}^{n-1} \left(f(x_{i+1}) - f(x_i)\right)(x_{i+1} - x_i) < \sum_{i=0}^{n-1} \left(f(x_{i+1}) - f(x_i)\right) \cdot$$

$$\cdot \frac{\varepsilon}{f(b) - f(a)} = \left(f(b) - f(a)\right)\frac{\varepsilon}{f(b) - f(a)} = \varepsilon.$$

Portanto, pela Proposição A.5, f é integrável.

Notas. 1) A parte 3 da proposição anterior nos permite dar um exemplo de função integrável com um número infinito de pontos nos quais não é contínua. De fato, a função

$$f(x) = \begin{cases} 1 - \dfrac{1}{n} & \text{se} \quad \dfrac{1}{n+1} \le x < \dfrac{1}{n} \quad (n = 1, 2, 3, \cdots), \\ 0 & \text{se} \quad x = 1, \\ 1 & \text{se} \quad x = 0, \end{cases}$$

é monotônica não crescente em $[0, 1]$, logo é integrável em $[0, 1]$, e nos pontos da forma $\dfrac{1}{n}$, f não é contínua.

2) A propósito da proposição vista, existe o seguinte resultado: seja f restrita em $[a, b]$ e A o conjunto dos x de $[a, b]$ tais que f não é contínua em x. Então f é integrável em $[a, b]$ se e somente se A tem medida nula[*]. Diz-se que *um conjunto de números A tem medida nula*[*] se, dado $\varepsilon > 0$, existem intervalos fechados $[b_n, c_n]$, com

$$\sum_{n=1}^{\infty} (c_n - b_n) < \varepsilon, \text{ tais que } A \text{ está contido na reunião desses intervalos}$$

(isto é, todo ponto de A pertence a pelo menos um dos $[b_n, c_n]$). O conjunto vazio tem medida nula.

---

[*] Segundo Lebesgue.

Apêndice A

Resulta facilmente que, se A é um conjunto formado do um número finito de números, então A tem medida nula. Dessa forma, as partes (1) e (2) da proposição anterior são consequências imediatas do resultado enunciado. Por outro lado, um conjunto A de números se diz *enumerável* se seus elementos podem ser arranjados numa sequência $a_1, a_2, a_3, \ldots$, ou seja, mais precisamente, existe uma função de domínio $\mathbb{N}$, sobre A (quer dizer, A é o conjunto dos elementos associados pela f), e injetora (quer dizer, $i \neq j \Rightarrow f(i) \neq f(j)$). Todo conjunto enumerável tem medida nula. De fato, dado $\varepsilon > 0$, basta tomar $[b_n, c_n]$ contendo $a_n = f(n)$, tal que $c_n - b_n < \dfrac{\varepsilon}{2^n}$.

Então $\displaystyle\sum_{n=1}^{\infty} (c_n - b_b) < \varepsilon \sum_{n=1}^{\infty} \dfrac{1}{2^n} = \varepsilon$. Portanto, se o conjunto dos pontos de $[a, b]$ onde f não é contínua é enumerável (supondo f restrita nesse intervalo), então f é integrável em $[a, b]$. Sucede que, se f é monotônica em $[a, b]$, os pontos desse intervalo onde f não é contínua é no máximo enumerável, de modo que também a parte (c) da proposição anterior decorre do resultado enunciado nesta nota.

Para uma prova dessas afirmações, consulte Spivak, *Calculus on Manifolds*, Benjamin, 1965, Cap. 3.

Veremos agora a relação entre derivação e integração.

Proposição A. 10. 1) Seja f é integrável em $[a, b]$. Seja F, de domínio $[a, b]$, dada por

$$F(x) = \int_a^x f(t) dt.$$

Então F é continua em $[a, b]$. Além disso, se f é contínua nesse intervalo, F é derivável no mesmo, e

$$F'(x) = f(x)^*.$$

2) Se f é integrável em $[a, b]$ e existe F tal que $F'(x) = f(x)$, $a \leq x \leq b^*$, então

$$\int_a^b f(x) dx = F(b) - F(a).$$

---

* Se $x = a$ ou $x = b$, $F'(x)$ é a derivada lateral apropriada.

Prova. 1) Como f é integrável em $[a, b]$, existe M tal que, para todo x desse intervalo $|f(x)| \leq M$. Então, se h é suficientemente pequeno,

$$\left| F(x+h) - F(x) \right| = \left| \int_a^{x+h} f(t)dt - \int_a^x f(t)dt \right| = \left| \int_x^{x+h} f(t)dt \right| \leq M|h|$$

(a última passagem exige uma pequena reflexão.)

Dado $\varepsilon > 0$, basta tomar $|h| < \dfrac{\varepsilon}{M}$, e daí F é contínua em $[a, b]$. O restante já foi provado (Proposição A.4).

2) Seja P uma partição qualquer de $[a, b]$, dada, digamos, por

$$a = x_0 < x_1 < \cdots < x_n = b.$$

Pelo teorema do valor médio, existe c_i tal que

$$F(x_{i+1}) - F(x_i) = F'(c_i)(x_{i+1} - x_i) = f(c_i)(x_{i+1} - x_i),$$

onde

$$x_i < c_i < x_{i+1}, \quad i = 0, 1, \cdots, n - 1.$$

mas

$$m_i(x_{i+1} - x_i) \leq f(c_i)(x_{i+1} - x_i) \leq M_i(x_{i+1} - x_i),$$

onde m_i e M_i têm o significado habitual, relação que, combinada com a anterior, fornece-nos

$$m_i(x_{i+1} - x_i) \leq F(x_{i+1}) - F(x_i) \leq M_i(x_{i+1} - x_i),$$

e daí, somando para i desde 0 até $n - 1$, vem

$$s(P, f) \leq F(b) - F(a) \leq S(P, f).$$

Como P é qualquer,

$$F(b) - F(a) = \int_a^b f(x)dx.$$

EXERCÍCIOS

A.1. Seja f uma função definida num intervalo $[a, b]$. Suponha que, para cada n natural, existem P_n, partição desse intervalo, e uma função φ, tais que

a) $S(P_n, f) - s(P_n, f) \leq \varphi(n)$ b) $\lim\limits_{n \to \infty} \varphi(n) = 0$;

c) $s(P_n, f) \leq A \leq S(P_n, f)$

Então f é integrável em $[a, b]$ e

$$\int_a^b f(x)dx = A.$$

Apêndice A 207

A.2. Prove as afirmações a seguir, utilizando partições resultantes da divisão do intervalo em partes iguais (e o exercício anterior):

a) $\displaystyle\int_a^b x\,dx = \frac{b^2}{2}$; b) $\displaystyle\int_a^b x^2\,dx = \frac{b^3}{3}$; c) $\displaystyle\int_a^b x\,dx = \frac{b^2 - a^2}{2}$.

*A.3. Seja f uma função integrável em $[a, b]$. Suponha que para cada par c, d de números desse intervalo, com $c \leq d$, esteja associado um único número I_c^d, tal que,

a) se m e M são tais que

$$m \leq f(x) \leq M$$

para todo x de $[c, d]$, então

$$m(d - c) \leq I_c^d \leq M(d - c);$$

b) $I_a^c + I_c^d = I_a^d$; Então

$$I_a^b = \int_a^b f(x)\,dx.$$

Sugestão. Mostre que $s(P, f) \leq I_a^b \leq S(P, f)$. Para isso, observe que

$$m_i \leq f(x) \leq M_i \quad x_i \leq x \leq x_{i+1};$$

logo, por (a),

$$m_i(x_{i+1} - x_i) \leq I_{x_i}^{x_{i+h}} \leq M_i(x_{i+1} - x_i).$$

Some e use (b).

A.4. Na Sec. 4.1 foi dada a definição de função seccionalmente contínua num intervalo $[a, b]$. Mostre que uma tal função é integrável em $[a, b]$, e que sua integral $\int_a^b f(x)\,dx$ (segundo o conceito dado neste apêndice) é precisamente aquela definida na Sec. 4.1. Em particular, esta definição, à qual se alude, é boa, pois independe da escolha dos números $x_0, x_1, \dots, x_n$.

A.5. Prove que a função f dada por

$$f(x) = \begin{cases} 0 & \text{se} \quad -1 \leq x < 0, \\ 1 & \text{se} \quad 0 \leq x \leq 1, \end{cases}$$

é integrável em $[-1, 1]$ e que

$$\int_{-1}^1 f(x)\,dx = \begin{cases} 0 & \text{se} \quad -1 \leq x < 0, \\ x & \text{se} \quad 0 \leq x < 1. \end{cases}$$

208   *Introdução ao cálculo*

A.6. Seja f integrável em $[a, b]$ e F dada por $F(x) = \int_a^x f(t)dt$. Prove que

a) f pode não ser contínua em $[a, b]$ e F ser contínua em $[a, b]$;

b) f pode não ser contínua em $[a, b]$ e F ser derivável em $[a, b]$.

A.7. Prove a parte (d) da Proposição A.2.

A.8. Se f é monotônica não decrescente em $[a, b]$, então f é integrável em $[a, b]$.

*A.9. Prove que, se f é integrável em $[a, b]$, então $|f|$ é integrável em $[a, b]$.

Sugestão. Tendo M_i e m_i os significados usuais relativamente a f, e M'_i e m_i os correspondentes para $|f|$, provar

a) $M'_i = max\{|M_i|, |m_i|\}$,

    $m'_i = min\{|M_i|, |m_i|\}$,

subdividindo em casos: $0 \leq m_i \leq M_i$, $m_i \leq M_i \leq 0$, $m_i \leq 0 \leq M_i$;

b) $M'_i - m'_i \leq M_i - m_i$, subdividindo em casos: $|m_i| \leq |M_i|$ e $|M_i| \leq |m_i|$, e usando a parte (a);

c) $S(P, |f|) - s(P, |f|) \leq S(P, f) - s(P, f)$, usando a parte (b).

*A.10. Prove que, se f é integrável em $[a, b]$, então f^2 é integrável em $[a, b]$.

Sugestão. a) Mostre que basta supor $f \geq 0$.

Tendo M'_i e m'_i os significados habituais para f e M_i e m_i os correspondentes para f^2, prove que

b) $M_i \leq M'^2_i$, $m_i \geq m'^2_i$.

c) $S(P, f^2) - s(P, f^2) \leq \sum_{i=0}^{n-1} (M'^2_i - m'^2_i)(x_{i+1} - x_i)$, usando a parte (b).

d) $S(P, f^2) - s(P, f^2) \leq 2M \sum_{i=0}^{n-1} (M'_i - m'_i)(x_{i+1} - x_i)$, onde M é tal que $-M \leq f(x) \leq M$, $a \leq x \leq b$.

A.11. Se f e g são integráveis em $[a, b]$, então $f \vee g$ e $f \wedge g$ são integráveis em $[a, b]$ (veja Vol. 1, Exer. suplementar 6, Sec. 1.2).

A. 12. Prove que, se f e g são integráveis em $[a, b]$, então fg é integrável em $[a, b]$.

Apêndice A

Sugestão. $fg = \dfrac{1}{4}\left[(f+g)^2 - (f-g)^2 \right]$.

A.13. Prove que f é integrável em $[a, b]$ se e somente se f^+ e f^- são integráveis em $[a, b]$, sendo

$$f^+(x) = \begin{cases} f(x) & \text{se} \quad f(x) \geq 0, \\ 0 & \text{se} \quad f(x) < 0; \end{cases}$$

$$f^-(x) = \begin{cases} 0 & \text{se} \quad f(x) \geq 0, \\ f(x) & \text{se} \quad f(x) < 0. \end{cases}$$

A.14. Se f é contínua em $[a, b]$, g é integrável em $[a, b]$ e $g(x) \geq 0$ para todo x desse intervalo, então existe c do mesmo tal que

$$\int_a^b f(x)g(x)dx = f(c)\int_a^b g(x)dx.$$

Sugestão. Lembrar que $A \leq f(x) \leq B$, e daí

$$Ag(x) \leq f(x)\, g(x) \leq Bg(x).$$

A.15. Prove que a função

$$f(x) = \begin{cases} 0 & \text{se} \quad -1 \leq x \leq 0, \\ 1 & \text{se} \quad 0 < x \leq 1, \end{cases}$$

"não tem primitiva em $[-1, 1]$", isto é, não existe F, definida em $[-1, 1]$, tal que $F'(x) = f(x)$ para todo x de $[-1, 1]$, onde, como sempre, se $x = 1$ ou $x = -1$, $F'(x)$ é a derivada lateral apropriada.

*A.16. Seja f uma função contínua num intervalo qualquer. Mostre que f tem primitiva nesse intervalo.

A.17. Sendo P partição de $[a, b]$ dada por $a = x_0 \leq x_1 \leq \ldots \leq x_n = b$, define-se $\mu(P)$ como sendo o maior dos números $x_{i+1} - x_i$, $i = 0, 1, \ldots, n-1$.

Suponha f contínua em $[a, b]$. Prove que, dado $\varepsilon > 0$, existe $\delta > 0$ tal que

$$\left| \sum_{i=0}^{n-1} f(t_i)(x_{i+1} - x_i) - \int_a^b f(x)dx \right| < \varepsilon$$

para toda partição P de $[a, b]$ com $\mu(P) < \delta$ e, qualquer que seja a escolha de t_i em $[x_i, x_{i+1}]$, $i = 0, 1, \ldots, n-1$.

A.18. Prove a afirmação $m_i \geq m'_i + m''_i$ feita na parte (c) da Proposição A.2.

Apêndice

ÁREA

Neste apêndice daremos a noção de *conteúdo segundo Jordan* de uma parte limitada de

$$\mathbb{R}^n = \underbrace{\mathbb{R} \times \mathbb{R} \times \cdots \times \mathbb{R}}_{n},$$

conjunto das ênuplas ordenadas de números. Faremos a exposição para $n = 2$, caso em que a palavra *área* é usada no lugar da palavra conteúdo (se $n = 3$, fala-se em volume). No contexto deste apêndice, as definições de área sob uma curva e de área em coordenadas polares (Caps. 1 e 3, respectivamente) aparecerão como teoremas.

A exposição ficará cômoda se usarmos a linguagem e simbologia da teoria dos conjuntos[*]. Dados os conjuntos A e B, designaremos por

a) $A \cup B$ o conjunto formado pelos elementos de A e pelos elementos de B[**], o qual será chamado reunião de A e B;

b) $A \cap B$ o conjunto formado pelos elementos que pertencem simultaneamente a A e a B[***], o qual será chamado de intersecção de A e B.

c) $A - B$ o conjunto formado pelos elementos de A que não pertencem a B[****], o qual será chamado diferença de A e B.

---

[*] Ressaltamos: não se fará aqui, e nem teria cabimento, a teoria dos conjuntos de modo axiomático.
[**] Portanto $x \in A \cup B \Leftrightarrow (x \in A) \vee (x \in B)$.
[***] Portanto $x \in A \cap B \Leftrightarrow (x \in A) \wedge (x \in B)$.
[****] Portanto $x \in A - B \Leftrightarrow (x \in A) \wedge (x \notin B)$.

Apêndice B 211

Os diagramas (de Venn) mostrados na Fig. B-1 ilustram.

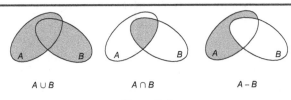

Figura B.1

Nota. As noções de reunião, intersecção e diferença estendem se a um número finito de conjuntos de maneira óbvia.

Se todo elemento de um conjunto A é elemento dc um conjunto B^*, então diz-se que A é parte de B, ou que A é subconjunto de B, ou que A está contido em B, e indica-se $A \subset B$ (Fig. B-2).

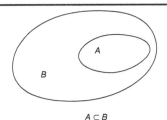

$A \subset B$

Figura B.2

Vejamos agora alguns conceitos de topologia. Sejam $A \subset \mathbb{R}^2$ e $p \in \mathbb{R}^2$.

a) p é *ponto*** interior de A se existe um disco aberto de centro p comido em A. Por disco aberto de centro p e raio r entende-se o conjunto dos pontos de $\mathbb{R}^2$ cuja distância a p é menor do que $r^{***}(r > 0)$. Logo, se p é ponto interior de A, então $p \in A$. O conjunto dos pontos interiores

---

* Portanto $x \in A \Rightarrow x \in B$.

** Se $B \subset \mathbb{R}^2$, um elemento de B se costuma referir como ponto, dada a interpretação geométrica de $\mathbb{R}^2$ como um plano.

*** Posto $p = (p_1, p_2)$, então (x, y) pertence ao disco de centro p e raio r se e somente se $\sqrt{(x-p_1)^2 + (y-p_2)^2} < r$.

de A é o *interior de A* e se designa por $\mathring{A}$. Se $\mathring{A} = A$, isto é, se todos os pontos de A são interiores, A se diz um conjunto aberto (de $\mathbb{R}^2$). Portanto um disco aberto é em particular um conjunto aberto.

b) p é *ponto exterior* a A se existe um disco aberto de centro p que não contém pontos de A. Logo, $p \notin A$ nesse caso. O conjunto dos pontos exteriores a A é o exterior de A.

c) p é ponto de fronteira de A se p não é nem ponto interior de A nem ponto exterior a A. Logo, qualquer disco aberto de centro p possui pontos de A e pontos que não pertencem a A. O conjunto dos pontos de fronteira de A é indicado ∂A e chamado *fronteira* de A. Ressalte-se que, se $p \in \partial A$, pode acontecer que p seja-elemento de A ou não (veja Ex. B.1).

Nota. Portanto, dados $A \subset \mathbb{R}^2$ e $p \in \mathbb{R}^2$, o conjunto dos pontos de $\mathbb{R}^2$ fica dividido em três categorias:

a) pontos interiores de A;

b) pontos exteriores a A;

c) pontos de fronteira de A.

Chama-se *fecho de A* e indica-se por $\overline{A}$ ao conjunto $\mathring{A} \cup \partial A$.

Exemplo B. 1. Os conceitos introduzidos são ilustrados na Fig. B-3.

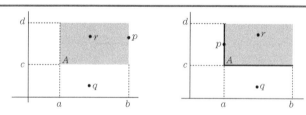

Figura B.3

No caso (a) A é o conjunto dos pares ordenados (x, y) tais que $a < x < b$, $c < y < d$; p é ponto de fronteira de A (e $p \notin A$), q é ponto exterior a A e r é ponto interior de A. Nesse caso, $\mathring{A} = A$, A é aberto e ∂A é o "bordo" do retângulo. O exterior de A é $\mathbb{R}^2 - (A \cup \partial A)$; $\overline{A} = \mathring{A} \cup \partial A$ é o conjunto dos pares ordenados (x, y) tais que $a \leq x \leq b$, $c \leq y \leq d$.

No caso (b), A é o conjunto dos pares ordenados (x, y) tais que $a \leq x \leq b$, $c \leq y < $ d; p é ponto de fronteira de A (e $p \in A$), q é ponto exterior a A e r é ponto interior de A. Nesse caso, $\mathring{A} \neq A$ (logo, não é aberto), pois $\mathring{A}$ é dado por $a < x < b, c < y < d$; ∂A é o "bordo" do retângulo e o exterior de A é $\mathbb{R}^2 - (A \cup \partial A)$; $\overline{A}$ é o mesmo que no caso (a).

Passamos em seguida a expor os rudimentos da teoria do conteúdo segundo Jordan.

Sejam $x_i, y_i, i = 1, 2, \ldots, m; j = 1, 2, \ldots, n$, números tais que
$$x_1 < x_2 < \cdots < x_m,$$
$$y_1 < y_2 < \cdots < y_n.$$

A reunião das retas de equações $x = x_i^*, i = 1, 2, \ldots, m$, e de equações $y = y_j, j = 1, 2, \ldots, n$, chama-se grade (de $\mathbb{R}^2$). Geometricamente falando, uma grade é um conjunto de retas paralelas aos eixos coordenados (que são as retas $y = 0$ e $x = 0$) (Fig. B-4).

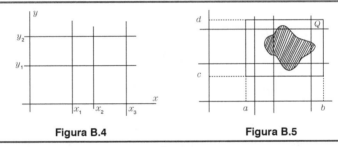

Figura B.4   **Figura B.5**

Consideremos agora $A \subset \mathbb{R}^2$ restrito, isto é, existe um retângulo Q dado por $a \leq x \leq b, c \leq y \leq d$, tal que $A \subset Q$. Qualquer grade G dá margem a retângulos fechados (isto é, do tipo $m \leq x \leq n, p \leq y \leq q$), cuja união é Q e que, portanto, cobrem A, quer dizer, A está contido na reunião de tais retângulos (Fig. B-5). Tais retângulos podem ser separados em três classes (Fig. B-6):

a) classe dos retângulos contidos em $\mathring{A}$;

b) classe dos retângulos que contêm (pelo menos) um ponto de ∂A;

c) classe dos retângulos contidos no exterior de A.

---

* Isto é, conjunto dos pares ordenados (x, y) tais que $x = x_i$.

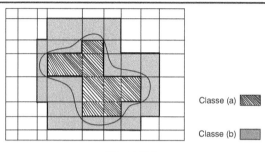

Figura B.6

Designemos por $\mathscr{I}$ a classe referida em (a), e por $\mathscr{E}$ a reunião de $\mathscr{I}$ com a classe referida em (b). Definindo, para um retângulo R do tipo $a \le x \le b, c \le y \le d$, medida de R por $m(R) = (b-a)(d-c)$, seja

$$\underline{c}(G, A) = \sum_{R \in \mathscr{I}} m(R)$$

a soma das medidas dos retângulos de $\mathscr{I}$, e

$$\overline{c}(G, A) = \sum_{R \in \mathscr{E}} m(R)$$

a soma das medidas dos retângulos de $\mathscr{E}$.

É claro que

$$0 \le \underline{c}(G, A) \le \overline{c}(G, A) \le m(Q).$$

Portanto o conjunto dos números $\underline{c}(G, A)$ quando G percorre a classe de todas as grades é restrito superiormente, e então admite supremo $\underline{c}(A)$, que é chamado *área* (ou conteúdo) interior de A. Da mesma forma se define $\overline{c}(A)$, ínfimo do conjunto dos números $\overline{c}(G, A)$, quando G percorre a classe de todas as grades, o qual é chamado *área* (ou conteúdo) exterior de A.

Se $\underline{c}(A) = \overline{c}(A)$, diremos que A é *mensurável* (segundo Jordan), ou que A *tem área* (conteúdo). Tal número é indicado nesse caso por $c(A)$, e é chamado *área* (ou conteúdo) *de* A. Convém colocar $\underline{c}(\phi) = \overline{c}(\phi) = c(\phi) = 0$.

Nota. É preciso verificar que $\underline{c}(A)$ e $\overline{c}(A)$ só dependem de A e não do retângulo Q. Deixamos para o leitor tal verificação (Exer. B.1).

É imediato que Q é mensurável e que $c(Q) = (b-a)(d-c)$.

Para um exemplo de conjunto não mensurável, ver Exer. B.20.

Proposição B.1. Se G' é uma grade obtida de uma grade G por acréscimo de retas*, então

$$\underline{c}(G, A) \le \underline{c}(G', A) \le \overline{c}(G', A) \le \overline{c}(G, A).$$

Prova. Mostraremos apenas que

$$\underline{c}(G, A) \le \underline{c}(G', A),$$

deixando o restante como exercício.

Consideremos os retângulos R_{ij} de Q determinados por G. Devido a G', R_{ij} fica (eventualmente) dividido em retângulos $r_1, r_2, \ldots, r_k$, e $m(R_{ij}) = m(r_1) + \ldots + m(r_k)$.

Se R_{ij} é da classe (a), também o são os retângulos $r_1, \ldots, r_k$, de forma que à parcela m(R_{ij}) da soma $\underline{c}(G,A)$ correspondem as parcelas $m(r_1), \ldots, m(r_k)$, tais que

$$m(R_{ij}) = m(r_1) + \cdots + m(r_k).$$

Por outro lado, se R_{ij} é da classe (c), também o são os r_i e não produzem parcelas em $\underline{c}(G, A)$ e $\underline{c}(G', A)$, respectivamente.

Agora, se R_{ij} é da classe (b), então alguns dos retângulos r_i podem pertencer à classe (a), e os restantes à classe (b) (Fig. B-7), de modo que, enquanto nenhuma parcela de $\underline{c}(G, A)$ provém de R_{ij}, alguns dos r_i produzem parcelas de $\underline{c}(G', A)$.

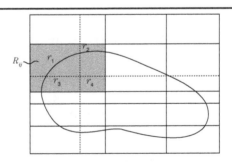

Figura B.7

---

* Diz-se que G' é um refinamento de G, ou que G' é mais fina que G.

Resulta do exposto que

$$\underline{c}(G, A) \le \underline{c}(G', A).$$

Corolários. 1) Quaisquer que sejam as grades G' e G'', tem-se $\underline{c}(G', A) \le \overline{c}(G'', A)$.

2) $\underline{c}(A) \le \overline{c}(A)$.

Prova. 1) Basta considerar $G = G' \cup G''$ e aplicar a Proposição B.1.

$$\underline{c}(G', A) \le \underline{c}(G, A) \le \overline{c}(G, A) \le \overline{c}(G'', A).$$

2) Fixada G'', temos, para toda grade G':

$$\underline{c}(G', A) \le \overline{c}(G'', A),$$

o que, pela definição de supremo, acarreta

$$\underline{c}(A) \le \overline{c}(G'', A).$$

Fazendo agora G'' percorrer o conjunto das grades, vem, por definição de ínfimo, que

$$\underline{c}(A) \le \overline{c}(A).$$

Proposição B.2. Seja $A \subset \mathbb{R}^2$ restrito. Então A é mensurável se e somente se, dado $\varepsilon > 0$, existe uma grade G tal que

$$\overline{c}(G, A) - \underline{c}(G, A) < \varepsilon.$$

Prova. Exercício (Cf. Proposição A.5).

Proposição B.3. Seja $A \subset \mathbb{R}^2$ restrito. Então

$$\overline{c}(\partial A) = \overline{c}(A) - \underline{c}(A).$$

Prova. Seja Q um retângulo fechado tal que $A \subset Q$, como sempre. Dada uma grade G, temos

$$\overline{c}(G, \partial A) = \overline{c}(G, A) - \underline{c}(G, A) \ge \overline{c}(A) - \underline{c}(A)$$

logo

$$\overline{c}(\partial A) \ge \overline{c}(A) - \underline{c}(A)$$

Por outro lado, dado $\varepsilon > 0$, seja G' tal que

$$\overline{c}(G', A) < \overline{c}(A) + \frac{\varepsilon}{2}$$

e seja G'' tal que

$$\underline{c}(G'', A) > \underline{c}(A) - \frac{\varepsilon}{2}.$$

Dessas duas relações vem

$$\overline{c}\left(G',A\right)-\underline{c}\left(G'',A\right)<\overline{c}\left(A\right)-\underline{c}\left(A\right)+\varepsilon.$$

mas

$$\overline{c}\left(\partial A\right)\le \overline{c}\left(G'\cup G'',\partial A\right)=\overline{c}\left(G'\cup G'',A\right)-\underline{c}\left(G'\cup G'',A\right)\le$$
$$\le \overline{c}\left(G',A\right)-\underline{c}\left(G'',A\right)<\overline{c}\left(A\right)-\underline{c}\left(A\right)+\varepsilon$$

(usamos na primeira desigualdade a definição de $\overline{c}\left(\partial A\right)$ e na segunda, a Proposição B.1). Da arbitrariedade de ε vem

$$\overline{c}\left(\partial A\right)\le \overline{c}\left(A\right)-\underline{c}\left(A\right),$$

desigualdade que, considerada conjuntamente com a desigualdade (α), prova o resultado.

Corolário. Seja $A\subset \mathbb{R}^2$ restrito. Então A é mensurável se e somente se c(∂A) = 0.

Prova. ∂A por definição não tem pontos interiores, de modo que $\underline{c}(G, \partial A) = 0$, para toda grade G. Então $\underline{c}(\partial A) = 0$. Portanto, se A é mensurável, $\underline{c}(A) = \overline{c}(A)$ e, então, pela proposição anterior $\overline{c}(\partial A) = 0$; resulta c($\partial A$) = 0.

Se c(∂A) = 0, decorre imediatamente da proposição anterior que $\overline{c}(A) = \underline{c}(A)$ e A é mensurável.

Lema. Sejam A e B subconjuntos restritos de $\mathbb{R}^2$. Então
a) $\overline{c}\left(A\cup B\right)+\underline{c}\left(A\cap B\right)\ge \underline{c}\left(A\right)+\underline{c}\left(B\right)$;
b) $\overline{c}\left(A\cup B\right)+\overline{c}\left(A\cap B\right)\le \overline{c}\left(A\right)+\overline{c}\left(B\right)$.

Prova. Será indicada nos exercícios.

Corolário. Se A e B têm medida nula, então $A\cup B$ e $A\cap B$ têm medida nula.

Prova. Por (b), resulta

$$0\le \overline{c}\left(A\cup B\right)+\overline{c}\left(A\cap B\right)\le 0$$

e daí

$$\overline{c}\left(A\cup B\right)=\overline{c}\left(A\cap B\right)=0.$$

Como

$$0\le \underline{c}\left(M\right)\le \overline{c}\left(M\right),$$

218   *Introdução ao cálculo*

resulta
$$\overline{c}\left(A\cup B\right)=\underline{c}\left(A\cup B\right)=\overline{c}\left(A\cap B\right)=\underline{c}\left(A\cap B\right)=0.$$

Proposição. B.4. Se A e B são mensuráveis, então são mensuráveis
a) $A\cup B$ e $A\cap B$;
b) $A-B$.

Prova.

a) Temos $\underline{c}\left(A\right)=\overline{c}\left(A\right)=c\left(A\right),$ e $\underline{c}\left(B\right)=\overline{c}\left(B\right)=c\left(B\right),$ de modo que, usando (a) e (b) do Lema, resulta
$$\overline{c}\left(A\cup B\right)+\overline{c}\left(A\cap B\right)\le c\left(A\right)+c\left(B\right)\le\underline{c}\left(A\cup B\right)+\underline{c}\left(A\cap B\right).$$

Mas
$$\overline{c}\left(M\right)\ge\underline{c}\left(M\right);$$

logo,
$$\overline{c}\left(A\cup B\right)+\overline{c}\left(A\cap B\right)=\underline{c}\left(A\cup B\right)+\underline{c}\left(A\cap B\right)$$

e daí
$$\overline{c}\left(A\cup B\right)=\underline{c}\left(A\cup B\right)$$
$$\overline{c}\left(A\cap B\right)=\underline{c}\left(A\cap B\right).$$

b) Notando que $B-A=(Q-A)\cap B$, onde Q é um retângulo fechado como sempre (faça uma figura), vemos que basta provar que $Q-A$ é mensurável.

Temos (Exer. B.9(a))
$$\partial\left(Q-A\right)\subset\partial Q\cup\partial A;$$

como $c(\partial Q)=c(\partial A)=0$, por serem Q e A mensuráveis, resulta que $c(\partial Q\cup A)=0$, pelo corolário anterior. A última relação mostra então (Exer. B.5(b)) que $c(\partial(Q-A))=0$, e então $Q-A$ é mensurável.

Proposição B.5. Sejam $A\subset\mathbb{R}^2$ e $B\subset\mathbb{R}^2$ mensuráveis. Então
c1. $c(A)\ge 0$;
c2. se $A\cap B=\phi$, então $c(A\cup B)=c(A)+c(B)$;
c3. se R é um retângulo dado por $a\le x\le b$, $c\le y\le d$, então $c(R)=(b-a)(d-c)$;
c4. se A e B são congruentes, então $c(A)=c(B)$. A e B congruentes significa que existe uma correspondência f que a cada ponto de A associa

Apêndice B — 219

um único ponto de B, e todo ponto de B é associado de algum ponto de A, tal que $d(f(p), f(q)) = d(p, q)$, onde d é a distância usual em $\mathbb{R}^2$.

Prova.

c1. Imediato.

c2. Pelo Lema anterior, (a) e (b) nos fornecem

$$c(A \cup B) \geq c(A) + c(B),$$
$$c(A \cup B) \leq c(A) + c(B),$$

e daí

$$c(A \cup B) = c(A) + c(B).$$

c3. Já visto.

c4. Será omitida a prova.

Corolário. (Monotonicidade). Se $A \subset B$ e A e B são mensuráveis, então $c(A) \leq c(B)$.

Prova. Como $B = (B - A) \cup A$ e $(B - A) \cap A = \phi$, vem por c2

$$c(B) = c((B - A) \cup A) = c(B - A) + c(A)$$

e daí, por c1,

$$c(B) \geq c(A).$$

Chamando de $\mathscr{A}$ a classe dos conjuntos mensuráveis de $\mathbb{R}^2$, podemos considerar a correspondência c que a cada $A \in \mathscr{A}$ associa $c(A) \in \mathbb{R}$, a qual goza das propriedades c1, c2 e c3, da proposição anterior. Mostraremos agora que uma tal correspondência é univocamente determinada.

Proposição B.6. Seja $\mathscr{A}$ a classe dos conjuntos mensuráveis de $\mathbb{R}^2$, e c1 uma correspondência que a cada $A \in \mathscr{A}$ associa $c1(A) \in \mathbb{R}$ tal que

a) $c_1(A) \geq 0$ para todo A de $\mathscr{A}$;

b) $c_1(A \cup B) = c_1(A) + c_1(B)$ para todo $A \in \mathscr{A}$, todo $B \in \mathscr{A}$, com $A \cap B = \phi$;

c) $c_1(R) = (b - a)(d - c)$, onde R é um retângulo dado por $a \leq x \leq b, c \leq y \leq d$.

Então $c_1 = c$.

Prova. Seja $A \in \mathscr{A}$. Para toda grade G (fixado Q como sempre), seja M a reunião dos interiores dos retângulos de $\mathscr{I}$ (ver definição de

220 *Introdução ao cálculo*

conteúdo) e N a reunião dos interiores dos retângulos de $\mathcal{E}$. Então, certamente,

$$M \subset A \subset N \cup Z,$$

onde Z é a reunião das fronteiras dos retângulos de $\mathcal{E}$.

Daí resulta que

$$c_1(M) \le c_1(A) \le c_1(N \cup Z) = c_1(N) + c_1(Z)$$

(por quê?), mas

$$c_1(Z) = 0 \quad \text{(Exer. B.13)}$$

e

$$c_1(M) = \sum_{R \in \mathscr{I}} c_1(\overset{o}{R}) \overset{*}{=} \sum_{R \in \mathscr{I}} c_1(R) = \sum_{R \in \mathscr{I}} c(R) = \sum_{R \in \mathscr{I}} m(R) = \underline{c}(G, A),$$

onde na terceira igualdade usamos a hipótese (c).

Do mesmo modo,

$$c_1(N) = \overline{c}(G, A).$$

Substituindo na última desigualdade, vem

$$\underline{c}(G, A) \le c_1(A) \le \overline{c}(G, A)$$

para toda grade G, o que permite concluir que

$$c_1(A) = c(A) \text{ para todo } A \in \mathscr{A}.$$

Proposição B.7. Seja f uma função contínua em $[a, b]$ tal que, para todo x desse intervalo, $f(x) \ge 0$. Então o conjunto A dos pares ordenados (x, y) tais que $a \le x \le b$, $0 \le y \le f(x)$ é mensurável e

$$c(A) = \int_a^b f(x)dx.$$

Prova. Seja P uma partição qualquer de $[a, b]$. Chamemos M e N, respectivamente, a reunião dos interiores dos retângulos correspondentes à soma inferior e à soma superior relativas a P. Então

$$M \subset A \subset N \cup Z,$$

onde Z é a reunião das fronteiras dos retângulos relativos à soma superior.

---

* Exer. B.13.

Daí (Exer. B.5(a))

$$c(M) \le \underline{c}(A) \le \overline{c}(A) \le c(N \cup Z) = c(N) + c(Z) \overset{*}{=} c(N),$$

isto é,

$$\sum_{i=0}^{n-1} f(t_i)(x_{i+1} - x_i) \le \underline{c}(A) \le \overline{c}(A) \le \sum_{i=0}^{n-1} f(s_i)(x_{i+1} - x_i)$$

(a notação é a usada na Sec. 1.5), ou seja,

$$s(P, f) \le \underline{c}(A) \le \overline{c}(A) \le S(P, f),$$

e daí

$$\overline{c}(A) - \underline{c}(A) \le S(P, f) - s(P, f),$$

qualquer que seja a partição P.

Dado $\varepsilon > 0$, existe uma partição P tal que

$$S(P, f) - s(P, f) < \varepsilon,$$

e então, considerando isto na relação anterior, tem-se

$$\overline{c}(A) - \underline{c}(A) < \varepsilon$$

para todo $\varepsilon > 0$; logo,

$$\overline{c}(A) = \underline{c}(A)$$

e A é mensurável. Pela relação (α), vem então que

$$c(A) = \int_a^b f(x)dx.$$

Corolário. O gráfico de uma função contínua cujo domínio é um intervalo fechado $[a, b]$ tem área nula.

Prova. Sendo A como na proposição anterior, tal gráfico está contido em ∂A; mas $c(\partial A) = 0$, pelo corolário da Proposição B.3, de modo que a área do referido gráfico é nula (Exer. B.5(b)).

Proposição. B.8. Seja f uma função contínua no intervalo $[\alpha, \beta]$, sendo $\beta - \alpha \le 2\pi$ tal que para todo θ desse intervalo, $f(\theta) \ge 0$. Então o conjunto A dos pontos de $\mathbb{R}^2$ cujas coordenadas polares** verificam

$$\alpha \le \theta \le \beta, \quad 0 \le r \le f(\theta),$$

---

* Exer. B.13(c) e Proposição B.6.

** Fixado um sistema de coordenadas polares.

é mensurável e

$$c(A) = \frac{1}{2} \int_\alpha^\beta f^2(\theta) d\theta.$$

Prova. Usaremos o fato de que um setor circular é mensurável e sua área é dada da maneira usual. Isto pode ser justificado usando a Proposição B.7 e c4. Seja P uma partição qualquer de $[\alpha, \beta]$. Sendo M e N, respectivamente, a reunião dos setores dados por

$$\theta_i < \theta < \theta_{i+1}, \quad 0 < r < f(\eta_i)$$

e

$$\theta_i < \theta < \theta_{i+1}, \quad 0 < r < f(\xi_i)$$

(a notação é a da Sec. 3.1), temos

$$M \subset A \subset N \cup Z,$$

onde Z é a reunião das fronteiras dos setores cuja reunião é N.

Da mesma forma que na prova da proposição anterior.

$$c(M) \le \underline{c}(A) \le \overline{c}(A) \le c(N \cup Z) = c(N) + c(Z) \overset{*}{=} c(N),$$

ou seja,

$$\sum_{i=0}^{n-1} \frac{1}{2} f^2(\eta_i)(\theta_{i+1} - \theta_i) \le \underline{c}(A) \le \overline{c}(A) \le \sum_{i=0}^{n-1} \frac{1}{2} f^2(\xi_i)(\theta_{i+1} - \theta_i)$$

(a notação é a da Sec. 3.1b), isto é

$$s(P, F) \le \underline{c}(A) \le \overline{c}(A) \le S(P, F),$$

sendo

$$F(\theta) = \frac{1}{2} f^2(\theta).$$

O raciocínio agora é o mesmo que o empregado na prova da proposição anterior.

Corolário. Nas hipóteses da Proposição B.8, o conjunto dos pontos de $\mathbb{R}^2$ dados em coordenadas polares por $\alpha \le \theta \le \beta$, $r = f(\theta)$, tem área nula.

---

* Aqui usamos o fato de que a fronteira de um setor tem medida nula, por ser o setor mensurável, e de que reunião de conjuntos de medida nula tem medida nula (corolário do lema deste apêndice).

Apêndice B

Prova. Exercício.

EXERCÍCIOS

B.1. Verificar que $\underline{c}(A)$ e $\overline{c}(A)$ só dependem de A e não do retângulo Q, como no texto.

B.2. Prove que o retângulo Q dado por $a \le x \le b$, $c \le y \le d$, é mensurável e que $c(Q) = (b-a)(d-c)$, usando a definição de Q.

B.3. Prove a Proposição B.2.

B.4. Se Q é como no Exer. B.2, prove que $c(\partial Q) = 0$.

B.5. (a) Prove que, se $A \subset B$, então $\underline{c}(A) \le \underline{c}(B)$ e $\overline{c}(A) \le \overline{c}(B)$, usando a definição de área interior e área exterior. (b) Prove que, se $A \subset B$ e $c(B) = 0$, então $c(A) = 0$.

B.6. Prove que, se $A \subset B$ e $C \subset D$, então $A \cup C \subset B \cup D$, e $A \cap C \subset B \cap D$.

B.7. a) $A \subset B \Rightarrow \mathring{A} \subset \mathring{B}$.   b) $\mathring{A} \cup \mathring{B} \subset \overset{\circ}{\overline{A \cup B}}$.

Sugestão. $A \subset A \cup B$, $B \subset A \cup B$; use (a) e B.6.

c) $\mathring{A} \cap \mathring{B} = \overset{\circ}{\overline{A \cap B}}$.

Sugestão. $A \cap B \subset A$, $A \cap B \subset B$; use (a) e B.6 para concluir que $\overset{\circ}{\overline{A \cap B}} \subset \mathring{A} \cap \mathring{B}$. Prove em seguida que $\overset{\circ}{\overline{A \cap B}} \supset \mathring{A} \cap \mathring{B}$.

**B.8. Prove a parte (a) do lema que aparece neste apêndice.

Sugestão. Seja $C = A \cap B$, $D = A \cup B$. Para qualquer grade, prove que

$$\sum_{R \in \mathcal{I}_A} m(R) + \sum_{R \in \mathcal{I}_B} m(R) \le \sum_{R \in \mathcal{I}_C} m(R) + \sum_{R \in \mathcal{I}_D} m(R).$$

Daí

$$\sum_{R \in \mathcal{I}_A} m(R) + \sum_{R \in \mathcal{I}_B} m(R) \le \underline{c}(A \cap B) + \underline{c}(A \cup B).$$

Dado ε, existe grade G tal que

$$\underline{c}(A) - \frac{\varepsilon}{2} < \sum_{R \in \mathcal{I}_A} m(R),$$

$$\underline{c}(B) - \frac{\varepsilon}{2} < \sum_{R \in \mathcal{I}_B} m(R),$$

logo,

$$\underline{c}(A) + \underline{c}(B) < \underline{c}(A \cap B) + \underline{c}(A \cup B) + \varepsilon$$

224   *Introdução ao cálculo*

para todo $\varepsilon > 0$, de onde resulta a tese.

    Para provar a relação inicial, observe que

$$\sum_{R \in \mathscr{I}_A} m(R) = \sum_{R \in \mathscr{I}_C} m(R) + \alpha,$$

$$\sum_{R \in \mathscr{I}_B} m(R) = \sum_{R \in \mathscr{I}_C} m(R) + \gamma.$$

    Logo,

$$\sum_{R \in \mathscr{I}_A} m(R) + \sum_{R \in \mathscr{I}_B} m(R) - \sum_{R \in \mathscr{I}_C} m(R) = \sum_{R \in \mathscr{I}_C} m(R) + \alpha + \gamma \le \sum_{R \in \mathscr{I}_D} m(R)$$

(usamos o Exer. B.7 em algumas afirmações).

B.9. Prove que

a) $A \subset B \Rightarrow \partial A \subset \bar{B}$; $\partial(Q - A) \subset \partial Q \cup \partial A$.

Sugestão. Se $p \in \partial A$ e $p \notin \bar{B}$, p está no exterior de B.

b) $A \subset B \Rightarrow \bar{A} \subset \bar{B}$.

*c) $\bar{A} \cup \bar{B} = \widehat{A \cup B}$.

Sugestão. Para $\bar{A} \cup \bar{B} \subset \widehat{A \cup B}$ use (b). Para $\widehat{A \cup B} \subset \bar{A} \cup \bar{B}$, raciocine por absurdo: tome $p \in \widehat{A \cup B}$ e suponha que $p \notin \bar{A} \cup \bar{B}$.

d) $\widehat{A \cap B} \subset \bar{A} \cap \bar{B}$.

**B.10. Prove a parte (b) do lema que aparece neste apêndice.

Sugestão. $\displaystyle\sum_{R \in \varepsilon_A} m(R) + \sum_{R \in \varepsilon_B} m(R) \ge \sum_{R \in \varepsilon_C} m(R) + \sum_{R \in \varepsilon_D} m(R)$.

B.11. Prove que é mensurável, e $c(A) = (b - a)(d - c)$, o conjunto A nos casos

a) $a < x < b, \quad c < y < d$;   b) $a \le x < b, \quad c < y < d$;

c) $a < x \le b, \quad c < y < d$;   d) $a \le x \le b, \quad c \le y < d$;

e) $a \le x \le b, \quad c < y \le d$;   f) $a < x < b, \quad c \le y \le d$;

g) $a \le x \le b, \quad c < y < d$.

*B.12. (Subaditividade de c_1). Seja c_1 como na Proposição B.6. Prove que se $A \in \mathscr{E}$, $B \in \mathscr{A}$, então

$$c_1(A \cup B) \le c_1(A) + c_1(B).$$

Apêndice B

Sugestão. $A \cup B = (A - B) \cup (B - A) \cup (A \cap B)$; daí

$$c_1\left(A \cup B\right) = c_1\left(A - B\right) + c_1\left(B - A\right) + c_1\left(A \cap B\right) \le c_1\left(A - B\right) +$$
$$+ c_1\left(B - A\right) + c_1\left(A \cap B\right) + c_1\left(A \cap B\right) = c_1\left(A - B\right) +$$
$$+ c_1\left(A \cap B\right) + c_1\left(B - A\right) + c_1\left(A \cap B\right) = c_1\left(A\right) + c_1\left(B\right).$$

B.13. (A notação é da Proposição B.6.) Prove:

a) se A é um segmento (aberto, fechado, semi-aberto) "paralelo a qualquer dos eixos coordenados", então $c_1(A) = 0$;

b) se R é dado por $a \le x \le b$, $c \le y \le d$, então $c_1(\partial R) = 0$;

c) a afirmação feita na prova da Proposição B.6, a saber, $c_1(Z) = 0$.

B.14. Prove a subaditividade de c (veja Exer. B. 12).

B.15. Prove que, se A e B são mensuráveis, então

$$c\left(A \cup B\right) + c\left(A \cap B\right) = c\left(A\right) + c\left(B\right)$$

e

$$c\left(B - A\right) = c\left(A \cup B\right) - c\left(A\right).$$

B.16. Prove que, se f e g são funções contínuas em $[a, b]$ e $f(x) \ge g(x)$ para todo x desse intervalo, então o conjunto dos pares ordenados (x, y) tais que

$$a \le x \le b,$$
$$g\left(x\right) \le y \le f\left(x\right),$$

é mensurável e tem como área $\int_a^b \left(f\left(x\right) - g\left(x\right)\right) dx$.

B.17. Prove a Proposição B.8, substituindo a condição f *contínua* por f *integrável*.

*B.18. Se f é contínua em $[a, b]$, então o conjunto dos pares ordenados (x, y) tais que $a \le x \le b$ e y está entre 0 e $f(x)$ é mensurável e tem como área $\int_a^b |f|(x) dx$.

B.19. Mostre que o conjunto dos pontos (x, y) tais x e y são racionais e $0 < x < 1$, $0 < y < 1$, não é mensurável.

B.20. Todo conjunto finito de pontos tem área nula.

*B.21. O conjunto dos pontos $\left(\dfrac{1}{m}, \dfrac{1}{n}\right)$, m, n naturais, tem área nula.

B.22. Faça, seguindo paralelamente o que foi feito neste apêndice, uma teoria do conteúdo para subconjuntos de $\mathbb{R}$.

Apêndice

FUNÇÕES ELEMENTARES
I – FUNÇÃO LOGARITMO E EXPONENCIAL

Para cada $x > 0$, consideremos o número $\int_1^x \frac{dt}{t}$, o qual existe, pois a função $f(t) = \frac{1}{t}$ é contínua no intervalo de extremos 1 e x, $x > 0$. Obtemos assim uma função, que chamaremos de função logaritmo (neperiano), denotada por ln, dada por
$$\ln x = \int_1^x \frac{dt}{t}, \quad x > 0.$$

Resulta imediatamente da definição que
$$(\ln x)' = \frac{1}{x}, \quad x > 0,$$
e que $\ln 1 = 0$.

Então vemos que ln é uma função crescente; logo $x > 1$ acarreta $\ln x > \ln 1 = 0$. Se $0 < x < 1$, então $\ln x < \ln 1 = 0$.

Além disso, $(\ln x)'' = -\frac{1}{x^2} < 0$, para lodo $x > 0$, e o gráfico de ln tem concavidade para baixo.

Proposição C.1. Se $a, b > 0$, então
$$\ln ab = \ln a + \ln b.$$

Prova. A função F, dada por
$$F(x) = \ln ax, \quad x > 0.$$
tem derivada
$$F'(x) = \frac{1}{ax} \cdot a = \frac{1}{x}, \quad x > 0,$$

Apêndice C

de modo que existe C tal que

$$F(x) = \ln x + C, \quad x > 0.$$

isto é,

$$\ln ax = \ln x + C, \quad x > 0.$$

Fazendo $x = 1$, vem

$$\ln a = \ln 1 + C = 0 + C,$$

logo

$$C = \ln a.$$

Substituindo em (α),

$$\ln ax = \ln x + \ln a.$$

Basta fazer agora $x = b$.

Corolários.

1) Se n é um número natural e $x > 0$, então

$$\ln x^n = n \ln x.$$

2) Se $a, b > 0$,

$$\ln \frac{a}{b} = \ln a - \ln b.$$

Prova.

1) Exercício.

2) $\ln a = \ln \left(\dfrac{a}{b} \cdot b \right) = \ln \dfrac{a}{b} + \ln b.$

Nota. Como $\ln 2 > 0$, pois $2 > 1$, e

$$\ln 2^n = n \ln 2,$$

vemos que

$$\lim \ln 2^n = +\infty.$$

Da mesma forma, como

$$\ln 2^{-n} = \ln 1 - \ln 2^n = -n \ln 2,$$

vemos que

$$\lim \ln \frac{1}{2^n} = -\infty.$$

228   *Introdução ao cálculo*

Através dessas observações vemos que a função $\ln x$ assume qualquer valor real. De fato, dado M, digamos $M > 0$, existe n natural tal que

$$n \ln 2 > M,$$

ou seja, existe x_0 (a saber, $x_0 = 2^n$) tal que

$$0 < M < \ln x_0.$$

Como ln é contínua, podemos concluir pelo teorema do valor intermediário que existe x tal que

$$\ln x = M.$$

Temos elementos para esboçar o gráfico da função ln (ver Vol. 1, p. 229).

Pelo que vimos, a função ln é inversível, e sua inversa tem $\mathbb{R}$ como domínio e assume todos os valores positivos. Tal inversa é indicada exp, e chamada *função exponencial*.

Proposição C.2. Para todo a, b tem-se

$$\exp(a + b) = \exp(a) \cdot \exp(b)$$

Prova. Sendo

$$m = \exp(a),$$
$$n = \exp(b),$$

então

$$a = \ln m,$$
$$b = \ln n,$$

e

$$a + b = \ln m + \ln n = \ln(mn),$$

o que significa

$$\exp(a + b) = mn = \exp(a) \exp(b).$$

Corolário. Se n é natural, $\exp(n) = [\exp(1)]^n$.

Proposição C.3. $[\exp(x)]' = \exp x$, para todo x.

Prova. Basta aplicar a regra de derivação de função inversa:

$$\left[\exp(x)\right]' = \frac{1}{\left.\dfrac{d}{dy} \ln y\right|_{y = \exp(x)}} = \frac{1}{\dfrac{1}{\exp(x)}} = \exp(x).$$

Apêndice C

Passamos agora a definir o número e:

$$e = \exp(1).$$

Portanto

$$\ln e = 1.$$

No Exer. C.1 indicaremos um modo de, provar que

$$2 < e < 4.$$

Pelo corolário anterior, podemos escrever

$$\exp(n) = e^n.$$

A função exponencial geral é definida da seguinte maneira: sendo $a > 0$,

$$a^x = \exp(x \ln a).$$

Em particular, se $a = e$,

$$e^x = \exp(x \ln e) = \exp(x).$$

Corolário $\ln a^b = b \ln a$, sendo $a > 0$, b qualquer.

Prova. $\ln a^b = \ln (\exp (b \ln a)) = b \ln a$.

Proposição C.4. Seja $a > 0$. Então

a) $a^1 = a$;

b) $a^{b+c} = a^b \cdot a^c$, quaisquer que sejam b e c;

c) $\left(a^b\right)^c = a^{bc}$, quaisquer que sejam b e c.

d) $(ad)^b = a^b \cdot d^b$, $d > 0$.

Prova.

a) Por definição,
$a^1 = e^{1 \cdot \ln a} = e^{\ln a}$, mas $e^{\ln a} = a$, pois $\exp \circ \ln(x) = x$.

b) $a^{b+c} = e^{(b+c)\ln a} = e^{b \ln a} \cdot e^{c \ln a} = a^b \cdot a^c$.

c) Exercício.

d) Exercício.

A função $f(x) = a^x$ $(a > 0)$, definida para $x > 0$, é crescente se $a > 1$, e decrescente se $0 < a < 1$. De fato, se, por exemplo, $a > 1$, temos $\ln a > 0$ e

$$x_1 < x_2 \Rightarrow x_1 \ln a < x_2 \ln a \Rightarrow \exp(x_1 \ln a) < \exp(x_2 \ln a),$$

isto é,

$$a^{x_1} < a^{x_2}.$$

230 **Introdução ao cálculo**

Por outro lado, a função f como acima ($a \neq 1$) assume todos os valores reais positivos. Prove isto.

A função $f(x) = a^x$ ($a \neq 1$) é, pois, inversível, sendo sua inversa definida para $x > 0$. Ela é indicada por $\log_a$, e chamada *função logaritmo de base a* (em particular, $\ln = \log_e$).

Proposição C.5. Sendo $a, c > 0$ e $b \neq 1$, $c \neq 1$, tem-se

$$\log_b a = \log_c a \cdot \log_b c.$$

Prova. Sendo $m = \log_c a, n = \log_b c$, entao $c^m = a$, $b^n = c$, e dai $b^{mn} = c^m = a$,

Corolários: 1) $\log_b a = \dfrac{1}{\log_a b}$.

2) $\log_b a = \ln a \cdot \log_b e = \dfrac{\ln a}{\ln b}$.

Prova. Fácil.

II – AS FUNÇÕES TRIGONOMÉTRICAS

Definimos as funções seno e co-seno respectivamente por

$$\operatorname{sen} x = \sum_{n-0}^{\infty} (-1)^n \frac{x^{2n+1}}{(2n+1)!},$$

$$\cos x = \sum_{n-0}^{\infty} (-1)^n \frac{x^{2n}}{(2n)!}.$$

Como sabemos, essas séries são convergentes para todo x, de modo que as funções seno e co-seno têm $\mathbb{R}$ por domínio.

É imediato da definição que

$$\operatorname{sen} 0 = 0,$$
$$\cos 0 = 1,$$
$$(\operatorname{sen} x)' = \cos x,$$
$$(\cos x)' = -\operatorname{sen} x,$$
$$\operatorname{sen}(-x) = -\operatorname{sen} x,$$
$$\cos(-x) = \cos x.$$

Apêndice C   231

Proposição C.6. Para todo x, têm-se

a) $\text{sen}^2 x + \cos^2 x = 1$;

b) $\text{sen} (x + y) = \text{sen}\, x \cos y + \cos x\, \text{sen}\, y$;

c) $\cos (x + y) = \cos x \cos y - \text{sen}\, x\, \text{sen}\, y$.

Prova. a) A função $f(x) = \text{sen}^2 x + \cos^2 x - 1$, definida para todo x, é tal que

$$f'(x) = 2\, \text{sen}\, x \cos x + 2 \cos x \left(-\text{sen}\, x\right) = 0$$

para todo x, de modo que existe c tal que

$$f(x) = \text{sen}^2 x + \cos^2 x - 1 = c.$$

Fazendo $x = 0$, resulta $c = 0$, e daí $\text{sen}^2 x + \cos^2 x = 1$.

b) e c) Para cada y fixo, sejam as funções f e g de domínio $\mathbb{R}$, dadas por

$$f(x) = \text{sen}(x + y) - \text{sen}\, x \cos y - \cos x\, \text{sen}\, y,$$

$$g(x) = \cos(x + y) - \cos x \cos y + \text{sen}\, x\, \text{sen}\, y.$$

Mostraremos que subsiste a relação $f^2 + g^2 = 0$, o que acarreta $f(x) = 0, g(x) = 0$, para todo x, que é a tese. Observando que

$$f' = g$$

e

$$g' = -f,$$

conforme um cálculo imediato mostra, vem

$$\left(f^2 + g^2\right)' = 2 f f' + 2 g g' = 2 fg + 2g\left(-f\right) = 0$$

e então, para algum número c,

$$f^2(x) + g^2(x) = c \quad \text{para todo } x.$$

Fazendo $x = 0$, resulta $c = 0$, e o resultado se segue.

Corolários. a) $\text{sen} (x - y) = \text{sen}\, x \cos y - \cos x\, \text{sen}\, y$.

b) $\cos (x - y) = \cos x \cos y + \text{sen}\, x\, \text{sen}\, y$.

Prova. Basta usar os seguintes resultados, já estabelecidos:

$$\text{sen}\left(-x\right) = -\text{sen}\, x \quad \text{e} \quad \cos\left(-x\right) = \cos x.$$

Vamos em seguida provar que existe um número $c > 0$ tal que $\cos c = 0$. O dobro do menor desses números será, por definição, o número π. Para isso, vejamos um lema.

Lema. Seja f uma função tal que

a) $f(x) > 0$ para todo $x \geq 0$;

b) f é decrescente;

c) $f'(0) = 0$;

d) existe f''.

Então existe $a > 0$ tal que $f''(a) = 0^*$.

Prova. Se $x > 0$, temos $f(x) < f(0)$. Pelo teorema do valor médio, existe c_1 de $(0, x)$ tal que

$$f'(c_1) = \frac{f(x) - f(0)}{x - 0}$$

e então

$$f'(c_1) < 0.$$

Por outro lado, existe $c_2 > c_1$ tal que

$$f'(c_2) > f'(c_1),$$

caso contrário teríamos

$$f'(t) \leq f'(c_1) \quad \text{para todo } t \geq c_1,$$

e portanto, para todo $x > c_1$, teríamos

$$f(x) - f(c_1) = f'(d)(x - c_1) \leq f'(c_1)(x - c_1)$$

e portanto, para $x > c_1 - \dfrac{f(c_1)}{f'(c_1)}$ (lembrar que $f'(c_1) < 0$), virá $f(x) < 0$, contra a hipótese.

A função f' assume seu mínimo em $[0, c_2]$, por ser contínua nesse intervalo. Esse mínimo não ocorre em 0, pois, como vimos, $f'(c_1) < 0$, $0 < c_1 < c_2$, e $f'(0) = 0$; também não ocorre em c_2, pois, como vimos, $f'(c_1) < f'(c_2)$. Logo, seu mínimo ocorre para um certo a, $0 < a < c_2$, de modo que $f''(a) = 0$.

Proposição C.7. Existe $c > 0$ tal que $\cos c = 0$.

Prova. Se $\cos x > 0$ para todo $x > 0$, então, por ser $(\operatorname{sen} x)' = \cos x$, a função seno seria crescente e, como $\operatorname{sen} 0 = 0$, teríamos, para todo $x > 0$, $\operatorname{sen} x > 0$. Logo, $(\cos x)' = - \operatorname{sen} x < 0$ para todo $x > 0$, e a função

---

* Faça um desenho do gráfico de uma tal f e verá que, se as condições devem ser mantidas, deverá haver um ponto de inflexão c.

Apêndice C 233

co-seno seria decrescente. Do exposto, a função co-seno verifica as hipóteses do lema e então existiria a tal que $\cos$" $(a) = -\cos a = 0$, contra a hipótese de absurdo. Da contradição, a tese.

A proposição anterior nos mostra que o conjunto dos números $c > 0$ tais que $\cos c = 0$ é não vazio e, sendo restrito inferiormente, admite ínfimo c_0. Por definição,

$$\pi = 2c_0.$$

Um argumento de continuidade mostra que $\cos \dfrac{\pi}{2} = 0$. De fato, dado $\varepsilon_n \dfrac{1}{n}$, existe c_n, com $\cos c_n = 0$, e $c_0 \leq c_n < c_0 + \dfrac{1}{n}$, n natural, por definição de ínfimo. Logo, $\lim c_n = c_0$, e daí $0 = \lim 0 = \lim \left(\cos c_n \right) =$ $= \cos \left(\lim c_n \right) = \cos c_0$, (ver Proposição E.2), ou seja, $\cos \dfrac{\pi}{2} = 0$. Por outro lado, e fácil ver que $c_0 = \dfrac{\pi}{2} > 0$. Portanto podemos concluir que, se $0 < x < \dfrac{\pi}{2}$, tem-se $\cos x > 0$ (prove!); como $(\operatorname{sen} x)' = \cos x$, vemos que a função seno é crescente em $\left[0, \dfrac{\pi}{2} \right]$ e, como $\operatorname{sen} 0 = 0$, segue-se que $\operatorname{sen} \dfrac{\pi}{2} > 0$, logo

$$\operatorname{sen} \frac{\pi}{2} = \sqrt{1 - \cos^2 \frac{\pi}{2}} = 1.$$

Portanto

$$\operatorname{sen} \pi = \operatorname{sen} \left(\frac{\pi}{2} + \frac{\pi}{2} \right) = \operatorname{sen} \frac{\pi}{2} \cos \frac{\pi}{2} + \cos \frac{\pi}{2} \operatorname{sen} \frac{\pi}{2} = 0$$

e, do mesmo modo,

$$\cos \pi = -1, \quad \operatorname{sen} 2\pi = 0, \quad \cos 2\pi = 1.$$

Com esses valores, pode-se provar a proposição que segue.

Proposição C.8. Para todo x, tem-se

$$\operatorname{sen} \left(x + \frac{\pi}{2} \right) = \cos x, \quad \cos \left(x + \frac{\pi}{2} \right) = -\operatorname{sen} x,$$

$$\operatorname{sen} \left(x + \pi \right) = -\operatorname{sen} x, \quad \cos \left(x + \pi \right) = -\cos x,$$

$$\operatorname{sen} \left(x + 2\pi \right) = \operatorname{sen} x, \quad \cos \left(x + 2\pi \right) = \cos x.$$

Prova. Exercício.

Com os elementos vistos, pode-se facilmente estudar o andamento do seno e do co-seno em $[0, 2\pi]$ e chegar aos resultados conhecidos (o seno é crescente em $0 \leq x \leq \dfrac{\pi}{2}$ e em $\dfrac{3\pi}{2} \leq x \leq 2\pi$, decrescente em $\dfrac{\pi}{2} \leq x \leq \dfrac{3\pi}{2}$, tem $\dfrac{\pi}{2}$ como ponto de máximo etc.).

Uma função f é *periódica* e T é um *período* (de f) se

$$f(x + T) = f(x) \quad \text{para todo } x.$$

Lema. Se T_1 e T_2 são períodos de f, então $T_1 + T_2$ e $-T_1$ são períodos.

Prova. Temos, para todo x,

$$f(x + T_1 + T_2) = f((x + T_1) + T_2) = f(x + T_1) = f(x)$$

e

$$f(x - T_1) = f(x - T_1 + T_1) = f(x).$$

Corolário. Se T_1 e T_2 são períodos de f, então $mT_1 + nT_2$ são períodos de f, m, n inteiros.

Prova. Exercício.

Proposição C.9. As funções seno e co-seno são periódicas, sendo que um número T é período dessas funções se e somente se $T = 2k\pi$ para algum k inteiro.

Prova. 2π é período dessas funções, como vimos; logo, $2k\pi$ é período, k inteiro, pelo corolário anterior. Isso prova a parte "se".

Suponhamos agora que T seja um período, digamos, do co-seno. O conjunto dos inteiros m tais que $2m\pi \leq T$ é não vazio e restrito superiormente e então admite supremo n, o qual é inteiro (por quê?). Então $2n\pi \leq T$ e $2(n + 1)\pi > T$; logo,

$$0 \leq T - 2n\pi < 2\pi$$

e, sendo $T - 2n\pi$ período, vem

$$\text{sen}(T - 2n\pi) = \text{sen}(0 + T - 2n\pi) = \text{sen}\, 0 = 0,$$
$$\cos(T - 2n\pi) = \cos(0 + T - 2n\pi) = \cos 0 = 1.$$

Esses resultados, com a última desigualdade, implicam que $T - 2n\pi = 0$, ou seja, $T = 2n\pi$.

Daí em diante, a introdução e estudo das outras funções trigonométricas se faz da maneira usual, como se fez no Vol. 1. O mesmo se diga do arco tangente, arco-seno etc.

Apêndice C

235

EXERCÍCIOS

*C.1. Mostre que $2 < e < 4$.

Sugestão. Prove que $\ln 2 > \dfrac{1}{2}$ (tome a partição dada por $1 < \dfrac{3}{2} < 2$ e considere a soma inferior de $f(t) = \dfrac{1}{t}$, $1 \le t \le 2$, associada a essa partição). Daí $\ln 4 = \ln 2^2 = 2 \ln 2 > 1 = \ln e$, e então $4 > e$ etc.

C.2. Mostre que $e^x > x$ e daí $\lim\limits_{x \to +\infty} e^x = +\infty$. Prove que $\lim\limits_{x \to -\infty} e^x = 0$. Portanto podemos aplicar uma regra de L'Hôpital, como feito no Apêndice D do Vol. 1, para provar que $\lim\limits_{x \to +\infty} \dfrac{e^x}{x^n} = +\infty$.

C.3. Prove que

a) $\lim\limits_{x \to 0} \dfrac{\ln(1+x)}{x} = 1$;

b) $\lim\limits_{x \to +\infty} x \ln\left(1 + \dfrac{1}{x}\right) = 1$;

*c) $\lim\limits_{x \to +\infty} \left(1 + \dfrac{1}{x}\right)^x = e$;

d) $\lim\limits_{x \to -\infty} \left(1 + \dfrac{1}{x}\right)^x = e$;

e) $\lim \left(1 + \dfrac{x}{n}\right)^n = e^x$.

Sugestão. a) Você pode usar uma regra de L'Hôpital, como foi feito no Apêndice D do Vol. 1. Mas isto não é necessário: veja a definição de

$$\frac{d \ln x}{dx}\bigg|_{x=1} = \frac{1}{x}\bigg|_{x=1} = 1.$$

c) $\lim\limits_{x \to +\infty} \left(1 + \dfrac{1}{x}\right)^x = \lim\limits_{x \to +\infty} e^{x \ln(1+1/x)} \overset{*}{=} e^{\lim\limits_{x \to +\infty} x \ln\left(1+\frac{1}{x}\right)} = e^1 = e.$

Para justificar*, dado $\varepsilon > 0$, existe $\delta > 0$ tal que $|y - 1| < \delta \Rightarrow |e - e^y| < \varepsilon$, por ser $f(x) = e^x$ contínua em $x = 1$. Existe N tal que

$$x > N \Rightarrow \left|x \ln\left(1 + \frac{1}{x}\right) - 1\right| < \delta.$$

Então

$$x > N \Rightarrow \left|e - e^{x \ln\left(1+\frac{1}{x}\right)}\right| < \varepsilon.$$

C.4. a) Prove que $(a^x)' = a^x \ln a$, $a > 0$.

b) Prove que $\lim\limits_{x \to 0} \dfrac{a^x - 1}{x} = \ln a$, $a > 0$.

Introdução ao cálculo

C.5. Prove $(x^\alpha)' = \alpha x^{\alpha-1}$, $x > 0$, α um número real qualquer.

*C.6. Se $f'(x) = f(x)$, $x > 0$, então existe c tal que $f(x) = ce^x$.

Sugestão. Derive $\dfrac{f(x)}{e^x}$.

*C.7. A função exponencial pode também ser definida como sendo a função tal que $f'(x) = f(x)$ para todo x e $f(0) = 1$.

a) Prove que existe e é única uma tal função. (Use série conveniente para existência.)

b) Prove que $f(x) \neq 0$ para todo x.

Sugestão. Considere $g(x) = f(x) f(-x)$ e derive.

c) Prove que $f(x + y) = f(x) f(y)$.

Sugestão. Derive $\dfrac{f(x + y)}{f(x)}$, y fixado.

d) Prove que f é inversível, com $\left(f^{-1} \right)'(x) = \dfrac{1}{x}$.

Sugestão. Prove que f é crescente:

$$f'(x) = f(x) = f\left(\frac{x}{2} + \frac{x}{2} \right) = f\left(\frac{x}{2} \right) f\left(\frac{x}{2} \right) > 0$$

*C.8. Prove que a função

$$f(x) = \begin{cases} e^{-1/x^2} & \text{se} \quad x \neq 0, \\ 0 & \text{se} \quad x = 0, \end{cases}$$

é infinitamente derivável e que

$$f(k)\,(0) = 0, \quad k = 0, 1, 2, \ldots$$

Sugestão. Calculando pela definição, chega-se a

$$f'(x) = \begin{cases} e^{-1/x^2} \dfrac{2}{x^3} & \text{se} \quad x \neq 0, \\ 0 & \text{se} \quad x = 0, \end{cases}$$

e

$$f''(x) = \begin{cases} e^{-1/x^2} \left[-\dfrac{6}{x^4} + \dfrac{4}{x^6} \right] & \text{se} \quad x \neq 0, \\ 0 & \text{se} \quad x = 0. \end{cases}$$

Prove, por indução, que

$$f^{(k)}(x) = e^{-1/x^2} \sum_{i=1}^{3k} \frac{a_i}{x^i}, \quad x \neq 0.$$

e daí prove que $f(k)\,(0) = 0$.

Apêndice

CRITÉRIOS DE CONVERGÊNCIA DE INTEGRAIS IMPRÓPRIAS

Lema D.1. Seja F uma função restrita superiormente pelo número M no intervalo $[a, b)$ $((a, b])$, monotônica não decrescente (não crescente) nesse intervalo*. Então existe $\lim_{x \to b-} F(x)$ $\left(\lim_{x \to a+} F(x)\right)$ e para todo x do referido intervalo se tem

$$F(x) \leq \lim_{x \to b-} F(x) \leq M \left(F(x) \leq \lim_{x \to a+} F(x) \leq M \right).$$

Prova. Faremos a prova de apenas um dos casos, deixando o outro para o leitor.

Se F é restrita superiormente por M em $[a, b)$, então o supremo L do conjunto dos números $F(x)$, quando x percorre $[a, b)$, existe e $F(x) \leq L \leq M$. Mostremos que $\lim_{x \to b-} F(x) = L$.

De fato, por ser L supremo, dado $\varepsilon > 0$, existe x_0 de $[a, b)$ tal que $L - \dfrac{\varepsilon}{2} \leq F(x_0)$. Então, para todo $x > x_0, x \in [a, b)$, tem-se, pelo fato de F ser monotônica não decrescente em $[a, b)$, que $F(x_0) \leq F(x)$, o que, considerado conjuntamente com a relação anterior, permite escrever

$$L - \dfrac{\varepsilon}{2} \leq F(x).$$

Portanto, dado $\varepsilon > 0$, tomado $\delta = b - x_0 > 0$, tem-se

$$b - \delta < x < b \Rightarrow L - F(x) = |L - F(x)| \leq \dfrac{\varepsilon}{2} < \varepsilon,$$

---

* Restrita superiormente por M num conjunto A significa $f(x) \leq M$ para todo x de A.
  Monotônica não decrescente num conjunto A significa

  $$(x_1, x_2 \in A) \wedge (x_1 < x_2) \Rightarrow f(x_1) \leq f(x_2).$$

o que quer dizer $\lim\limits_{x \to b^-} F(x) = L$.

Lema D.2. Seja F uma função restrita superiormente pelo número M no intervalo $x \geq a$ ($x \leq a$), monotônica não decrescente (não crescente) nesse intervalo. Então existe $\lim\limits_{x \to +\infty} F(x) \left(\lim\limits_{x \to -\infty} F(x) \right)$ e para todo x do referido intervalo se tem

$$F(x) \leq \lim\limits_{x \to +\infty} F(x) \leq M \quad \left(F(x) \leq \lim\limits_{x \to -\infty} F(x) \leq M \right).$$

Prova. Considerando apenas o caso do intervalo $x \geq a$, vê-se que, dado $\varepsilon > 0$, existe x_0 do mesmo tal que

$$(x \text{ do intervalo}) \wedge (x > x_0) \Rightarrow |F(x) - L| < \varepsilon,$$

tal como na prova do lema anterior, onde L é o supremo dos números $F(x)$, para x percorrendo o intervalo $x \geq a$.

Isto quer dizer $\lim\limits_{x \to +\infty} F(x) = L$. Tem-se obviamente $F(x) \leq L \leq M$, para todo $x \geq x_0$.

Lema D.3. Se F é monotônica não decrescente em $[a, b)$ (no intervalo $x \geq a$) ou existe $\lim\limits_{x \to b^-} F(x) \left(\lim\limits_{x \to +\infty} F(x) \right)$ ou

$$\lim\limits_{x \to b^-} F(x) = +\infty \quad \left(\lim\limits_{x \to +\infty} F(x) = +\infty \right).$$

Prova. Provaremos apenas um dos casos. Se F é restrita em $[a, b)$, então pelo lema D.1, existe $\lim\limits_{x \to b^-} F(x)$. Se tal não for o caso, dado $M > 0$ qualquer, existe $x_0 \in [a, b)$ tal que $F(x_0) > \dfrac{M}{2}$. Como f é monotônica não decrescente em $[a, b)$, se $x > x_0$ então $F(x) \geq F(x_0) \geq \dfrac{M}{2} > M$, e portanto $\lim\limits_{x \to b^-} F(x) = +\infty$.

Proposição D.1. (Critério do confronto). Sejam f e g funções contínuas em $[a, b)$ $((a, b])$ tais que para todo x desse intervalo se verifica $0 \leq f(x) \leq g(x)$.

a) Se $\displaystyle\int_a^b g(x)dx$ existe, então existe

Apêndice D

$$\int_a^b f(x)dx \text{ e } \int_a^b f(x)dx \le \int_a^b g(x)dx.$$

b) Se $\int_a^b f(x)dx$ não existe, então não existe $\int_a^b g(x)dx$.

Prova. a) Examinaremos apenas o caso do intervalo $[a, b)$. Sendo F e G dadas por $F(x) = \int_a^x f(t)dt$, $G(x) = \int_a^x g(t)dt$, $a \le x < b$, vemos que as hipóteses nos permitem concluir que $F(x) \le G(x)$ e que $\lim_{x \to b-} G(x)$ existe. Por ser G monotônica não decrescente em $[a, b)$ ($g(x) \ge 0$ nesse intervalo) tem-se

$$G(x) \le \lim_{x \to b-} G(x) \text{ (por quê?)}.$$

Então F é restrita superiormente por $\lim_{x \to b-} G(x)$ em $[a, b)$, e facilmente se vê que se pode aplicar o Lema D.1 para concluir que existe $\lim_{x \to b-} F(x)$ e $\lim_{x \to b-} F(x) \le \lim_{x \to b-} G(x)$.

b) Dizer que $\int_a^b f(x)dx$ não existe, isto é, que $\lim_{x \to b-} F(x)$ não existe, significa dizer, pelo Lema D.3, que $\lim_{x \to b-} F(x) = +\infty$. Como $F(x) \le G(x)$, decorre facilmente que[*] $\lim_{x \to b-} G(x) = +\infty$, ou seja, $\int_a^b g(x)dx$ não existe.

Proposição D.2. Sejam f e g funções contínuas no intervalo $x \ge a$ ($x \le a$) tais que para todo x do mesmo se verifica $0 \le f(x) \le g(x)$.

a) Se $\int_a^{+\infty} g(x)dx \left(\int_a^{-\infty} g(x)dx \right)$ existe, então

$$\int_a^{+\infty} f(x)dx \left(\int_a^{-\infty} f(x)dx \right)$$

existe e $\int_a^{+\infty} f(x)dx \le \int_a^{+\infty} g(x)dx \left(\int_a^{-\infty} f(x)dx \ge \int_a^{-\infty} g(x)dx \right)$.

---

[*] Ver Exer. B.8, Apêndice B, Vol. 1.

b) $\int_a^{+\infty} f(x)dx$ $\left(\int_a^{-\infty} f(x)dx \right)$ não existe, então $\int_a^{+\infty} g(x)dx$

$\left(\int_a^{-\infty} g(x)dx \right)$ não existe.

Prova. Exercício.

Corolário. Sejam $f(x) \geq 0$, $g(x) > 0$ para todo x do intervalo I, f e g contínuas em I, onde I é dado respectivamente por $a \leq x < b$, $a < x \leq b$, $x \geq a$, $x \leq a$; e, se

$$\lim_{x \to \square} \frac{f}{g}(x) = L > 0,$$

onde o símbolo $\square$ está respectivamente por $b-$, $a+$, $+\infty$, $-\infty$, então

$$\int_a^{\Delta} f(x)dx \quad e \quad \int_a^{\Delta} g(x)dx$$

existem ou não simultaneamente, onde o símbolo Δ está respectivamente por b, b, $+\infty$, $-\infty$.

Prova. Focalizaremos apenas um dos casos, a saber, o referente ao intervalo $[a, b)$. Pelas hipóteses, dado $\varepsilon = \dfrac{L}{2}$, existe x_0, $a < x_0 < b$, tal que

$$x_0 < x < b \Rightarrow \left| \frac{f(x)}{g(x)} - L \right| < \frac{L}{2},$$

ou seja,

$$x_0 < x < b \Rightarrow 0 < \frac{L}{2} < \frac{f(x)}{g(x)} < \frac{3L}{2}.$$

Portanto, se $x_0 < x < b$, tem-se $0 \leq f(x) < \dfrac{3L}{2}g(x)$ e $0 < g(x) < \dfrac{2}{L}f(x)$.

O resultado decorre da Proposição D.1.

Comentário. Observe a forte analogia com as séries.

Antes de ver exemplos, relembremos que

$\int_1^{+\infty} \dfrac{dx}{x^p}$ existe se e somente se $p > 1$;

Apêndice D

$\int_0^1 \dfrac{dx}{x^p}$ existe se e somente se $p < 1$.

Exemplo D.1. A integral $\int_1^{+\infty} \dfrac{dx}{\sqrt{2x^2 + 5x^3}}$ existe, pois

$$\lim_{x \to +\infty} \frac{\dfrac{1}{\sqrt{2x^2 + 5x^3}}}{\dfrac{1}{x^{3/2}}} = \lim_{x \to +\infty} \frac{x^{3/2}}{\sqrt{2x^2 + 5x^3}} =$$

$$= \lim_{x \to +\infty} \frac{1}{\sqrt{\dfrac{2}{x} + 5}} = \frac{1}{\sqrt{5}} > 0,$$

e

$$\int_1^{+\infty} \frac{dx}{x^{3/2}} \quad \text{existe.}$$

Exemplo D.2. A integral $\int_0^1 \dfrac{dx}{\sqrt{x + x^3}}$ existe, pois, se $0 < x \leq 1$, então

$$x + x^3 \geq x$$

e

$$\sqrt{x + x^3} \geq \sqrt{x};$$

logo,

$$\frac{1}{\sqrt{x + x^3}} \leq \frac{1}{\sqrt{x}}$$

e $\int_0^1 \dfrac{dx}{\sqrt{x}}$ existe.

Exemplo D.3. A integral $\int_0^1 \dfrac{dx}{\sqrt{\operatorname{tg} x}}$ existe, pois se tem

$$\operatorname{tg} x \geq x \quad \text{se} \quad 0 < x \leq 1,$$

e então

$$\sqrt{\operatorname{tg} x} \geq \sqrt{x};$$

logo,

$$\frac{1}{\sqrt{\operatorname{tg} x}} \leq \frac{1}{\sqrt{x}}$$

e $\displaystyle\int_0^1 \frac{dx}{\sqrt{x}}$ existe.

A proposição seguinte nos dá um modo de estudar integrais impróprias cujos integrandos não são necessariamente maiores ou iguais a zero.

Proposição D.3. Seja f contínua em $[a, b)$ $((a, b])$. Se $\displaystyle\int_a^b |f|(x)dx$ existe, então $\displaystyle\int_a^b f(x)dx$ existe.

Prova. Provaremos apenas no caso $[a, b)$. Como

$$0 \le |f(x)| + f(x) \le 2|f(x)|,$$

resulta que, se existe $\displaystyle\int_a^b |f|(x)dx$, então existe $\displaystyle\int_a^b \left[|f|(x) + f(x)\right]dx$ pelo critério do confronto, e portanto existe

$$\int_a^b f(x)dx = \int_a^b \left[|f|(x) + f(x)\right]dx - \int_a^b |f|(x)dx.$$

Proposição D.4. Seja f contínua no intervalo $x \ge a (x \le a)$. Se $\displaystyle\int_a^{+\infty} |f|(x)dx \left(\int_a^{-\infty} |f|(x)dx\right)$ existe, então

$\displaystyle\int_a^{+\infty} f(x)dx \left(\int_a^{-\infty} f(x)dx\right)$ existe.

Prova. Exercício.

Exemplo D.4. $\displaystyle\int_1^{+\infty} \frac{\operatorname{sen} x^3}{x^3} \cdot dx$ existe, pois

$$\left|\frac{\operatorname{sen} x^3}{x^3}\right| \le \frac{1}{x^3}, \quad \text{e} \quad \int_1^{+\infty} \frac{dx}{x^3} \text{ existe.}$$

Exemplo D.5. $\displaystyle\int_0^1 \frac{\operatorname{sen} x}{4x^{3/2}}dx$ existe, pois

$$\lim_{x \to 0+} \frac{\dfrac{1}{|x|^{1/2}}}{\dfrac{\operatorname{sen} x}{4x^{3/2}}} = \lim_{x \to 0+} \frac{4}{\left|\dfrac{\operatorname{sen} x}{x}\right|} = 4 > 0, \text{ e existe } \int_0^1 \frac{dx}{\sqrt{x}}.$$

Apêndice D   243

EXERCÍCIOS

D.1. Completar os detalhes e afirmações não provadas no texto.

D.2. Seja F uma função restrita inferiormente pelo número M no intervalo $[a, b)$ $((a, b])$, monotônica não crescente (não decrescente) nesse intervalo. Então existe $\lim\limits_{x \to b-} F(x)$ $\left(\lim\limits_{x \to a+} F(x) \right)$.

D.3. Mesmo enunciado anterior, substituindo:

intervalo $[a, b)$	por	intervalo $x \geq a$;
intervalo $(a, b]$	por	intervalo $x \leq a$;
$\lim\limits_{x \to b-} F(x)$	por	$\lim\limits_{x \to +\infty} F(x)$;
$\lim\limits_{x \to a+} F(x)$	por	$\lim\limits_{x \to -\infty} F(x)$.

D.4. Prove que as integrais impróprias 3, 8, 9, 15 não existem e que as integrais impróprias restantes existem:

1) $\displaystyle\int_0^1 \frac{\cos x}{\sqrt{x}} dx$;

2) $\displaystyle\int_0^1 \frac{\cos \dfrac{1}{x}}{\sqrt{x}} dx$;

3) $\displaystyle\int_0^\infty \frac{3 + \operatorname{sen} x}{x} dx$;

4) $\displaystyle\int_0^{+\infty} e^{-x^2} dx$;

5) $\displaystyle\int_0^1 \frac{dx}{\sqrt{\operatorname{sen} x}}$;

6) $\displaystyle\int_{-\infty}^{-1} \frac{\operatorname{sen}^2 x}{x^2} dx$;

7) $\displaystyle\int_1^{1/m} \frac{dx}{\sqrt{(x^2 - 1)(1 - m^2 x^2)}}$;

8) $\displaystyle\int_{-\infty}^{+\infty} \frac{dx}{x^3 + 1}$;

9) $\displaystyle\int_0^{+\infty} \operatorname{sen} 2\pi x \, dx$;

10) $\displaystyle\int_1^{+\infty} e^{-x} x^p \, dx$;

11) $\displaystyle\int_1^{+\infty} \frac{\operatorname{sen}^2 x}{x^2} dx$;

12) $\displaystyle\int_2^{+\infty} \frac{dx}{x (\ln x)^p}$ $(p > 1)$;

13) $\displaystyle\int_1^{+\infty} \operatorname{sen}^2\left(\frac{1}{x}\right) dx$;

14) $\displaystyle\int_1^{+\infty} \frac{x \, dx}{1 - e^x}$;

15) $\displaystyle\int_0^{+\infty} \frac{\operatorname{arc} \operatorname{tg} x}{1 - x^3} dx$;

16) $\displaystyle\int_0^{\pi/2} \ln \operatorname{tg} x \, dx$.

244   *Introdução ao cálculo*

*D.5. a) $\int_0^{+\infty} e^{-t}\, t^{x-1}\, dt,\ x > 0,$ existe.

Sugestão. $\int_0^{+\infty} = \int_0^1 + \int_1^{+\infty}$. Para $\int_0^1$, faça $u = \dfrac{1}{t}$, de modo que

$$\int_c^1 e^{-t}\, t^{x-1}\, dt = \int_1^{1/c} \frac{e^{-1/u}}{u^{x+1}}\, du.$$

Comparar esta última com $\int_1^{+\infty} \dfrac{du}{u^{x+1}}$.

b) Portanto podemos considerar a função

$$\Gamma\left(x\right) = \int_0^{+\infty} e^{-t}\, t^{x-1}\, dt, \quad x > 0,$$

chamada função gama.

Mostre que

$$\Gamma\left(x+1\right) = x\Gamma\left(x\right)$$

e, se n é natural,

$$\Gamma\left(n+1\right) = n!$$

D.6. Seja f derivável no intervalo $x \geq a$, sendo f' contínua e negativa ou nula nesse intervalo. Suponha $\lim\limits_{x \to +\infty} f\left(x\right) = 0$. Prove que

a) $\int_a^{+\infty} f\left(x\right)\text{sen}\left(ax+b\right)dx$ existe;

b) $\int_a^{+\infty} f\left(x\right)e^{-x}\, dx$ existe;

c) $\int_a^{+\infty} f\left(x\right)\cos\left(ax+b\right)dx$ existe;

d) $\int_a^{+\infty} f\left(x\right)g'\left(x\right)dx$ existe, onde g é restrita superiormente no intervalo $x \geq a$ e g' é contínua no mesmo.

Sugestão. Integre por partes.

Apêndice

TÓPICOS SOBRE SEQUÊNCIAS E SÉRIES

Proposição E.1. Uma sequência $\{a_n\}$ monotônica não decrescente (não crescente) restrita superiormente (inferiormente) é convergente. Se M é restrição superior (inferior), então existe $\lim a_n$ e $a_n \leq \lim a_n \leq M$ ($a_n \geq \lim a_n \geq M$).

Prova. Seja $\{a_n\}$ monotônica não decrescente. Por ser $a_n \leq M$ para todo n, o conjunto dos a_n admite supremo, digamos, L. Portanto $a_n \leq L \leq M$ para todo n.

Dado $\varepsilon > 0$, existe n_0 tal que $L - \dfrac{\varepsilon}{2} < a_{n0}$, por ser L supremo; como $\{a_n\}$ é monotônica não decrescente, resulta que, se $n > n_0$, então $a_n \geq a_{n0}$. Então, se $n > n_0$, temos
$$|a_n - L| = L - a_n \leq L - a_{n0} < \varepsilon,$$
ou seja,
$$\lim a_n = L.$$

Quanto ao outro caso, considerar $\{-a_n\}$ e aplicar o resultado provado.

Corolário. Toda sequência restrita admite uma subsequência convergente.

Prova. Mostraremos, o que basta, que toda sequência admite uma subsequência monotônica não decrescente ou então uma subsequência monotônica não crescente. De fato, a Proposição E.1, aplicada a uma tal subsequência, conduz-nos ao resultado.

Chamando de ponto de pico a um número m tal que, se $n > m$, então $a_n < a_m$, temos somente dois casos a considerar.

a) Existem infinitos pontos de pico. Sejam $m_1 < m_2 < \ldots$ tais pontos. Então $a_{m1} > a_{m2} > \ldots$, e obtemos assim uma subsequência monotônica não crescente.

b) Existe um número finito de pontos de pico. Nesse caso, seja m_1 um natural maior do que todos os pontos de pico; por não ser m_1 ponto de pico, existe $m_2 > m_1$ tal que $a_{m2} \geq a_{m1}$. Como m_2 não é ponto de pico, existe $m_3 > m_2$ tal que $a_{m3} \geq a_{m2}$ etc. Obtemos assim uma subsequência monotônica não decrescente.

Proposição E.2. (Continuidade e continuidade sequencial). Uma função f é contínua em a se e somente se, qualquer que seja $\{a_n\}$ tal que $\lim a_n = a$, a_n pertencendo ao domínio de f, temos $\lim f(a_n) = f(a)$.

Prova. a) Suponhamos f contínua em a. Então, dado $\varepsilon > 0$, seja $\delta > 0$ tal que, se $|x - a| < \delta$, então $|f(x) - f(a)| < \varepsilon$. Como $a_n \to a$, existe N tal que $n > N$ acarreta $|a_n - a| < \delta$, e portanto $|f(a_n) - f(a)| < \varepsilon$, ou seja, $\lim f(a_n) = f(a)$.

b) Suponhamos que para qualquer sequência $\{a_n\}$, onde a_n pertence ao domínio de f, tal que $a_n \to a$ tenhamos $f(a_n) \to f(a)$. Então f é contínua, em a, senão existe $\varepsilon_0 > 0$ tal que, qualquer que seja $\delta > 0$, existe x_δ com $|x_\delta - a| < \delta$, verificando $|f(x_\delta) - f(a)| \geq \varepsilon_0$. Tomando $\delta = \dfrac{1}{n}$, $n = 1, 2, 3, \cdots$ obteremos uma sequência $\{x_n\}^*$, com $x_n \to a$, tal que $\{f(x_n)\}$ não pode ter limite $f(a)$.

Uma sequência $\{a_n\}$ é dita de *Cauchy* se, dado $\varepsilon > 0$, existe N natural tal que, se $m, n > N$, então $|a_m - a_n| < \varepsilon$.

Intuitivamente, a condição diz que, para m e n suficientemente grandes, as distâncias entre os elementos da sequência se tornam arbitrariamente pequenas (veja Fig. E.1).

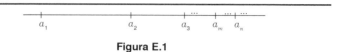

Figura E.1

---

* Nota ao professor: observe aqui o uso de Axioma da escolha.

Apêndice E

Portanto é de se esperar que uma sequência convergente seja de Cauchy. De fato, se $a_n \to a$, dado $\varepsilon > 0$, existe N tal que $n > N$ implica $|a_n - a| < \dfrac{\varepsilon}{2}$. Então, se $m > N$, temos $|a_m - a| < \dfrac{\varepsilon}{2}$. Daí, se $m, n > N$,

$$|a_m - a_n| = |a_m - c + c - a_n| \leq |a_m - c| + |c - a_n| < \frac{\varepsilon}{2} + \frac{\varepsilon}{2} = \varepsilon.$$

Mostraremos também que, reciprocamente, toda sequência de Cauchy é convergente. Para isso, provaremos o lema a seguir.

Lema. Se $\{a_n\}$ é de Cauchy e $\{a_{mk}\}$ é subsequência de $\{a_n\}$ convergente, então $\{a_n\}$ é convergente.

Prova. Suponhamos $\lim\limits_{k \to +\infty} a_{nk} = a$. Temos, para todo n e k, que

$$|a_n - a| = |a_n - a_{nk} + a_{nk} - a| \leq |a_n - a_{nk}| + |a_{nk} - a|. \qquad (\alpha)$$

Dado $\varepsilon > 0$, existe N tal que

$$m, n > N \Rightarrow |a_n - a_m| < \frac{\varepsilon}{2}. \qquad (\beta)$$

Escolhendo k suficientemente grande para que se verifique

$$n_k > N$$

e

$$|a_{nk} - a| < \frac{\varepsilon^*}{2},$$

vem, considerando (α) e (β), que

$$n > N \Rightarrow |a_n - a| < \frac{\varepsilon}{2} + \frac{\varepsilon}{2} = \varepsilon.$$

Proposição E.3. (Critério de Cauchy). Uma sequência é convergente se e somente se é de Cauchy.

Prova. a) Já provamos que uma sequência convergente é de Cauchy. b) Mostremos que uma sequência $\{a_n\}$ de Cauchy é convergente. De fato, $\{a_n\}$ é restrita, pois, dado $\varepsilon = 1$, existe N tal que

$$n > N \Rightarrow |a_n - a_{N+1}| < 1$$

---

* Existe tal k por ser $n_r \geq r$ e por ser $\lim\limits_{k \to +\infty} a_{nk} = a$.

e daí

$$n > N \Rightarrow |a_n| < 1 + |a_{N+1}|$$

e

$$|a_n| < \max\left\{1 + |a_{N+1}|, |a_1|, \cdots |a_N|\right\},$$

para todo n.

Sendo restrita, $\{a_n\}$ admite uma subsequência convergente, pelo corolário da Proposição E.l. Mas pelo lema, sendo de Cauchy, $\{a_n\}$ é convergente.

Corolário. A série Σa_n é convergente se e somente se, dado $\varepsilon > 0$, existe N tal que

$$m > n > N \Rightarrow |a_n + a_{n+1} + \cdots + a_m| < \varepsilon.$$

Em particular, se Σa_n é convergente, $\lim a_n = 0$.

Prova. Imediato.

Uma série $\displaystyle\sum_{n=1}^{\infty} b_n$ é dita um rearranjo da série $\displaystyle\sum_{n=1}^{\infty} a_n$ se existe uma função f, definida em $\mathbb{N}$, com valores em $\mathbb{N}$, um a um, isto é,

$$f(n_1) = f(n_2) \Rightarrow n_1 = n_2$$

e sobre $\mathbb{N}$, isto é, dado $n \in \mathbb{N}$ existe $m \in \mathbb{N}$ tal que $n = f(m)$, tal que

$$b_n = a_{f(n)}.$$

Por exemplo,

$$\sum b_n = b_1 + b_2 + b_3 + b_4 + b_5 + \cdots$$
$$= a_2 + a_1 + a_3 + a_4 + a_5 + \cdots$$

é um rearranjo da série

$$\sum a_n = a_1 + a_2 + a_3 + a_4 + a_5 + \cdots$$

Nesse caso,

$$f(1) = 2$$
$$f(2) = 1$$
$$f(n) = n, \quad n > 2.$$

Apêndice E

Outro exemplo:

$$\sum b_n = b_1 + b_2 + b_3 + b_4 + b_5 + b_6 + b_7 + \cdots$$

$$= a_2 + a_1 + a_4 + a_3 + a_6 + a_5 + a_8 + \cdots$$

é um rearranjo da série

$$\sum a_n = a_1 + a_2 + a_3 + a_4 + a_5 + a_6 + a_7 + \cdots$$

Nesse caso,

$$f(1) = 2$$
$$f(2) = 1$$
$$f(3) = 4$$
$$f(4) = 3,$$

e em geral

$$f(n) = \begin{cases} n - 1 & \text{se} \quad n \text{ e par,} \\ n + 1 & \text{se} \quad n \text{ e impar.} \end{cases}$$

Proposição E.4. Se Σa_n é absolutamente convergente, então qualquer rearranjo Σb_n dessa série é absolutamente convergente, tendo mesma soma que Σa_n.

Prova. Para cada k, existe L suficientemente grande tal que

$$|b_1| + |b_2| + \cdots + |b_k| \le |a_1| + |a_2| + \cdots + |a_L| \le \sum_{n=1}^{\infty} |a_n|$$

e então $\Sigma |b_n|$ é convergente (por quê?), isto é, Σb_n é absolutamente convergente.

Sejam

$$s_n = \sum_{i=1}^{n} a_i, \quad s = \lim s_n, \quad t_n = \sum_{i=1}^{n} b_i.$$

Dado $\varepsilon > 0$,

a) existe N tal que $|s - s_N| < \dfrac{\varepsilon}{2}$, pois $\lim s_n = s$, e

b) N pode ser escolhido de modo que

$$|a_{N+1}| + |a_{N+2}| + \cdots + |a_{N+p}| < \frac{\varepsilon}{2},$$

$p = 1, 2, \ldots$, porquanto $\Sigma |a_n|$ é convergente;

250   *Introdução ao cálculo*

c) tome M suficientemente grande de tal forma que cada um dos números $a_1, a_2, \ldots, a_N$ pertença ao conjunto dos números $b_1, b_2, \ldots, b_M$. Assim, se $m > M$,

$$t_m - s_N = \left(b_1 + b_2 + \cdots + b_m\right) - \left(a_1 + a_2 + \cdots + a_N\right)$$

será soma de certos números do conjunto formado por $a_{N+1}, a_{N+2}, \ldots$

Portanto, considerando (b), vem

d) $m > M \Rightarrow \left|t_m - s_N\right| < \dfrac{\varepsilon}{2}.$

Finalmente,

$$m > M \Rightarrow \left|s - t_m\right| = \left|s - s_N + s_N - t_m\right| \le \left|s - s_N\right| + \left|s_N - t_m\right| < \dfrac{\varepsilon}{2} + \dfrac{\varepsilon}{2} = \varepsilon.$$

[usamos (d) e (a)], isto é,

$$\sum_{n=1}^{\infty} b_n = s.$$

Provaremos a seguir o famoso teorema de Riemann-Dini. segundo o qual uma série condicionalmente convergente pode ser rearranjada de modo que tenha uma soma prefixada.

Lema. Σa_n é absolutamente convergente se e somente se as séries Σa_n^+ e Σa_n^- são convergentes, onde

$$a_n^+ = \begin{cases} a_n & \text{se} \quad a_n \ge 0, \\ 0 & \text{se} \quad a_n < 0, \end{cases}$$

e

$$a_n^- = \begin{cases} 0 & \text{se} \quad a_n \ge 0, \\ a_n & \text{se} \quad a_n < 0. \end{cases}$$

Além disso, se Σa_n é condicionalmente convergente, então Σa_n^+ e Σa_n^- são divergentes.

(Em outras palavras: Σa_n é absolutamente convergente se e somente se as séries formadas respectivamente pelos termos positivos e pelos negativos são convergentes; e estas são divergentes se Σa_n é condicionalmente convergente.)

Prova. Se Σa_n^+ e Σa_n^- são convergentes, então $\Sigma \left|a_n\right|$ é convergente, pois

$$|a_n| = a_n^+ - a_n^-.$$

Se $\Sigma |a_n|$ é convergente, então Σa_n é convergente, e daí, por ser

$$a_n^+ = \frac{a_n + |a_n|}{2}$$

e

$$a_n^- = \frac{a_n - |a_n|}{2},$$

resulta que as séries Σa_n^+ e Σa_n^- são convergentes.

Suponha agora que Σa_n seja condicionalmente convergente, isto é, Σa_n é convergente e $\Sigma |a_n|$ é divergente. Então, por ser

$$a_n^+ = \frac{a_n}{2} + \frac{|a_n|}{2},$$

resulta (Corolário de S2, Sec. 5.3) que Σa_n^+ é divergente. Do mesmo modo, Σa_n^- é divergente.

Proposição E.5. (Riemann-Dini). Se Σa_n é condicionalmente convergente, então, dado o número S, existe um rearranjo Σb_n de Σa_n cuja soma é S.

Prova. Suponhamos $S > 0$ (deixamos o caso $S < 0$ para o leitor). Para facilitar a escrita, ponhamos $a_n^+ = p_n$, $a_n^- = q_n$, a_n^+ e a_n^- como na proposição anterior. Então, como foi visto lá, resulta que são divergentes as séries Σp_n e Σq_n. Então, por ser a primeira divergente, existe N tal que

$$\sum_{n=1}^{N} p_n > S.$$

Seja N_1 o menor dos números com tal propriedade, isto é,

$$\sum_{n=1}^{N_1 - 1} p_n \leq S, \tag{1}$$

$$\sum_{n=1}^{N_1} p_n > S. \tag{1a}$$

252   *Introdução ao cálculo*

Sendo

$$S_{n_1} = \sum_{n=1}^{N_1} p_n,$$ (1b)

resulta imediatamente que

$$0 < S_{n_1} - S \leq p_{N_1}.$$

À soma S_{n1} somemos agora o número mínimo de termos q_n tais que a nova soma seja menor que S, isto sendo possível porque Σq_n é divergente. Seja esse número. Então

$$S_{n_1} + q_1 + q_2 + \cdots + q_{m_1} \leq S$$ (2)

e

$$S_{n_1} + q_1 + q_2 + \cdots + q_{m_1-1} > S.$$ (2a)

Sendo

$$S_{n_1+m_1} = S_{n_1} + q_1 + \cdots + q_{m_1},$$ (2b)

resulta imediatamente que

$$0 < S - S_{n_1+m_1} < -q_{m_1}.$$

Continuando o processo, alternadamente usando os termos p_n e q_n, obteremos somas S_{nk+mk} alternadamente maiores e menores que S, $k = 1,2,3,...$, satisfazendo relações análogas a (1c) e (2c). Consideremos a série

$$p_1 + p_2 + \cdots + p_{n_1} + q_1 + q_2 + \cdots + q_{m_1} + p_{n_1+1} + p_{n_1+2} + \cdots + p_{n_2} +$$

$$+ q_{m_1+1} + q_{m_1+2} + \cdots + q_{m_2} + \cdots +$$

$$+ p_{n_{k-1}+1} + p_{n_{k-1}+2} + \cdots + p_{n_k} + q_{m_{k-1}+1} + q_{m_{k-1}+2} + \cdots + q_{m_k} + \cdots,$$

a qual é evidentemente um rearranjo de Σa_n.

É claro que $\{S_{nk+mk}\}$ é uma subsequência das sequências das somas parciais desse rearranjo, que obviamente converge a S, conforme nos garantem as relações do tipo (1c) e (2c)[*], porquanto $\lim p_n = \lim q_n = 0$ (pois Σa_n é convergente).

Mostraremos agora que a sequência $\{S_l\}$, onde S_l é uma soma parcial do rearranjo não considerada na sequência $\{S_{nk+mk}\}$, também é convergente a S, o que terminará a prova.

---

[*] Usando o critério do confronto para sequências.

Apêndice E

Temos que, dado l como no parágrafo anterior, existem n_k, m_{k-1}, m_k tais que

$$n_k + m_{k-1} < l < n_k + m_{k-1}$$

ou, então, n_k, m_k, m_{k+1}, tais que

$$n_k + m_k < l < n_{k+1} + m_k$$

e daí teremos, respectivamente,

$$S_{n_k + m_{k-1}} > S_l > S_{n_k + m_{k-1}}$$

ou

$$S_{n_k + m_k} < S_l < S_{n_{k+1} + m_k}$$

(pois as somas parciais S_v do rearranjo crescem até S_{n1}, depois decrescem até $S_{n1 + m1}$, depois crescem até $S_{n2 + m2}$ etc.) e portanto, pelo critério do confronto para sequências, $S_l \to S$.

Passamos a discutir produto de séries. Dadas as séries Σa_n e Σb_n, queremos definir a série-produto de ambas. Uma possibilidade é a seguinte:

$$\Sigma c_n = \left(\Sigma a_n \right)\left(\Sigma b_n \right)$$

é dada por

$$c_n = a_0 b_n + a_1 b_{n-1} + \cdots + a_n b_0.$$

Nesse caso, a série Σc_n é chamada de produto segundo Cauchy das séries Σa_n e Σb_n

Nota. Se multiplicarmos formalmente as séries de potência

$$a_0 + a_1 x + a_2 x^2 + \cdots$$

e

$$b_0 + b_1 x + b_2 x^2 + \cdots$$

e agruparmos coeficientes de mesmo grau, obteremos

$$a_0 b_0 + \left(a_0 b_1 + a_1 b_0 \right)x + \cdots + \left(a_0 b_n + a_1 b_{n-1} + \cdots + a_n b_0 \right)x^n + \cdots,$$

o que confere, talvez, naturalidade à definição dada anteriormente.

Proposição F.6. Se Σa_n e Σb_n são absolutamente convergentes, então Σc_n (como acima) também é, e

$$\sum_{n=0}^{\infty} c_n = \left(\sum_{n=0}^{\infty} a_n \right)\left(\sum_{n=0}^{\infty} b_n \right).$$

Prova. Sejam

$$\sum_{k=0}^{n} a_k, \; A = \sum_{n=0}^{\infty} a_n, \; B_n = \sum_{k=0}^{n} b_k, \; B = \sum_{n=0}^{\infty} b_n, \; A'_n = \sum_{k=0}^{n} |a_k|,$$

$A' = \sum_{n=0}^{\infty} |a_n|, \; B'_n = \sum_{k=0}^{n} |b_k|, \; B' = \sum_{n=0}^{\infty} |b_n|.$ Considere a série

$\Sigma \, d_n = a_0 b_0 + a_1 b_0 + a_1 b_1 + a_0 b_1 + a_2 b_0 + a_2 b_1 + a_2 b_2 + a_1 b_2 +$
$+ a_0 b_2 + \cdots + a_n b_0 + a_n b_1 + \cdots + a_n b_n + \cdots$

(sugerida pelo esquema

$$
\begin{array}{llll}
a_0 b_0 & a_0 b_1 & a_0 b_2 \cdots \\
 & \uparrow & \uparrow \\
a_1 b_0 \rightarrow a_1 b_1 & a_1 b_2 \cdots \\
 & & \uparrow \\
a_2 b_0 \rightarrow a_2 b_1 & a_2 b_2 \cdots \\
. & . & . \; \cdots)
\end{array}
$$

Sendo D_k a soma parcial de ordem k desta série, e D'_k a de $\Sigma |d_n|$, teremos $D_0 = A_0 B_0$, $D_3 = A_1 B_1$, $D_8 = A_2 B_2, \cdots,$

$$D_{(n+1)^2 - 1} = A_n B_n \qquad (\alpha)$$

Analogamente

$$D'_{(n+1)^2 - 1} = A'_n B'_n \qquad (\beta)$$

De (β) vem que existe $\lim D'_{(n+1)^2 - 1} = A'B'$, o que acarreta, por ser $\{D'_n\}$ não decrescente, que $\lim D'_n = A'B'$, i.e., Σd_n é absolutamente convergente. Pela proposição E.4, podemos rearranjá-la e escrever:

$$
\begin{aligned}
\sum_{n=0}^{\infty} d_n &= a_0 b_0 + a_1 b_0 + a_0 b_1 + a_2 b_0 + a_1 b_1 + \\
&+ a_0 b_2 + \cdots + a_n b_0 + \cdots + a_0 b_n + \cdots + \\
&= a_0 b_0 + \left(a_1 b_0 + a_0 b_1 \right) + \\
&+ \left(a_2 b_0 + a_1 b_1 + a_0 b_2 \right) + \cdots + \left(a_n b_0 + \cdots + a_0 b_n \right) + \cdots + \\
&= \sum_{n=0}^{\infty} c_n \qquad\qquad (\gamma)
\end{aligned}
$$

Podemos então escrever

$$\sum_{n=0}^{\infty} c_n = c_0 + c_1 + c_2 + \cdots =$$

$$= c_0 + (c_1 + c_2 + c_3) + (c_4 + c_5 + c_6 + c_7 + c_8) +$$

$$+ \cdots + (\cdots + c_{n^2-1}) = \left(\sum_{n=0}^{\infty} a_n\right)\left(\sum_{n=0}^{\infty} b_n\right).$$

Na última igualdade usamos (α), e na penúltima, a propriedade S3 (Exer. 5.3.6).

Notas. 1) O resultado subsiste se apenas Σa_n é absolutamente convergente e Σb_n é convergente. A prova disso, devida a Mertens, escapa aos moldes do livro e pode ser encontrada, por exemplo, em Rudin, *Principles of Mathematical Analysis*, 2. ed., p. 65, McGraw-Hill.

2) Da convergência absoluta de Σc_n segue que sua soma é a soma da série obtida através da disposição indicada a seguir, na ordem dada pelas flechas:

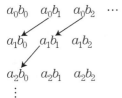

Proposição E.1. Dada $\Sigma a_n(x - x_0)^n$, então

a) ou a série é convergente apenas para $x = x_0$ e a convergência é absoluta;

b) ou a série é absolutamente convergente para todo x;

c) ou existe $r > 0$ tal que a série é absolutamente convergente para todo x tal que $|x - x_0| < r$ e divergente para todo x tal que $|x - x_0| > r$.

Prova. Já vimos exemplos que mostram que os casos (a) e (b) ocorrem. Suponhamos agora que para a série $\Sigma a_n(x - x_0)^n$ não ocorre nem (a) nem (b), ou seja, ela é convergente para algum $x_1 \neq x_0$ e divergente para algum $x_2 \neq x_0$. Então (Proposição 5.8.1) temos $x_0 < x_1 < x_2$.

Seja A o conjunto dos números $R \geq 0$ tais que $|x - x_0| < R$ implica que $\Sigma a_n(x - x_0)^n$ é convergente. A não é vazio, pois $x_0 \in A$, e A é restrito superiormente por x_2 (por quê?).

256　　　*Introdução ao cálculo*

Existe, pois, $r = \sup A$.

De fato, por ser r supremo e $|x - x_0| < r$, existe R_1 de A tal que $|x - x_0| < R_1 < r$, e então $\Sigma a_n(x - x_0)^n$ é convergente.

Por outro lado, se x é tal que $|x - x_0| > r$, então $\Sigma a_n(x - x_0)^n$ é divergente, senão, pela Proposição 5.8.1, a série seria convergente para todo $\bar{x}$ tal que $|\bar{x} - x_0| < R_1$, com $R_1 > r$, e r não seria sup A.

EXERCÍCIOS

E.1. Prove as proposições não demonstradas no texto deste apêndice.

E.2. Prove:

a) Seja f uma função cujo domínio contém um intervalo aberto I, exceto possivelmente um ponto x_0 do mesmo, e L um número. Então $\lim\limits_{x \to x_0} f(x) = L \Leftrightarrow$ para toda sequência $\{a_n\}$, onde $a_n \in I$, $a_n \neq x_0$, e $\lim a_n = x_0$, se verifica $\lim f(a_n) = L$.

Comentário. A Proposição E.2 é um corolário desse resultado.

b) Seja f uma função cujo domínio contém um intervalo dado por $x \geq a$, e L um número. Então $\lim\limits_{x \to +\infty} f(x) = L \Leftrightarrow$ para toda sequência $\{a_n\}$, onde $a_n \geq a$ e $\lim a_n = +\infty$, se verifica $\lim f(a_n) = L$.

E.3. Dada a sequência $\{a_n\}$, seja f a função cujo gráfico se obtém unindo os pontos (n, a_n) e $(n + 1, a_{n+1})$ por um segmento, para todo n.

a) Mostre que
$$f(x) = (a_{n+1} - a_n)(x - n) + a_n, \quad n \leq x \leq n + 1.$$

b) Mostre que
$$\lim\limits_{x \to +\infty} f(x) = L \Leftrightarrow \lim a_n = L.$$

Comentário. Logo, $\lim a_n = +\infty$ pode ser definido usando $\lim\limits_{x \to +\infty} f(x)$.

c) Usando a parte (b), prove a Proposição E.1 utilizando o Lema D.2.

E.4. (Critério de Cauchy para integrais infinitas). Seja f contínua no intervalo $x \geq a$. Prove que $\int_a^{+\infty} f(x)dx$ existe se e somente se, dado $\varepsilon > 0$, existe x_0 tal que $c > b > x_0$ implica

Apêndice E

$$\left| \int_b^c f(x)dx \right| < \varepsilon.$$

Sugestão. Supondo que a condição se verifica, considere $\{a_n\}$, onde $a_n = \int_a^{a+n} f(x)dx$, que é de Cauchy, sendo, pois, convergente. Sendo $\lim a_n = L$, prove que $\int_a^{+\infty} f(x)dx = L$. Para isso, dado $\varepsilon > 0$, escolha x_0 de modo que $\left| \int_b^c f(x)dx \right| < \dfrac{\varepsilon}{2}$ se $c > b > x_0$, e tal que $|a_n - L| < \dfrac{\varepsilon}{2}$ se $a + n \geq x_0$. Seja $N > x_0 - a$, natural. Então, se $b > a + N$,

$$\left| \int_a^b f(x)dx - L \right| = \left| \int_a^{a+N} f(x)dx - L + \int_{a+N}^b f(x)dx \right| \leq$$

$$\leq |a_N - L| + \left| \int_{a+N}^b f(x)dx \right| < \varepsilon.$$

E.5. Os critérios vistos no Cap. 5 (comparação, razão etc.) para convergência são úteis no estabelecimento de convergência absoluta de uma série de termos quaisquer. No caso de convergência condicional, os critérios de Dirichlet e Abel são úteis. O objetivo deste exercício é apresentá-los.

a) Dadas $\{a_n\}$ e $\{b_n\}$ e pondo

$$A_n = a_1 + a_2 + \cdots + a_n,$$

prove que

$$\sum_{k=1}^n a_k b_k = A_n b_{n+1} - \sum_{k=1}^n A_k (b_{k+1} - b_k).$$

Logo, $\Sigma a_k b_k$ é convergente se $\{A_n b_{n+1}\}$ e $\Sigma A_k (b_{k+1} - b_k)$ são convergentes.

b) (Critério de Dirichlet). Se Σa_n é tal que suas somas parciais são restritas (por um mesmo número) e $\{b_n\}$ é monotônica não crescente com $\lim b_n = 0$, então $\Sigma a_n b_n$ é convergente.

c) (Critério de Abel). A série $\Sigma a_n b_n$ é convergente se Σa_n é convergente e $\{b_n\}$ é monotônica (não crescente ou não decrescente) e convergente.

d) Se Σa_n é convergente e se $\Sigma(b_n - b_{n+1})$ é absolutamente convergente, então $\Sigma a_n b_n$ é convergente.

258   *Introdução ao cálculo*

e) Se Σa_n tem somas parciais restritas (por um mesmo número), $\Sigma(b_n - b_{n+1})$ converge absolutamente e $\lim b_n = 0$, então $\Sigma a_n b_n$ é convergente.

f) Aplicações[*].

1) Mostre que $\displaystyle\sum \frac{\cos n\theta}{n}$ é divergente se $\theta = 2k\pi$, e convergente se $\theta \neq 2k\pi$.

2) Mostre que $\displaystyle\sum \frac{\operatorname{sen} n\theta}{n}$ é convergente.

3) Mostre que $\displaystyle\sum \frac{(-1)^n \cos n\theta}{n}$ é divergente se $\theta = (2k-1)\pi$ e é convergente se $\theta \neq (2k-1)\pi$.

4) Mostre que $\displaystyle\sum (-1)^n \frac{\operatorname{sen} n\theta}{n}$ é convergente.

5) Mostre que $\displaystyle\sum (-1)^n \frac{\operatorname{sen} nx}{\ln x}$ é convergente para todo x.

6) Mostre que $\displaystyle\sum (-1)^n \frac{\cos nx}{\ln n}$ é convergente se $x \neq (2k-1)\pi$, divergente se $x = (2k-1)\pi$.

L.6. Se Σa_n é condicionalmente convergente, existe um rearranjo Σb_n dessa série tal que

a) $\lim\big(b_1 + b_2 + \cdots + b_n\big) = +\infty$;

b) $\lim\big(b_1 + b_2 + \cdots + b_n\big) = -\infty$;

c) $\lim\big(b_1 + b_2 + \cdots + b_n\big)$ não existe, e não ocorre (a) nem (b).

---

[*] As fórmulas seguintes serão úteis:

$$\sum_{k=0}^{n} \cos(a+kb) = \frac{\operatorname{sen}\dfrac{n+1}{2}b}{\operatorname{sen}\dfrac{b}{2}} \cos\left(a + \frac{nb}{2}\right);$$

$$\sum_{k=0}^{n} \operatorname{sen}(a+kb) = \frac{\operatorname{sen}\dfrac{n+1}{2}b}{\operatorname{sen}\dfrac{b}{2}} \operatorname{sen}\left(a + \frac{nb}{2}\right).$$

Para deduzi-las, parta de $\displaystyle\sum_{k=0}^{n} e^{i(a+kb)}$.

Apêndice

FÓRMULA DO ESPAÇO PERCORRIDO

Lema F.1. (Desigualdade de Schwarz). Quaisquer que sejam os números a_i e b_i, $i = 1, 2, 3, ..., n$, tem-se

$$\sum_{i=1}^{n} a_i b_i \leq \left(\sum_{i=1}^{n} a_i^2\right)^{1/2} \left(\sum_{i=1}^{n} b_i^2\right)^{1/2}.$$

Prova. Temos, para todo t, que

$$\sum_{i=1}^{n} (a_i - tb_i)^2 \geq 0,$$

ou seja,

$$\left(\sum_{i=1}^{n} b_i^2\right) t^2 - 2\left(\sum_{i=1}^{n} a_i b_i\right) t + \sum_{i=1}^{n} a_i^2 \geq 0.$$

Se $\sum_{i=1}^{n} b_i^2 = 0$, isto é, se $b_i = 0$, $i = 1, 2, ..., n$, a desigualdade proposta no enunciado se verifica; suponhamos, então, $\sum_{i=1}^{n} b_i^2 \neq 0$. A última relação, devendo ser verificada para todo t, implica que

$$\left(2\sum_{i=1}^{n} a_i b_i\right)^2 - 4 \cdot \left(\sum_{i=1}^{n} b_i^2\right)\left(\sum_{i=1}^{n} a_i^2\right) \leq 0,$$

de onde decorre a tese.

Lema F.2. Se f e g são funções contínuas num intervalo $[a, b]$, então

$$\sqrt{\left(\int_a^b f(t)dt\right)^2 + \left(\int_a^b g(t)dt\right)^2} \leq \int_a^b \sqrt{f^2(t) + g^2(t)}\, dt.$$

Prova. Para todo t de $[a, b]$ tem-se, pelo lema anterior:

$$\left(\int_a^b f(t)dt\right)f(t) + \left(\int_a^b g(t)dt\right)g(t) \leq$$

$$\leq \sqrt{\left(\int_a^b f(t)dt\right)^2 + \left(\int_a^b g(t)dt\right)^2}\sqrt{f^2(t) + g^2(t)}$$

e portanto, integrando de a até b, vem

$$\left(\int_a^b f(t)dt\right)^2 + \left(\int_a^b g(t)dt\right)^2 \leq$$

$$\leq \sqrt{\left(\int_a^b f(t)dt\right)^2 + \left(\int_a^b g(t)dt\right)^2}\int_a^b \sqrt{f^2(t) + g^2(t)}\, dt.$$

Se $\sqrt{\left(\int_a^b f(t)dt\right)^2 + \left(\int_a^b g(t)dt\right)^2} \neq 0$, a tese é verificada dividindo ambos os membros da desigualdade por esse número. O caso em que tal número é 0 é trivial.

A noção de espaço percorrido já foi definida na Sec. 3.3 o qual foi denotado pela letra s.

Proposição. F.1. Dadas as funções f e g tais que f' e g' são contínuas em $[a, b]$, a curva $P(t) = (f(t), g(t))$ $a \leq t \leq b$ é retificável, e vale a desigualdade

$$s \leq \int_a^b \sqrt{f'^2(t) + g'^2(t)}\, dt.$$

Prova. Tomada uma partição P de $[a, b]$, digamos, dada por

$$a = t_0 \leq t_1 \leq \cdots \leq t_n = b$$

e designando por $L(P)$ o comprimento da poligonal de vértices $P(t_0)$, $P(t_1)...., P(t_n)$, vem

Apêndice F

$$L(P) = \sum_{i=0}^{n-1} \sqrt{\left[f\left(t_{i+1}\right) - f\left(t_i\right)\right]^2 + \left[g\left(t_{i+1}\right) - g\left(t_i\right)\right]^2} =$$

$$= \sum_{i=0}^{n-1} \sqrt{\left(\int_{t_i}^{t_{i+1}} f'(t)dt\right)^2 + \left(\int_{t_i}^{t_{i+1}} g'(t)dt\right)^2} \le$$

$$\le \sum_{i=0}^{n-1} \int_{t_i}^{t_{i+1}} \sqrt{f'^2(t) + g'^2(t)}\, dt = \int_a^b \sqrt{f'^2(t) + g'^2(t)}\, dt$$

(foi usado o Lema F.2).

Como P é uma partição qualquer, vem

$$s \le \int_a^b \sqrt{f'^2(t) + g'^2(t)}\, dt.$$

Proposição F.2. Sejam f e g como na Proposição F.1 e c tal que $a < c < b$. Então, designando por s_{ac} o espaço percorrido no movimento pontual $P(t) = (f(t), g(t))$, $a \le t \le c$, os símbolos s_{ab} e s_{cb} definidos de modo análogo, tem-se

$$s_{ab} = s_{ac} + s_{cb}.$$

Prova. Sendo P_1 e P_2 partições de $[a, c]$ e $[c, b]$, respectivamente, consideremos a partição P de $[a, b]$ formada pelos pontos de P_1 e pelos pontos de P_2. Temos

$$L\left(P_1\right) + L\left(P_2\right) = L(P) \le s_{ab}$$

e

$$L\left(P_1\right) \le s_{ab} - L\left(P_2\right).$$

Fixando P_2 e fazendo P, variar no conjunto das partições de $[a, c]$, resulta

$$s_{ac} \le s_{ab} - L\left(P_2\right);$$

logo,
$$L\left(P_2\right) \leq s_{ab} - s_{ac}.$$

Fazendo P_2 variar no conjunto das partições de $[c, b]$, resulta
$$s_{cb} \leq s_{ab} - s_{ac},$$

e daí
$$s_{ab} \geq s_{ac} + s_{cb}. \tag{α}$$

Dada agora uma partição P de $[a, b]$, adicionando eventualmente c, obteremos partições P_1 e P_2 de $[a, c]$ e $[c, b]$ de maneira óbvia, e vale
$$L\left(P\right) \leq L\left(P_1\right) + L\left(P_2\right) \leq s_{ac} \geq s_{ac} + s_{cb}.$$

Portanto, como P é qualquer partição de $[a, b]$, vem
$$s_{ab} \leq s_{ac} + s_{cb},$$

relação que, considerada conjuntamente com (α), estabelece o resultado.

Corolário. A função espaço percorrido[*]
$$s\left(t\right) = \begin{cases} s_{at} & \text{se} \quad t > a, \\ 0 & \text{se} \quad t = a, \end{cases}$$

é monotônica não decrescente em $[a, b]$ (hipóteses e notação como na Proposição F.2).

Prova. Se $a \leq t_1 \leq t_2 \leq b$, vem
$$s\left(t_2\right) - s\left(t_1\right) = s_{at_2} - s_{at_1} = s_{t_1 t_2} \geq 0.$$

Proposição F.3. Sejam f e g tais que f' e g' são contínuas em $[a, b]$. Então o espaço percorrido no movimento pontual $P(t) = (f(t), g(t))$ é
$$s = \int_a^b \sqrt{f'^2\left(t\right) + g'^2\left(t\right)}\, dt.$$

Prova. Mostraremos que $s(t)$ é uma primitiva de $\sqrt{f'^2\left(t\right) + g'^2\left(t\right)}$ em $[a, b]$, o que, pelo teorema fundamental do Cálculo, estabelecerá o afirmado.

Tomemos t de (a, b) (os casos $t = a$ e $t = b$ são deixados como exercício) e provemos que $s'\left(t\right) = \sqrt{f'^2\left(t\right) + g'^2\left(t\right)}$.

----

[*] É chamada também de função comprimento de arco, a partir de a.

Apêndice F   263

Sendo $h > 0$, temos

$$\sqrt{\left(f\left(t+h\right)-f\left(t\right)\right)^2+\left(g\left(t+h\right)-g\left(t\right)\right)^2} \le s_{t,t+h} = s\left(t+h\right)-s\left(t\right),$$

pois o número do primeiro membro é o comprimento de uma poligonal, a de vértices $(f(t), g(t))$ e $(f(t+h), g(t+h))$. Daí, usando a proposição anterior, vem

$$\left|\sqrt{\frac{\left(f\left(t+h\right)-f\left(t\right)\right)^2+\left(g\left(t+h\right)-g\left(t\right)\right)^2}{h^2}}\right| \le \frac{s\left(t+h\right)-s\left(t\right)}{h} =$$

$$= \frac{s_{t,t+h}}{h} \le \frac{1}{h}\int_t^{t+h}\sqrt{f'^2\left(t\right)+g'^2\left(t\right)}\,dt.$$

Um raciocínio do mesmo tipo mostra que estas desigualdades subsistem se $h < 0$. Fazendo $h \to 0$, os termos extremos dessa relação tendem a $\sqrt{f'^2\left(t\right)+g'^2\left(t\right)}$, de modo que, pelo teorema do confronto,

$$s'\left(t\right) = \sqrt{f'^2\left(t\right)+g'^2\left(t\right)}.$$

EXERCÍCIO

Definir curva em $\mathbb{R}^3$ e estabelecer resultados análogos aos vistos para curva em $\mathbb{R}^2$.

Apêndice

CONTINUIDADE UNIFORME. CONVERGÊNCIA UNIFORME

Este apêndice, contrariamente aos anteriores, não faz provas ou completa matérias do texto. É, portanto, perfeitamente dispensável. No entanto, sua introdução é devida a vários fatores, dentre os quais o mais importante é o de fornecer, ao leitor interessado em Matemática, conhecimento de conceitos relevantes, os quais não foram apresentados no texto, por ser este livro de Cálculo, e não de Análise Matemática.

G.1 CONTINUIDADE UNIFORME

Vejamos inicialmente a noção de continuidade uniforme. Examinemos mais acuradamente a definição de função contínua num ponto. Como vimos, f é contínua em x_0 se $\lim_{x \to x_0} f(x) = f(x_0)$, ou seja, dado $\varepsilon > 0$, existe $\delta > 0$ tal que

$$|x - x_0| < \delta \Rightarrow |f(x) - f(x_0)| < \varepsilon.$$

Observemos que, em princípio, δ depende de ε e de x_0. Pode suceder que seja, por exemplo, necessário tomar δ cada vez menor quanto mais próximo x_0 estiver de um certo valor. Concretamente, consideremos $f(x) = \dfrac{1}{x}$, que é contínua em $(0, 1)$. Vemos, observando seu gráfico, que, quanto mais próximo de 0 estiver $x_0 > 0$, tanto menor se deve escolher δ para que

$$|x - x_0| < \delta \Rightarrow \left|\dfrac{1}{x} - \dfrac{1}{x_0}\right| < \varepsilon$$

(mantendo-se naturalmente ε fixo).

Apêndice G   265

Para provarmos esse fato, observemos que, sendo
$0 < x_0 < 1$ e $0 < \varepsilon < \dfrac{1}{x_0}$, então

$$\left| \frac{1}{x} - \frac{1}{x_0} \right| < \varepsilon \Leftrightarrow \frac{x_0}{1 + \varepsilon x_0} < x < \frac{x_0}{1 - \varepsilon x_0},$$

de modo que certamente δ, que existe em correspondência a ε (e a x_0)
pela continuidade de f em x_0, satisfará

$$0 < \delta^* \le \frac{x_0}{1 - \varepsilon x_0} - \frac{x_0}{1 + \varepsilon x_0} = \frac{2\varepsilon x_0^2}{1 - \varepsilon^2 x_0^2}.$$

Vemos que, à medida que x_0 se aproxima de 0, δ se aproxima de
0 (mantendo-se ε constante), pois

$$\lim_{x_0 \to 0} \frac{2\varepsilon x_0^2}{1 - \varepsilon^2 x_0^2} = 0.$$

Acontece que em outros casos, dado $\varepsilon > 0$, pode-se arranjar δ que
só depende de ε, tal que

$$|x - x_0| < \delta \Rightarrow |f(x) - f(x_0)| < \varepsilon$$

para todos os valores x_0 de um intervalo.

Observe que assim x e x_0 passam a ter papéis simétricos pela ar-
bitrariedade de x_0: dado $\varepsilon > 0$, existe $\delta > 0$ tal que, se x e x_0 são quais-
quer números (de um certo intervalo) com $|x - x_0| < \delta$ então
$|f(x) - f(x_0)| < \varepsilon$. Por isso, na definição a seguir, substituiremos x e
x_0 pelos símbolos x_1 e x_2, respectivamente, mais convenientes.

Diz-se que uma função f é *uniformemente contínua num in-
tervalo* I se, dado $\varepsilon > 0$, existe $\delta > 0$ tal que, quaisquer que sejam x_1,
$x_2 \in I$, com $|x_1 - x_2| < \delta$, tem-se $|f(x_1) - f(x_2)| < \varepsilon$.

É imediato que, se f é uniformemente contínua em I, ela é conti-
nua em I. A recíproca não vale: A função f dada por $f(x) = \dfrac{1}{x}$, $x \ne 0$,
não é uniformemente contínua em $(0, 1)$, como vimos, apesar de ser
contínua nesse intervalo.

Exemplo G. 1.1. Diz-se que uma função f é lipschitziana no intervalo I se existe $M > 0$ tal que, para todo x_1, $x_2 \in I$, tem-se

---

* Notação interessante para δ é $\delta\,(\varepsilon, x_0)$.

$\left|f\left(x_1\right) - f\left(x_2\right)\right| < M\left|x_1 - x_2\right|$. É fácil ver que toda função lipschitziana num intervalo I é uniformemente contínua em I. De fato, dado $\varepsilon > 0$, seja $\delta = \dfrac{\varepsilon}{M}$. Então, se x_1 e x_2 são pontos de I.

$$\left|x_1 - x_2\right| < \delta = \frac{\varepsilon}{M} \Rightarrow \left|f\left(x_1\right) - f\left(x_2\right)\right| < M\left|x_1 - x_2\right| < M \cdot \frac{\varepsilon}{M} = \varepsilon.$$

Exemplo G.1.2. Se f é contínua em I, derivável no interior de I, sendo $\left|f'\left(x\right)\right| \le M$ para todo x interior de I, então f é lipschitziana em I e portanto, pelo exemplo anterior, uniformemente contínua em I.

De fato, se x_1 e x_2 pertencem a I, temos, pelo teorema do valor médio, que

$$f\left(x_1\right) - f\left(x_2\right) = f'\left(c\right)\left(x_1 - x_2\right)$$

e daí

$$\left|f\left(x_1\right) - f\left(x_2\right)\right| = \left|f'\left(c\right)\right|\left|x_1 - x_2\right| \le M\left|x_1 - x_2\right|.$$

Como aplicação, mostremos que a função f dada por $f\left(x\right) = \dfrac{1}{x}$, $x \ne 0$, é uniformemente contínua em $(a, 1)$, onde $0 < a < 1$. De fato, se $a < x < 1$,

$$\left|f'\left(x\right)\right| = \left|-\frac{1}{x^2}\right| = \frac{1}{x^2} < \frac{1}{a^2},$$

e f é lipschitziana em $(a, 1)$.

Outra aplicação: a função f, de domínio $\mathbb{R}$, dada por $f\left(x\right) = \sqrt{1 + x^2}$ é uniformemente contínua em $\mathbb{R}$, pois $f'\left(x\right) = \dfrac{x}{\sqrt{1 + x^2}} \le 1$.

Exemplo G.1.3. A função f de domínio $\mathbb{R}$, dada por $f(x) = x^2$ não é uniformemente contínua em $\mathbb{R}$.

De fato, tomado $\varepsilon = 1$, não pode existir $\delta > 0$ tal que, para todo x_1, x_2 e $\mathbb{R}$ com $\left|x_1 - x_2\right| < \delta$, tenha-se $\left|x_1^2 - x_2^2\right| < 1$, pois, se x_1 é suficientemente grande, os pontos x_1 e $x_1 + \dfrac{\delta}{2}$ são tais que $\left|x_1 - x_2\right| < \delta$ mas

$$\left|\left(x_1 + \frac{\delta}{2}\right)^2 - x_1^2\right| = \left(x_1 + \frac{\delta}{2}\right)^2 - x_1^2 > 1,$$

porquanto

Apêndice G

$$\lim_{x_1 \to +\infty}\left[\left(x_1 + \frac{\delta}{2}\right)^2 - x_1^2\right] = +\infty.$$

A proposição seguinte nos fornece exemplos em profusão de funções uniformemente contínuas em intervalos do tipo $[a, b]$.

Proposição G.1.1. Se f é contínua em $[a, b]$, então f é uniformemente contínua em $[a, b]$.

Prova. a) Mostremos inicialmente que, dado $\varepsilon > 0$, existem números $x_0, x_1, ..., x_n$, com $a = x_0 < x_1 < ... < x_n = b$, tais que $M_i - m_i < \varepsilon$, $i = 0, 1, 2, ..., n - 1$, onde M_i e m_i são, respectivamente, o valor máximo e o valor mínimo de f em $[x_i, x_{i+1}]$.

Suponhamos que a afirmação é falsa, e seja $c = \dfrac{a+b}{2}$. Então o resultado é falso em $[a, c]$ ou em $[c, b]$. Seja $[a_1, b_1]$ o intervalo onde o resultado é falso (se em ambos $[a, c]$ e $[c, b]$ isto sucede, escolhemos "o da esquerda"). Repetindo o procedimento para $[a_1, b_1]$, obteremos $[a_2, b_2]$, e assim por diante. Obtemos assim intervalos encaixantes $[a_n, b_n]$ (Exer. A.3.2. Vol. 1) tais que $\lim(b_n - a_n) = 0$. Como decorre do Exer. A.3.2(c), Vol I. existe d, ponto comum a todos os intervalos encaixantes. Como f é continua em d, existe $\delta > 0$ tal que

$$d - \delta \le x \le d + \delta \Rightarrow \left|f\left(x\right) - f\left(d\right)\right| < \frac{\varepsilon}{2}$$

(se d é a ou b, considerar $a \le x \le a + \delta$ e $b - \delta \le x \le b$, respectivamente), ou seja, se $x \in [d - \delta, d + \delta]$, então

$$f\left(d\right) - \frac{\varepsilon}{2} < f\left(x\right) < f\left(d\right) + \frac{\varepsilon}{2}.$$

Sendo M e m, respectivamente, o valor máximo e o valor mínimo de f em $[d - \delta, d + \delta]$, resulta da desigualdade anterior que

$$M < f\left(d\right) + \frac{\varepsilon}{2}$$

$$f\left(d\right) - \frac{\varepsilon}{2} < m$$

e daí

$$M - m < f\left(d\right) + \frac{\varepsilon}{2} - f\left(d\right) + \frac{\varepsilon}{2} = \varepsilon.$$

Mas, se n é suficientemente grande, $[a_n, b_n]$ estará contido em $[d - \delta, d + \delta]$, o que pela definição de $[a_n, b_n]$ nos conduz a uma contradição.

b) Usando o resultado provado na parte (a), dado $\varepsilon > 0$, sejam $x_0, x_1, ..., x_n$ como lá, tais que $M_i - m_i < \dfrac{\varepsilon}{2}$. Seja δ o mínimo dos números $x_{i+1} - x_i$, $i = 0, 1, ..., n - 1$. Se $x_1, x_2 \in [a, b]$ e $|x_1 - x_2| < \delta$, então ou x_1 e x_2 pertencem a um dos intervalos $[x_i, x_{i+1}]$, ou então a intervalos adjacentes.

No primeiro caso,

$$\left| f\left(x_1\right) - f\left(x_2\right) \right| < \frac{\varepsilon}{2}\, \varepsilon < \varepsilon,$$

e no segundo, sendo e o ponto comum dos intervalos,

$$\left| f\left(x_1\right) - f\left(x_2\right) \right| \leq \left| f\left(x_1\right) - f\left(e\right) \right| + \left| f\left(e\right) - f\left(x_2\right) \right| < \frac{1}{2}\, \varepsilon + \frac{1}{2}\, \varepsilon = \varepsilon.$$

Como aplicação dos resultados, daremos uma outra prova do fato seguinte (veja Apêndice A):

Se f é contínua em $[a, b]$, então f é integrável em $[a, b]$.

De fato, a notação sendo a do Apêndice A, dado $\varepsilon > 0$, existe $\delta > 0$ tal que, se $x_1, x_2 \in [a, b]$ e $|x_1 - x_2| < \delta$, então $\left| f\left(x_1\right) - f\left(x_2\right) \right| < \dfrac{\varepsilon}{b - a}$ de modo que, considerada uma partição P de $[a, b]$ tal que o maior dos números $x_{i+1} - x_i$ seja inferior a δ, tem-se

$$M_i - m_i < \frac{\varepsilon}{b - a}.$$

Então

$$S\left(P, f\right) - s\left(P, f\right) = \sum_{i=0}^{n-1} \left(M_i - m_i\right)\left(x_{i+1} - x_i\right) <$$

$$< \frac{\varepsilon}{b - a} \sum_{i=0}^{n-1} \left(x_{i+1} - x_i\right) = \frac{\varepsilon}{b - a}\left(b - a\right) = \varepsilon,$$

o que termina a prova.

G.2 CONVERGÊNCIA UNIFORME

Uma sequência de funções é uma correspondência que a cada número natural n associa uma função f_n. Uma sequência é indicada por $\{f_n\}$. Consideraremos as f_n tendo mesmo domínio A. Se para cada x de A $\{f_n(x)\}$ é convergente, podemos definir f de domínio A, por $f(x) = \lim f_n(x)$. Nesse caso se diz que $\{f_n\}$ *converge a f* (em A), que $\{f_n\}$ é *convergente* e f é (a função) *limite* de f_n (em A).

Exemplo G.2.1. Seja $f_n(x) = x^n$, $0 \leq x \leq 1$. Então é fácil ver que

$$f(x) = \lim f_n(x) = \begin{cases} 0 & \text{se } 0 \leq x < 1, \\ 1 & \text{se } x = 1. \end{cases}$$

de modo que $\{f_n\}$ é convergente (Fig. G-1) e a função-limite de f_n é f.

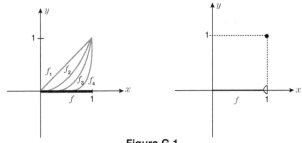

Figura G.1

Exemplo G.2.2. Seja $f_n(x) = \dfrac{\operatorname{sen} nx}{\sqrt{n}}$, $x \in \mathbb{R}$. Então $\lim f_n(x) = 0$, para todo $x \in \mathbb{R}$ (Fig. G-2), e $\{f_n\}$ é convergente, sendo $f(x) = 0$, $x \in \mathbb{R}$, a função-limite de $\{f_n\}$.

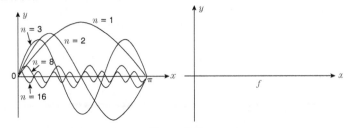

Figura G.2

Observemos que, apesar de, nos dois exemplos vistos, $f(x) = \lim f_n(x)$, existe uma diferença: no primeiro exemplo, os gráficos das f_n "não se aproximam" arbitrariamente do gráfico de f à medida que n cresce e, no segundo exemplo, os gráficos das f_n "se aproximam" arbitrariamente do gráfico de f à medida que n cresce. Em outras palavras, se marcarmos uma faixa em torno do gráfico de f, como mostra a Fig. G-3, de amplitude 2ε, $\varepsilon > 0$, então no primeiro exemplo, qualquer que seja n, sempre existe uma f_n cujo gráfico sai da faixa, ao passo que, no segundo exemplo, existe N tal que, se $n > N$, então f_n tem seu gráfico contido na faixa.

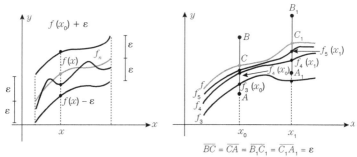

Figura G.4

Somos assim conduzidos ao conceito de convergência uniforme: Seja $\{f_n\}$ uma sequência de funções, f uma função e A um conjunto de números, contido no domínio de f e no das f_n. Diz-se que $\{f_n\}$ *converge uniformemente a f em A* se dado $\varepsilon > 0$, existe N tal que, para todo $x \in A$, $n > N$ acarreta $|f(x) - f_n(x)| < \varepsilon$. Nesse caso $\{f_n\}$ se diz *uniformemente convergente*.

A primeira vista parece que o conceito é o mesmo que foi dado inicialmente. Mas, na realidade, está se exigindo mais que convergência. De fato, $\lim f_n(x) = f(x)$ significa que, fixado x, dado $\varepsilon > 0$, existe N tal que $n > N$ acarreta $|f(x) - f_n(x)| < \varepsilon$. Aqui N depende em geral de ε e de x. Portanto, para um mesmo ε, o número N varia em geral com x. Observe a Fig. G-4. Fixado x_0, vemos que os pontos $(x_0, f_3(x_0))$, $(x_0, f_4(x_0))$ etc. pertencem ao segmento (aberto) AB; então para o ε dado, $N = 2$ serve. Fixando agora x_1, vemos que, para o mesmo ε,

Apêndice G

devemos tomar pelo menos $N = 3$ (os pontos $(x_1, f_4(x_1))$, $(x_1, f_5(x_1))$ etc. pertencem ao segmento (aberto) $A_1 B_1$, ao passo que $(x_1, f_1(x_1))$, $(x_1, f_2(x_1))$, $(x_1, f_3(x_1))$ não pertencem. Se for possível encontrar, para um dado $\varepsilon > 0$, um N tal que $n > N$ acarreta $\left| f(x) - f_n(x) \right| < \varepsilon$, para todo x (do domínio de f), isto quer dizer que N independe de x. Nesse caso, repetindo para cada x a construção de um segmento AB, como na Fig. G-4, obtemos a faixa de "amplitude" 2ε, como na Fig. G-3, e vê-se que, para $n > N$, o gráfico de f_n está contido nessa faixa. Se tal fato se dá para todo $\varepsilon > 0$, isto é, dado $\varepsilon > 0$, encontra-se N nessas condições, temos a convergência uniforme.

É claro que convergência uniforme implica convergência, mas a recíproca não é verdadeira, como se verá.

Proposição G.2.1. (Critério de Cauchy para convergência uniforme) $\{f_n\}$ converge uniformemente em A se e somente se, dado $\varepsilon > 0$, existe N tal que $m > N$, $n > N$, $x \in A$, implicam $\left| f_n(x) - f_m(x) \right| < \varepsilon$.

Prova. Se $\{f_n\}$ converge uniformemente, digamos, a f em A, dado $\varepsilon > 0$ existe N tal que $n > N$ e $x \in A$ acarretam

$$\left| f_n(x) - f(x) \right| < \frac{\varepsilon}{2},$$

logo, se $m > N$,

$$\left| f_n(x) - f_m(x) \right| \le \left| f_n(x) - f(x) \right| + \left| f(x) - f_m(x) \right| < \varepsilon.$$

Suponhamos agora que a condição referida no enunciado se verifica e provemos que $\{f_n\}$ converge uniformemente em A. Para cada $x \in A$, $\{f_n(x)\}$ é convergente, pelo critério de Cauchy para sequências (Proposição E.3), de modo que $\{f_n\}$ converge para uma função f. Dado $\varepsilon > 0$, existe N tal que $m > N$, $n > N$, $x \in A$, acarretam

$$\left| f_n(x) - f_m(x) \right| < \frac{\varepsilon}{2}.$$

Daí, fixando n e tomando limite para m tendendo a mais infinito, resulta

$$\left| f_n(x) - f(x) \right| \le \frac{\varepsilon}{2} < \varepsilon.$$

Proposição G.2.2. Suponhamos que

$$\lim f_n(x) = f(x)$$

272   *Introdução ao cálculo*

para todo x de um conjunto A. Indiquemos por B_n o supremo dos números $\left| f_n(x) - f(x) \right|$ para x percorrendo A. Então $\{f_n\}$ converge uniformemente a f em A se e somente se $\lim B_n = 0$.

Prova. Se $\{f_n\}$ converge uniformemente a f em A, dado $\varepsilon > 0$, existe N tal que, para todo $x \in A$, $n > N$ acarreta $\left| f(x) - f_n(x) \right| < \dfrac{\varepsilon}{2}$, o que, pela definição de supremo, acarreta $B_n \leq \dfrac{\varepsilon}{2} < \varepsilon$. Logo, $\lim B_n = 0$.

Por outro lado, se $\lim B_n = 0$, dado $\varepsilon > 0$, existe N tal que $n > N$ acarreta $\left| B_n \right| = B_n < \varepsilon$. Mas, para todo $x \in A$, tem-se $\left| f(x) - f_n(x) \right| \leq B_n$.

Exemplo G.2.3. Consideremos o Ex. G.2.1. Vimos que $\{f_n\}$ converge a f, mas a convergência não é uniforme em $[0, 1]$. De fato, nesse caso, $B_n = 1$ e $\lim B_n = 1 \neq 0$. Por outro lado, a convergência é uniforme em todo intervalo da forma $[0, a]$, $a < 1$. De fato, nesse caso, $B_n = a^n$ e $\lim B_n = 0$.

Exemplo G.2.4. No caso do Ex. G.2.2. a convergência é uniforme em $\mathbb{R}$, pois $B_n = \dfrac{1}{\sqrt{n}}$ e $\lim B_n = 0$.

Suponha $\{f_n\}$ convergente a f, cujo domínio é um intervalo. Uma pergunta que se põe é a seguinte: se as f_n são contínuas no intervalo, será f contínua no mesmo? Questões semelhantes se colocam com relação a derivabilidade e integrabilidade. Caso seja f derivável, ou integrável num intervalo $[a, b]$, qual a relação existente entre f'_n e f', e entre $\int_a^b f_n(x)dx$ e $\int_a^b f(x)dx$?

A resposta em geral é negativa. De fato, o Ex. G.2.1 já mostra que f pode não ser contínua, muito embora o sejam as f_n. O Ex. G.2.2 nos mostra que, apesar das f_n serem deriváveis em $\mathbb{R}$, não existe $\lim f'_n(x)$ para nenhum $x \in \mathbb{R}$. Para um exemplo eom relação a integrabilidade, seja

$$f_n(x) = \lim_{m \to +\infty} \left(\cos n! \pi x \right)^{2m}, \quad x \in \mathbb{R}.$$

Quando $n!\,x$ é inteiro, $f_n(x) = 1$; caso contrário, $f_n(x) = 0$. Então

$$f(x) = \lim_{n \to +\infty} f_n(x)$$

é dada por

$$f(x) = \begin{cases} 0 & \text{se} \quad x \text{ e irracional,} \\ 1 & \text{se} \quad x \text{ e racional,} \end{cases}$$

Apêndice G 273

fato que deixamos proposto como exercício.

Tal função como já vimos (Ex. A.1.) não é integrável em $[0, 1]$, mas cada f_n o é nesse intervalo (por quê?).

Observemos que, mesmo que f seja integrável, digamos, em $[a, b]$, pode acontecer que

$$\lim \int_a^b f_n(x)dx \neq \int_a^b f(x)dx,$$

como é o caso em que $f_n(x) = nx(1 - x^2)^n$, $0 \leq x \leq 1$. Temos

$$\int_0^1 f_n(x)dx = \frac{n}{2n + 2}, \quad f(x) = 0, 0 \leq x \leq 1,$$

e

$$\int_0^1 f(x)dx = 0.$$

Nesse caso,

$$\lim \int_0^1 f_n(x)dx = \frac{1}{2} \neq 0 = \int_0^1 f(x)dx.$$

As proposições seguintes nos mostram a utilidade do conceito de convergência uniforme no trato das questões postas.

Proposição G.2.3. Se $\{f_n\}$ comerge uniformemente a f em $[a, b]$ e, para todo n, f_n é contínua nesse intervalo, então f é contínua em $[a, b]$.

Prova. Trataremos apenas do caso em que x é ponto interior de $[a, b]$, deixando o outro caso como exercício.

Dado $\varepsilon > 0$, existe, pela hipótese, N tal que para todo $t \in [a, b]$ se tem

$$\left| f(t) - f_N(t) \right| < \frac{\varepsilon}{3}.$$

Em particular, sendo h suficientemente pequeno,

$$\left| f(x + h) - f_N(x + h) \right| < \frac{\varepsilon}{3} \qquad (\alpha)$$

e

$$\left| f(x) - f_N(x) \right| < \frac{\varepsilon}{3}. \qquad (\beta)$$

Por ser f_N continua em x, existe $\delta > 0$ tal que

$$|h| < \delta \Rightarrow |f_N(x) - f_N(x+h)| < \frac{\varepsilon}{3}. \qquad (\gamma)$$

Portanto, se $|h| < \delta$, vem

$$|f(x+h) - f(x)| =$$
$$= |f(x+h) - f_N(x+h) + f_N(x+h) - f_N(x) + f_N(x) - f(x)| \le$$
$$\le |f(x+h) - f_N(x+h)| + |f_N(x+h) - f_N(x)| + |f_N(x) - f(x)| <$$
$$\frac{\varepsilon}{3} + \frac{\varepsilon}{3} + \frac{\varepsilon}{3} = \varepsilon,$$

onde usamos (α), (β) e (γ).

Notas. 1) É interessante observar que, na base da interpretação geométrica do que sucede quando se tem convergência uniforme, o resultado anterior é de se esperar. De fato, se f não fosse contínua em x_0, a "faixa" de amplitude 2ε, para ε suficientemente pequeno destruiria a continuidade de alguma f_n em x_0 (faça uma figura).

2) Sob as hipóteses da proposição, a condição de continuidade de f em x corresponde a uma troca de ordem de limites. De fato, f é contínua em x se

$$\lim_{h \to 0} f(x+h) = f(x),$$

isto é,

$$\lim_{h \to 0} \lim_{n \to +\infty} f_n(x+h) = \lim_{n \to +\infty} f_n(x) = \lim_{n \to +\infty} \lim_{h \to 0} f_n(x+h).$$

O Ex. G.2.1 mostra que esse resultado nem sempre subsiste fora das hipóteses da proposição vista.

3) A recíproca da proposição vista não vale. De fato, se $f_n(x) = n^2 x(1 - x^2)^n$, $0 \le x \le 1$, então $\lim f_n(x) = f(x) = 0$. Então as f_n e f são contínuas em $[0, 1]$, mas a convergência não é uniforme. De fato, um cálculo simples mostra que $B_n = \dfrac{n^2}{\sqrt{2n+1}} \left(1 - \dfrac{1}{2n+1}\right)^n$ e $\lim B_n = +\infty$, B_n como na Proposição G.2.2.

Apêndice G

4) A Proposição G.2.3 nos garante, por exemplo, que, sendo $f_n(x) = \dfrac{x^{2n}}{1 + x^{2n}}$, $x \in \mathbb{R}$, a sequência $\{f_n\}$ não é uniformemente convergente em $\mathbb{R}$, pois $f(x) = \lim f_n(x)$ não é contínua, digamos, em $[-3, 3]$:

$$f(x) = \begin{cases} 0 & \text{se} \quad |x| < 1, \\ 1 & \text{se} \quad |x| > 1, \\ 1/2 & \text{se} \quad |x| = 1. \end{cases}$$

Proposição G.2.4. Se $\{f_n\}$ é uma sequência de funções integráveis em $[a, b]$, que converge uniformemente a f^*, então

a) f é integrável em $[a, b]$ e

b) $\lim \int_a^b f_n(x)dx = \int_a^b f(x)dx$.

Prova. a) Dado $\varepsilon > 0$, seja N tal que, para todo $x \in [a, b]$, verifica-se

$$\left| f(x) - f_N(x) \right| < \frac{\varepsilon}{3(b-a)}. \qquad (\alpha)$$

Tomemos uma partição P de $[a, b]$ tal que

$$S(P, f_N) - s(P, f_N) < \frac{\varepsilon}{3}. \qquad (\beta)$$

De (α) resulta

$$f(x) < f_N(x) + \frac{\varepsilon}{3(b-a)},$$

e daí

$$S(P, f) \leq S(P, f_N) + \frac{\varepsilon}{3}.$$

De modo análogo,

$$S(P, f) \geq s(P, f_N) - \frac{\varepsilon}{3};$$

considerando as duas últimas desigualdades e (β), vem

---

* De domínio $[a, b]$.

$$S(P, f) - s(P, f) \le S(P, f_N) - s(P, f_N) + \frac{2\varepsilon}{3} < \frac{\varepsilon}{3} + \frac{2\varepsilon}{3} = \varepsilon.$$

b) Dado $\varepsilon > 0$, existe N tal que, para todo $x \in [a, b]$, tem-se que $n > N$ acarreta $\left| f(x) - f_n(x) \right| < \dfrac{\varepsilon}{b-a}$.

Então, se $n > N$,

$$\left| \int_a^b f(x)\,dx - \int_a^b f_n(x)\,dx \right| = \left| \int_a^b \big(f(x) - f_n(x) \big)\,dx \right| \le$$

$$\le \int_a^b \left| f(x) - f_n(x) \right| dx < \int_a^b \frac{\varepsilon}{b-a}\,dx = \frac{\varepsilon}{b-a}(b-a) = \varepsilon.$$

Notas. 1) Cabe aqui observação semelhante à nota (1) feita após a Proposição G.2.3.

2) O resultado estabelecido torna válida a passagem do símbolo lim sob o sinal de integral:

$$\lim \int_a^b f_n(x)\,dx = \int_a^b f(x)\,dx = \int_a^b \lim f_n(x)\,dx.$$

O exemplo imediatamente anterior à Proposição G.2.3 mostra que tal passagem nem sempre pode ser feita se se quer preservar a igualdade.

3) A recíproca da Proposição G.2.4 não é verdadeira. Se $f_n(x) = nx(1-x)^n$, $f(x) = 0$, então $\{f_n\}$ converge a f em $[0, 1]$, mas não uniformemente, como é fácil comprovar. No entanto

$$\lim \int_0^1 f_n(x)\,dx = \int_0^1 f(x)\,dx.$$

Infelizmente o comportamento de uma sequência convergente com relação a derivabilidade não se assemelha ao comportamento com relação à continuidade e integrabilidade. Não é verdade que, se $\{fn\}$ converge uniformemente a f num intervalo e f_n é derivável no mesmo, então f' existe, como ilustra o Ex. G.2.4. Mesmo que f' exista, nem sempre $\lim f'_n(x) = f'(x)$, como se pode ver no caso em que $f_n(x) = \dfrac{1}{n^2}\cos n^3 x$. No entanto, vale a seguinte proposição.

Apêndice G   277

Proposição. G.2.5. Se $\{f_n\}$ uma sequência de funções deriváveis em $[a, b]$ que tem por limite f e $\{f'_n\}$ converge uniformemente em $[a, b]$ sendo cada f'_n contínua em $[a, b]$, então f é derivável em $[a, b]$ e $f'(x) = \lim f'_n(x)^*$.

Prova. Seja g a função limite de $\{f'_n\}$ Pela Proposição G.2.4. temos, para $a \leq x \leq b$.

$$\int_a^x g(t)dt = \lim \int_a^x f'_n(t)dt = \lim \left(f_n(x) - f_n(a)\right) = f(x) - f(a).$$

Pela Proposição G.2.3, g é continua e esta última relação nos diz que f é derivável e que

$$f'(x) = g(x) = \lim f'_n(x).$$

Notas. 1) Existe uma versão mais geral dessa proposição. Veja, por exemplo, Apostol, *Mathematical Analysis*, 1965, p. 402. Teorema 13-13.

2) O resultado estabelecido se escreve:

$$\lim_{h \to 0} \frac{f(x+h) - f(x)}{h} = \lim_{n \to +\infty} \lim_{h \to 0} \frac{f_n(x+h) - f_n(x)}{h}$$

ou seja,

$$\lim_{h \to 0} \lim_{n \to +\infty} \frac{f_n(x+h) - f_n(x)}{h} = \lim_{n \to +\infty} \lim_{h \to 0} \frac{f_n(x+h) - f_n(x)}{h}.$$

e portanto está em jogo uma mudança na ordem de se tomarem limites.

Consideraremos agora séries de funções, cuja definição é óbvia: dada $\{f_n\}$ chama-se *série de funções* (associada a $\{f_n\}$) à sequência $\{f_1 + f_2 + \ldots + f_n\}$. Chama-se soma da série à função-limite desta última sequência.

$$f(x) = \lim \left(f_1(x) + \cdots + f_n(x)\right).$$

Diz-se então que *a série converge a f*. Tanto a série como sua soma são representadas pelo símbolo

---

* Como sempre, se $x = a$ ou $x = b$, entenda-se $f'(x)$ como sendo a derivada lateral apropriada.

$$\sum_{n=1}^{\infty} f_n$$

ou, mais brevemente, por

$$\sum f_n.$$

Como exemplo temos as séries dc potências $\Sigma a_n(x - x_0)^n$.

Os resultados precedentes nos permitem o estabelecimento da proposição a seguir, cuja prova é fácil e, por isso, deixada ao leitor.

Proposição G.2.4. Se Σf_n converge uniformemente a f em $[a, b]$, então,

a) se cada f_n é contínua em $[a, b]$, f é contínua em $[a, b]$;

b) se cada f_n é integrável em $[a, b]$, f é integrável em $[a, b]$ e

$$\int_a^b f(x)dx = \sum_{n=1}^{\infty} \int_a^b f_n(x)dx.$$

Supondo agora que f, de domínio $[a, b]$, seja a soma de Σf_n e que $\Sigma f'_n$ convirja uniformemente em $[a, b]$, sendo cada f_n contínua, então

c) $f'(x) = \displaystyle\sum_{n=1}^{\infty} f'_n(x)$, para todo x de $[a, b]$.

Um critério para convergência uniforme de séries é o seguinte.

Proposição G.2.5. (Critério de Weierstrass). Seja $\{f_n\}$ uma sequência de funções e $\{M_n\}$ uma sequência de números tais que

$$\left| f_n(x) \right| \le M_n$$

para todo x de um conjunto A. Se ΣM_n é convergente, então Σf_n é uniformemente convergente a uma função em A.

Prova. Se ΣM_n é convergente, dado $\varepsilon > 0$, existe N tal que $m > n > N$ acarreta (Corolário da Proposição E.3)

$$\left| f_n(x) + f_{n+1}(x) + \cdots + f_m(x) \right| \le M_n + M_{n+1} + \cdots + M_m < \varepsilon$$

e a convergência uniforme decorre da Proposição G.2.1.

Notas. 1) Para cada x, $\Sigma f_n(x)$ converge absolutamente, nas hipóteses da proposição anterior. Isto decorre do critério da comparação.

Apêndice G

2) A recíproca da Proposição G.2.5 não subsiste. De fato, se assim fosse, seria verdade o seguinte, de acordo com a nota 1: se Σf_n é uniformemente convergente a f em A, então, para todo x de A, $\Sigma f_n(x)$ é absolutamente convergente.

Para ver que isto é falso, considere a série

$\Sigma (-1)^{n+1} \dfrac{x^{2n-1}}{2n-1}$, $-1 \le x \le 1$. Ela é uniformemente convergente em $[-1, 1]$, pois, sendo B_n como na Proposição G.2.2, tem-se

$0 \le B_n \le \dfrac{1}{2n+1}$ (ver Ex. 5.11.4) e daí $\lim B_n = 0$. No entanto, se $x = 1$, a série não é absolutamente convergente.

Proposição G.2.6. Uma série de potências $\Sigma a_n (x - x_0)^n$ é uniformemente convergente em qualquer intervalo da forma $[x_0 - a, x_0 + a]$, onde $0 < a < r$, r sendo o raio de convergência da série*.

Prova. Temos, se $x \in [x_0 - a, x_0 + a]$:

$$\left| a_n (x - x_0)^n \right| \le \left| a_n \right| \left| (x_0 + a) - x_0 \right|^n = \left| a_n \right| \left| a \right|^n$$

e, como $\Sigma \left| a_n \right| \left| a \right|^n$ é convergente, o critério de Weierstrass se aplica.

Observemos que os resultados estabelecidos na Secção 5.9 para séries de potência podem ser obtidos à luz dos resultados de convergência uniforme (Exer. G.8).

EXERCÍCIOS

G.1. a) Se $\{f_n\}$ e $\{g_n\}$ convergem uniformemente em A, o mesmo sucede com $\{f_n + g_n\}$.

**b) Se $\{f_n\}$ e $\{g_n\}$ convergem uniformemente em A, mostre que não se pode concluir em geral que $\{f_n g_n\}$ é uniformemente convergente em A.

Sugestão. $f_n(x) = x\left(1 + \dfrac{1}{n}\right)$; $g_n(x) = \dfrac{1}{n}$ se $x = 0$ ou x irracional, e se $x = \dfrac{p}{q}$, $q > 0$, p e q inteiros primos entre si, $g_n(x) = q + \dfrac{1}{n}$.

---

* Eventualmente, r pode ser substituído por $+\infty$.

c) Se na parte (b) supusermos cada f_n e cada g_n restritas em A, então $\{f_n\, g_n\}$ será uniformemente convergente.

G.2. $\{f_n\}$ se diz uniformemente restrita em A se existe M tal que $|f_n(x)| < M$ para todo n natural e todo $x \in A$.

Mostre que, se $\{f_n\}$ é uniformemente convergente em A e cada f_n é restrita em A, então $\{f_n\}$ é uniformemente restrita em A.

G.3. Se $\{f_n\}$ converge uniformemente a f em A, é uniformemente restrita em A e g uma função contínua em $[-M, M]$, então $\{g \circ f_n\}$ converge uniformemente a $g \circ f$ em A.

G.4. Mostre que $\{f_n\}$ converge uniformemente em A, nos casos

a) $f_n(x) = \dfrac{e^{-x^2}}{n}$, $\quad A = \mathbb{R}$;

b) $f_n = \dfrac{\operatorname{sen} nx}{\sqrt{n^3}}$, $\quad A = [0, 2\pi]$;

c) $f_n(x) = \left(1 + \dfrac{x}{n}\right)^n$, $\quad A = [a, b]$;

d) f_n como em (c), $\quad A = \mathbb{R}$;

e) $f_n(x) = \dfrac{x}{1 + nx^2}$, $\quad A = \mathbb{R}$;

f) $f_n(x) = \dfrac{x}{nx + 1}$, $\quad A = (0, 1)$;

g) $f_n(x) = \dfrac{e^{-n^2 x^2}}{n}$, $\quad A = \mathbb{R}$;

G.5. Mostre que $\{f_n\}$ não é uniformemente convergente em A, nos casos

a) $f_n(x) = \begin{cases} 0 & \text{se} \quad 0 \le x < 1 \\ 1 & \text{se} \quad x \ge 1, \end{cases}$ $\quad A = \mathbb{R}$;

b) $f_n(x) = \sqrt[n]{x}$, $\quad A = [0, 1]$;

c) $f_n(x) = \dfrac{e^x}{x^n}$, $\quad A$ é o intervalo $x \ge 1$;

d) $f_n(x) = nx(1 - x)^n$, $\quad A = \mathbb{R}$;

e) $f_n(x) = x^n$, $\quad A = [1, 2]$;

f) $f_n(x) = \begin{cases} 2n^2x & \text{se} \quad 0 \le x < \dfrac{1}{2n}, \\ 2n - 2n^2x & \text{se} \quad \dfrac{1}{2n} \le x \le \dfrac{1}{n}, \quad A = [0, 1]; \\ 0 & \text{se} \quad \dfrac{1}{n} \le x \le 1 \end{cases}$

g) $f_n(x) = n^2xe^{-nx}, \quad A = [0, 1];$

h) $f_n(x) = \begin{cases} 0 & \text{se} \quad x < \dfrac{1}{n+1}, \\ sen^2\dfrac{\pi}{2} & \text{se} \quad \dfrac{1}{n+1} \le x \le \dfrac{1}{n}, \quad A = \mathbb{R}. \\ 0 & \text{se} \quad \dfrac{1}{n} < x, \end{cases}$

G.6. Mostre que a série Σf_n é uniformemente convergente em A nos casos

a) $\displaystyle\sum \frac{1}{1 + n^2x^2}, \quad A$ e o intervalo $x \ge a, a > 1;$

b) $\displaystyle\sum (-1)^n \frac{x^2 + n}{n^2}, \quad A = [a, b];$

c) $\displaystyle\sum \frac{x}{n(x+n)}, \quad A = [0, 1];$

d) $\displaystyle\sum \frac{1}{m^2} \cos m^6x, \quad A = [0, 2\pi];$

e) $\displaystyle\sum \left(\frac{3}{4}\right)^n \phi(4^n x), \quad A = \mathbb{R},$

onde

$$\phi(x) = \begin{cases} x & \text{se} \quad 0 \le x \le 1, \\ 2 - x & \text{se} \quad 1 < x \le 2, \end{cases}$$

e

$$\phi(x + 2) = \phi(x);$$

f) $\sum 10^{-n} \left\{ 10^n x \right\}$, $A = \mathbb{R}$, onde $\{x\}$ é a distância de x ao inteiro mais próximo de x.

*G.7. a) Mostre que $\displaystyle\sum_{n=1}^{\infty} n^{-x}$ é uniformemente convergente em qualquer intervalo da forma $x \geq a$, $a > 1$.

b) Prove que, sendo ζ dada por

$$\zeta(x) = \sum_{n=1}^{\infty} n^{-x}, \quad x > 1,$$

então

$$\zeta^{(k)}(x) = \sum_{n=1}^{\infty} \left(-\ln n\right)^k n^{-x}, \quad x > 1.$$

Esta função se chama *função zeta de Riemann*, e é utilizada na Teoria dos Números.

G.8. Prove a Proposição 5.9.1, seu Corolário 1, e a Proposição 5.9.2 à luz de convergência uniforme.

G.9. a) (Critério de Dirichlet). Seja Σf_n uma série uniformemente restrita em A e $\{g_n\}$ tal que, para todo $x \in A$, $g_{n+1}(x) \leq g_n(x)$, $n = 1, 2, \ldots$; além disso, suponha que $\{g_n\}$ seja uniformemente convergente à função nula em A. Então $\Sigma f_n g_n$ converge uniformemente em A.

b) (Critério de Abel). Seja $\{g_n\}$ tal que para todo $x \in A$ $g_{n+1}(x) \leq g_n(x)$, $n = 1, 2, \ldots$ Se $\{g_n\}$ é uniformemente restrita em A e Σf_n uniformemente convergente em A, então $\Sigma f_n g_n$ é uniformemente convergente em A.

Sugestão. Veja Exer. E.5.

G.10. a) Se $\{b_n\}$ é monotônica não crescente, $b_n \geq 0$ para todo n, e $m \leq a_1 + a_2 + \ldots + a_n \leq M$, para todo n, então

$$b_1 m \leq a_1 b_1 + \cdots + a_n b_n \leq b_1 M.$$

Apêndice G   283

e

$$b_k\, m \le a_k\, b_k + \cdots + a_n b_n \le b_k M.$$

Sugestão. Veja Exer. E.5.

b) Seja $0 \le x \le 1$ (então $x \ge x^2 \ge \ldots \ge 0$). Use (a) para deduzir que, sendo $\varepsilon > 0$,

$$|a_m + \cdots + a_n| < \varepsilon \Rightarrow |a_m x^m + \cdots + a_n x^n| < \varepsilon.$$

*c) (Abel). Suponha que $\Sigma a_n x^n$ tenha raio de convergência 1 e que Σa_n seja convergente. Então $\Sigma a_n x^n$ é uniformemente convergente em $[0, 1]$. Em particular, $\lim_{x \to 1^-} \Sigma a_n x^n = \Sigma a_n$.

Nota. Pode suceder que exista $\lim_{x \to 1^-} \Sigma a_n x^n$ sem que Σa_n seja convergente: $\displaystyle\sum_{n=0}^{\infty} (-1)^n x^n = \frac{1}{1+x}$. No entanto, impondo certas restrições sobre os a_n, pode-se garantir que Σa_n é convergente. Resultados nesse esquema são conhecidos e referidos como teoremas de Tauber. Consulte-se Apostol, *Mathematical Analysis*, Addison-Wesley, 1965, Secção 13-22.

**d) Prove que, se $\displaystyle\sum_{n=0}^{\infty} a_n = A$, $\displaystyle\sum_{n=0}^{\infty} b_n = B$ e $\displaystyle\sum_{n=0}^{\infty} c_n = C$, onde $c_n = \displaystyle\sum_{i=0}^{\infty} a_i\, b_{n-i}$, então $C = AB$.

Sugestão. Considere $\Sigma a_n x^n$, $\Sigma b_n x^n$, $\Sigma c_n x^n$, $0 \le x \le 1$. Se $x < 1$, as séries são absolutamente convergentes, e daí

$$\left(\sum_{n=0}^{\infty} a_n x^n \right)\left(\sum_{n=0}^{\infty} b_n x^n \right) = \sum_{n=0}^{\infty} c_n x^n, \quad 0 \le x < 1.$$

Usar agora o teorema de Abel (item anterior).

Respostas dos exercícios propostos

SECÇÃO 1.1

1.1.1. a) $\dfrac{2}{3}$.   b) $\dfrac{1}{2}$.   c) $\dfrac{3}{2}$.   d) $\dfrac{625}{4}$.

e) $\dfrac{244}{5}$.   f) $\dfrac{2^{n+1}-1}{n+1}$.   g) $\dfrac{\beta^{n+1}-\alpha^{n+1}}{n+1}$.

SECÇÃO 1.2

1.2.1. $\dfrac{x^5}{5}+\dfrac{3}{4}x^{4/3}-3x$.   1.2.2. $\dfrac{x^5}{5}+\dfrac{3}{4}x^{4/3}-3x$.

1.2.3. $-\cos x+\operatorname{sen} x+\operatorname{arc tg} x$.   1.2.4. $\operatorname{arc sen} x+\sec x+\operatorname{ctg} x$.

1.2.5. $\ln x+\dfrac{x^{\sqrt{3}+1}}{\sqrt{3}+1}+\operatorname{cossec} x+30e^x$.   1.2.6 $\dfrac{a^x}{\ln a}$.

SECÇÃO 1.3

1.3.1. 56.   1.3.2. $\dfrac{119}{6}$.   1.3.3. 120.   1.3.4. 0.

1.3.5. $\dfrac{17}{12}$.   1.3.6. $\dfrac{1}{3}\left[\left(2\pi+1\right)^3-\left(\pi+1\right)^3\right]$.

1.3.7. $2\ln 2+\dfrac{15}{2}$.   1.3.8. $\dfrac{\pi}{6}$.   1.3.9. e^b-e^a.

1.3.10. $e^{\pi/2}-\operatorname{arc tg}\dfrac{\pi}{2}-1$.   1.3.11. $\dfrac{31}{6}+\sec 1$.

1.3.12. $\dfrac{2^{-\ln 2}-1}{\ln 2}-\dfrac{\left(\ln 2\right)^3}{3}$.   1.3.13. $\cosh 1+\operatorname{senh} 1-1$.

1.3.14. $\dfrac{112}{15}$.   1.3.15. $\dfrac{\dfrac{1}{4}\cdot 2^{\ln 1/4}-\dfrac{1}{2}\cdot 2^{\ln 1/2}}{\ln 2+1}+\ln\dfrac{1}{2}$.   1.3.16. $\operatorname{tgh} 1$.

SECÇÃO 1.4

1.4.2. a) $1/\sqrt{3}$.   b) $1/\ln 2$.   c) $-5/4$.   d) $\sqrt{1-4/\pi^2}$.

Respostas dos exercícios propostos 285

e) 0.　　　　f) $-\sqrt[3]{5}$.

1.4.5. a) 100.　　b) $\dfrac{221}{6}$.　　c) 6.　　d) $\dfrac{51}{9}$.

e) $\dfrac{x^2}{2}$ se $x \geq 0$; $-\dfrac{x^2}{2}$ se $x < 0$.

SECÇÃO 1.5

1.5.1. a) 6; 6.　　　b) 6; 6.　　c) 6; 6.

1.5.2. a) 3; 12.　　　b) 5; 10.　　c) 6; 9.

d) $\dfrac{3}{2n}(5n-3)$; $\dfrac{3}{2n}(5n+3)$. Tendem a $\dfrac{15}{2}$.

1.5.3. a) -9; 16.　　　b) -4; 11.　　c) -10; 17.

1.5.4. a) 0; 1.　　　b) $\dfrac{1}{8}$; $\dfrac{5}{8}$.　　c) 0,2216; 0,4692.

d) $\dfrac{1}{6n^2}(n-1)(2n-1)$; $\dfrac{1}{6n^2}(n+1)(2n+1)$;　Tendem a $\dfrac{1}{3}$.

1.5.5. a) -1; 0.　　　b) $\dfrac{5}{8}$; $-\dfrac{1}{8}$.　　c) $-0,4692$; $-0,2216$.

d) $-\dfrac{1}{6n^2}(n+1)(2n+1)$; $-\dfrac{1}{6n^2}(n-1)(2n-1)$. Tendem a $-\dfrac{1}{3}$.

1.5.6. a) $-\dfrac{1}{4}$; 0.　　　b) $-\dfrac{1}{4}$; 0.　　c) $-0,2251$; $-0,0839$.

SECÇÃO 2.2

2.2.1.　$\dfrac{(x-1)^5}{5}$.　　2.2.2.　$\dfrac{(x-1)^5}{5}$.　　2.2.3.　$-\dfrac{(x-1)^4}{4}$.

2.2.4.　$-\dfrac{1}{2+x}$.　　2.2.5.　$-(1-2x^2)^{3/2}$.　　2.2.6.　$-\cos 2x$.

2.2.7.　$\dfrac{(x^2+1)^6}{12}$.　　2.2.8.　$\dfrac{(x^9+x)^2}{2}$.　　2.2.9.　e^{x^3}.

2.2.10.　$\dfrac{(e^x+2)^{11}}{11}$.　　2.2.11.　$-\dfrac{1}{5}e^{-x^5}$.　　2.2.12.　$2\operatorname{sen}\sqrt{x}$.

2.2.13.　$\operatorname{sen}(x+5)$.　　2.2.14.　$\dfrac{\ln^2 x}{2}$.　　2.2.15.　$\ln \ln x$.

286   *Introdução ao cálculo*

2.2.16. $\dfrac{\operatorname{arc tg}^2 x}{2}$.   2.2.17. $\dfrac{1}{2}\dfrac{2^{2x}}{\ln 2}$.   2.2.18. $\ln\left(e^x + x\right)$.

2.2.19. $\operatorname{arc tg} e^x$.   2.2.20. $\dfrac{1}{3}\operatorname{arc sen}\dfrac{3}{2}x$.   2.2.21. $-\dfrac{1}{9}\sqrt{4 - 9x^2}$.

2.2.22. $\dfrac{1}{2}\operatorname{arc sen}\dfrac{x^2}{a^2}$.   2.2.23. $\operatorname{arc tg}x^2$.

2.2.24. Multiplique e divida por $\sqrt{1 + x}$; $\operatorname{arc sen} x - \sqrt{1 - x^2}$.

2.2.25. Multiplique e divida por alguma coisa

$$\frac{2}{3}\left[\left(x + 2\right)^{3/2} - \left(x + 1\right)^{3/2}\right].$$

2.2.26. $\dfrac{\left(x + 1\right)^{102}}{102} - \dfrac{\left(x + 1\right)^{101}}{101}$.   2.2.27. $\ln\left(x^2 + x + 1\right)$.

2.2.28. $\dfrac{\operatorname{tg}^2 x}{2}$.   2.2.29. $-\dfrac{1}{5}\operatorname{tg}\left(1 - x^5\right)$.

2.2.30. $\dfrac{1}{2}\ln\left(1 + 2\sec x\right)$.   2.2.31. $\operatorname{arc tg}\dfrac{2\sec x}{3}$.

2.2.32. $-\operatorname{arc tg}\cos x$.   2.2.33. $\ln\sec x + x$.   2.2.34. $\dfrac{1}{3}e^{tg\, z}$.

2.2.35. $\operatorname{tg} x$. Lembrar que $a^x = e^{x \ln a}$.

2.2.36. $\ln\operatorname{tg} x$.   2.2.37. $\dfrac{1}{3}\ln\left(1 + \operatorname{senh} 3x\right)$.

2.2.38. $\dfrac{\operatorname{senh}^4 x}{4}$.   2.2.39. $\dfrac{1}{1 + \cosh x}$.

2.2.40. $\operatorname{tg}\dfrac{x}{2}$. Use (2.2.8.).   2.2.41. $\dfrac{x}{2} + \dfrac{\operatorname{sen} 2x}{4}$.

2.2.42. $\operatorname{sen} x - \dfrac{\operatorname{sen}^3 x}{3}$. Use: $\cos^3 x = \cos^2 x \cdot \cos x = (1 - \operatorname{sen}^2 x) \cdot \cos x$,

$$u = \operatorname{sen} x.$$

2.2.43. $\operatorname{sen} x - \dfrac{2}{3}\operatorname{sen}^3 x + \dfrac{1}{5}\operatorname{sen}^5 x$.

2.2.44. $-\cos x + \dfrac{1}{3}\cos^3 x$.

2.2.45. $\dfrac{1}{3}\operatorname{sen}^3 x - \dfrac{1}{5}\operatorname{sen}^5 x$. Use: $\operatorname{sen}^2 x \cos^3 x = \operatorname{sen}^2 x \cos^2 x \cdot \cos x = \operatorname{sen}^2 x(1 - \operatorname{sen}^2 x) \cdot \cos x$, $u = \operatorname{sen} x$.

Respostas dos exercícios propostos

2.2.46. $-\dfrac{\cos^5 x}{5} + \dfrac{\cos^7 x}{7}$.

2.2.47. $\dfrac{3}{8}x - \dfrac{1}{4}\operatorname{sen}2x + \dfrac{1}{32}\operatorname{sen}4x$.   2.2.48. $\dfrac{1}{4}\operatorname{sen}^3 x \cos x +$

Use (2.2.4.) em $\operatorname{sen}^4 x = (\operatorname{sen}^2 x)^2$. $-\dfrac{1}{16}\operatorname{sen}2x + \dfrac{x}{8}$. Use (2.2.6)

2.2.49. $\operatorname{tg}\theta - \theta$. Use a fórmula 2.   2.2.50. $\dfrac{\operatorname{tg}^3\theta}{3} - \operatorname{tg}\theta + \theta$.

                                         Use: $\operatorname{tg}^4\theta = \operatorname{tg}^2\theta \cdot \operatorname{tg}^2\theta =$

                                         $= \operatorname{tg}^2\theta(\sec^2\theta - 1)$.

2.2.51. $\dfrac{1}{2}\operatorname{tg}^2 z - \ln \sec z$.   2.2.52. $\dfrac{1}{4}\operatorname{tg}^4 x - \dfrac{1}{2}\operatorname{tg}^2 x + \ln \sec x$.

       Use: $\operatorname{tg}^3 z = \operatorname{tg}^2 z \cdot \operatorname{tg} z$.

2.2.53. $\dfrac{1}{2}\left(\operatorname{sen}x - \dfrac{\operatorname{sen}3x}{3}\right)$.   2.2.54. $-\dfrac{1}{2}\left(\dfrac{\cos 6x}{6} - \dfrac{\cos 4x}{4}\right)$.

2.2.55. $\dfrac{1}{2}\left(\dfrac{\operatorname{sen}3x}{3} + \operatorname{sen}x\right)$.   2.2.56. 0 se $m \neq n$;

                                                   π se $m = n$.

2.2.57. 0.   2.2.58. 0 se $m \neq n$;

                                                   π se $m = n$.

2.2.60. $\ln(\operatorname{cossec} x + \operatorname{ctg} x)^{-1}$.

SECÇÃO 2.3

2.3.1. $2\left(\sqrt{x} - \operatorname{arc\,tg}\sqrt{x}\right)$.   2.3.2. $2\left[\dfrac{1}{3}(x+1)^{3/2} - (x+1)^{1/2}\right]$.

2.3.3. $4\left[\dfrac{\sqrt{x-1}}{2} + \sqrt[4]{x-1} + \ln\left(\sqrt[4]{x-1} - 1\right)\right]$.

2.3.4. $2\left(\sqrt{e^x - 1} - \operatorname{arc\,tg}\sqrt{e^x - 1}\right)$ 2.3.5. $-\dfrac{x}{2}\sqrt{1-x^2} + \dfrac{1}{2}\operatorname{arc\,sen}x$.

2.3.6. $\pi + \sqrt{3}$.   2.3.7. 1.   2.3.8. $\left(2x^2 + 7\right)^{3/2} - 21\sqrt{2x^2 + 7}$.

2.3.9. $\dfrac{x}{\sqrt{1+x^2}}$.   2.3.10. $-3\ln\dfrac{3 + \sqrt{9 - 4x^2}}{2x} + \sqrt{9 - 4x^2}$.

288   *Introdução ao cálculo*

2.3.11. $\ln \dfrac{x}{\sqrt{9+4x^2}+3}$.

SECÇÃO 2.4

2.4.1. $-x\cos x + \operatorname{sen} x$.   2.4.2. $x\operatorname{sen} x + \cos x$.

2.4.3. $-x^2\cos x + 2x\operatorname{sen} x + 2\cos x$.   2.4.4. $x^2\operatorname{sen} x + 2x\cos x - 2\operatorname{sen} x$.

2.4.5. $\dfrac{1}{2}\left(e^x\operatorname{sen} x - e^x\cos x\right)$.   2.4.6. $x\operatorname{arc\,sen} x + \sqrt{1-x^2}$.

2.4.7. $x\operatorname{arc\,tg} x - \dfrac{1}{2}\ln\left(1+x^2\right)$.   2.4.8. $\dfrac{x^2}{2}\ln x - \dfrac{x^2}{4}$.

2.4.9. $\dfrac{x^3}{3}\ln x - \dfrac{x^3}{9}$.   2.4.10. $\dfrac{x^{n+1}}{n+1}\left(\ln x - \dfrac{1}{n+1}\right)$.

2.4.11. $-\dfrac{x\ln 2 + 1}{2^x\left(\ln 2\right)^2}$.   2.4.12. $x\,(\ln x)^2 - 2x\ln x + 2x$.

2.4.13. $x\ln\left(x + \sqrt{x^2+1}\right) - \sqrt{1+x^2}$.   2.4.14. $x\operatorname{tg} x - \ln(\sec x)$.

2.4.15. $\dfrac{x}{2}\left(\operatorname{sen}\ln x - \cos\ln x\right)$.   2.4.16. $\operatorname{tg} x\,(\ln\operatorname{tg} x - 1)$.

2.4.17. $\dfrac{1}{2}\left(\cosh x\cos + \operatorname{senh} x\operatorname{sen} x\right)$.

2.4.18. $\dfrac{1}{2}\,e^{\operatorname{arc\,sen} x}\left(x + \sqrt{1-x^2}\right)$.   2.4.19. $\dfrac{e^x}{1+x}$.

2.4.20. $\dfrac{1}{2}\left[x\sqrt{x^2+a^2} + a^2\ln\left(x + \sqrt{x^2+a^2}\right)\right]$.

2.4.21. $\dfrac{1}{2}\left[x\sqrt{a^2-x^2} + a^2\operatorname{arc\,sen}\dfrac{x}{a}\right]$.

SECÇÃO 2.5

2.5.1. $\dfrac{1}{4}\ln\dfrac{x-2}{x+2}$.   2.5.2. $\ln\dfrac{(x-2)^4}{x-1}$.   2.5.3. $\dfrac{1}{4}\ln\dfrac{x-3}{x+1}$.

2.5.4. $-\ln\left(x^2+x\right) + 3\ln x$.   2.5.5. $5\ln\left(x-1\right) - \dfrac{12}{x-1}$.

2.5.6. $\dfrac{1}{x} + \ln\dfrac{x-1}{x}$.   2.5.7. $\dfrac{x\left(8x^4 - 25x^2 + 15\right)}{8\left(x^2-1\right)^2} + \dfrac{15}{16}\ln\dfrac{x-1}{x+1}$.

Respostas dos exercícios propostos   289

2.5.8. $+\dfrac{1}{x}-2\ln\dfrac{x}{x-1}$.   2.5.9. $\dfrac{1}{2}\ln\left(x^2+1\right)$.

2.5.10. $\ln\left(x^2+2x+3\right)$.

2.5.11. $3\left(x+3\right)-8\ln\left(x^2+6x+11\right)+\dfrac{23}{\sqrt{2}}\operatorname{arc\,tg}\dfrac{x+3}{\sqrt{2}}$.

2.5.12. $\dfrac{1}{4}\ln\dfrac{x+1}{x-1}-\dfrac{1}{2}\operatorname{arc\,tg}x$.

2.5.13. $\dfrac{1-2x}{x^3+1}$.   2.5.14. $3\ln\left(x+1\right)+\dfrac{5}{2\left(x^2+1\right)}$.

2.5.15. $2\operatorname{arc\,tg}\left(x+1\right)-\operatorname{arc\,tg}\dfrac{x+1}{2}$.

2.5.16. $\ln\left(x+1\right)+\dfrac{x+2}{3\left(x^2+x+1\right)}+\dfrac{5}{3\sqrt{3}}\operatorname{arc\,tg}\dfrac{2x+1}{\sqrt{3}}-\dfrac{1}{2}\ln\left(x^2+x+1\right)$.

2.5.17. $\dfrac{1}{4\sqrt{2}}\ln\dfrac{x^2+x\sqrt{2}+1}{x^2-x\sqrt{2}+1}+\dfrac{\sqrt{2}}{4}\operatorname{arc\,tg}\dfrac{x\sqrt{2}}{1-x^2}$.

2.5.18. $\dfrac{1}{4}\ln\dfrac{x^2+x+1}{x^2-x+1}+\dfrac{1}{2\sqrt{3}}\operatorname{arc\,tg}\dfrac{x^2-1}{x\sqrt{3}}$.

2.5.19. $\ln x-\dfrac{1}{100}\ln\left(x^{100}+1\right)$.

2.5.20. $\dfrac{1}{6}\ln\dfrac{1+x}{1-x}\cdot\left(\dfrac{1+x+x^2}{1-x+x^2}\right)^{1/2}+\dfrac{1}{2\sqrt{3}}\operatorname{arc\,tg}\dfrac{\sqrt{3x}}{1-x^2}$.

SECÇÃO 2.6

2.6.1. $\dfrac{1}{\sqrt{5}}\operatorname{arc\,tg}\dfrac{1+3\operatorname{tg}\left(x/2\right)}{\sqrt{5}}$.   2.6.2. $\operatorname{arc\,tg}\left(\operatorname{tg}\dfrac{x}{2}+1\right)$.

2.6.3. $\dfrac{x}{2}-\operatorname{arc\,tg}\left(3\operatorname{tg}\dfrac{x}{2}\right)$.   2.6.4. $x-\dfrac{1}{\sqrt{2}}\operatorname{arc\,tg}\left(\sqrt{2}\operatorname{tg}x\right)$.

2.6.5. $-x+\operatorname{tg}x+\sec x$.   2.6.6. $\dfrac{6}{7}x^{7/6}-\dfrac{4}{3}x^{3/4}$.

2.6.7. $2\sqrt{x-1}\left[\dfrac{\left(x-1\right)^3}{7}+\dfrac{3\left(x-1\right)^2}{5}+x\right]$.

2.6.8. $-2\operatorname{arc\,tg}\sqrt{1-x}$.   2.6.9. $2\sqrt{x}-6\sqrt[6]{x}+6\operatorname{arc\,tg}\sqrt[6]{x}$.

MISCELÂNEA

1. $\dfrac{1}{nb}\ln\left(a+bx^n\right)$.

2. $\dfrac{1}{4}\cdot\ln\left(x^4+x^2+1\right)-\dfrac{1}{2\sqrt{3}}\operatorname{arc\,tg}\left[\dfrac{2}{\sqrt{3}}\left(x^2+\dfrac{1}{2}\right)\right]$.

3. $(\ln x)\,(\ln\,(\ln x)-1)$.　　　4. $x(\ln x)^3-3x\,(\ln x)^2+6x\ln x-6x$.

5. $-\ln\left(\dfrac{1+\sqrt{1-x^2}}{x}\right)$.　　　　　　6. $2\sqrt{x+1}-2\ln\left(1+\sqrt{x+1}\right)$.

7. $\dfrac{-\operatorname{arc\,tg}x}{4\left(1+x^2\right)^2}$.　　　　　8. $\dfrac{2}{a^2-b^2}\operatorname{arc\,tg}\left(\dfrac{a+b}{a-b}\operatorname{tg}\dfrac{x}{2}\right)$.

9. $a\operatorname{arc\,sen}\dfrac{x}{a}-\sqrt{a^2-x^2}$.　　　10. $\dfrac{x^{k+1}}{k+1}\ln x-\dfrac{x^{k+1}}{\left(k+1\right)^2}$.

11. $\dfrac{2a+3}{a\sqrt{2}}\operatorname{arc\,tg}\left(\dfrac{x+a}{a\sqrt{2}}\right)$.　　　12. $x-\sqrt{1-x^2}\operatorname{arc\,sen}x$.

13. $\ln\dfrac{x+\sqrt{x^2\pm a^2}}{a}$.　　　　14. $\ln\left[\dfrac{\left(x-2\right)^9}{\left(3x-2\right)^5}\right]^{1/12}$.

15. $3u+\ln\dfrac{\left(u-2\right)^2}{u^2+2u+4}-2\sqrt{3}\operatorname{arc\,tg}\dfrac{u+1}{\sqrt{3}}$, sendo $u=\sqrt[3]{x+1}$.

16. $\dfrac{1}{6}\operatorname{sen}^2x+\dfrac{1}{9}\ln\left(3\operatorname{sen}^2x-2\right)$.　　17. $x\operatorname{arc\,tg}\dfrac{x+1}{x-1}-\dfrac{1}{2}\ln\left(x^2+1\right)$.

18. $\dfrac{3}{4}\operatorname{arc\,tg}x+\dfrac{x\left(3x^2+1\right)}{4\left(x^2+1\right)^2}$.

19. $x\operatorname{arc\,tg}x-\dfrac{1}{2}\ln\left(1+x^2\right)-\dfrac{1}{2}\left(\operatorname{arc\,tg}x\right)^2$.

20. $\dfrac{a^{\operatorname{arc\,sen}x}}{\ln a}$.　　　　　21. $\ln\,(1+\operatorname{sen}x)$.

22. $\dfrac{1}{2}\operatorname{arc\,tg}\dfrac{e^x-3}{2}$.　　　　23. $\dfrac{1}{2\sqrt{2}}\operatorname{arc\,sen}\left(\dfrac{x^2-1}{x^2+1}\right)^2$.

Sugestão. Fazer $u=\dfrac{x^2-1}{x^2+1}$. Chega-se à integral $\displaystyle\int\dfrac{u\,du}{\sqrt{1-u^2}\,\sqrt{1+u^2}}$;
fazer $t=u^2$.

24. $\operatorname{tg} x \sec x$. 　　25. $x(\operatorname{tg} x - \sec x) + \ln \cos x + \ln(\sec x + \operatorname{tg} x)$.

26. $\ln \dfrac{x^x - 1}{x^x}$. *Sugestão.* $x^x = t$.

27. $-\dfrac{1}{3} \operatorname{ctg} x \left(\dfrac{1}{\operatorname{sen}^2 x} + 2 \right)$. *Sugestão.* $1 = \operatorname{sen}^2 x + \cos^2 x$.

28. $-\dfrac{1}{5} \operatorname{ctg} x \left(\dfrac{1}{\operatorname{sen}^4 x} + \dfrac{1}{3 \operatorname{sen}^2 x} + \dfrac{8}{3} \right)$.　　29. $-3\sqrt{9 - x^2} - 2 \operatorname{arc sen} \dfrac{x}{3}$.

30. $\dfrac{1}{5} \operatorname{tg}^5 x + \dfrac{2}{3} \operatorname{tg}^3 x + \operatorname{tg} x$.　　31. $\dfrac{1}{4} \ln \dfrac{\operatorname{tg} x - 1}{\operatorname{tg} x + 1} - \dfrac{x}{2}$.

32. $\dfrac{x}{\sqrt{1 + x^2}}$.　　33. $\operatorname{tg} x (\ln \operatorname{tg} x - 1)$.

Secção 3.1

3.1.1a. $\dfrac{37}{27}$.　　3.1.2a. $\dfrac{8\sqrt{2}}{3}$.　　3.1.3a. 1.　　3.1.4a. $\dfrac{9}{2}$.

3.1.5a. $\dfrac{4}{3}$.　　3.1.6a. $\dfrac{1}{e}$.　　3.1.7a. $\dfrac{16}{3}\pi + \dfrac{4\sqrt{3}}{3}$.

3.1.1b.

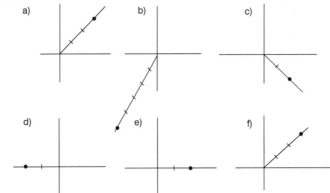

3.1.2b. a) $\left(\dfrac{3\sqrt{2}}{2}, \dfrac{3\sqrt{2}}{2} \right)$.　　b) $\left(-\dfrac{5}{2}, \dfrac{5\sqrt{3}}{2} \right)$.

c) $\left(\sqrt{2}, -\sqrt{2} \right)$.　　d) $(-2, 0)$.

e) $(-2, 0)$.   f) $\left(\dfrac{3\sqrt{2}}{2}, \dfrac{3\sqrt{2}}{2}\right)$.

3.1.3b. a) $\left(4, \dfrac{\pi}{6}\right)$.   b) $\left(30, \dfrac{\pi}{2}\right)$.

c) $\left(2\sqrt{2}, 3\dfrac{\pi}{4}\right)$.   d) $\left(2\sqrt{2}, -\dfrac{\pi}{4}\right)$.

e) $\left(2\sqrt{2}, -\dfrac{3\pi}{4}\right)$.   f) $(0, \theta)$.

3.1.4b. a) $x^2 + y^2 = 100$.   b) $x = 0, y \leq 0$.
c) $x = 0, y \geq 0$.   d) $(x - 1)^2 + y^2 = 1$.
e) $x^2 + (y - 1)^2 = 1$.   f) $(x^2 + x + y^2)^2 = x^2 + y^2$.
g) $x = 2$.   h) $y^2 - 2x - 1 = 0$.
i) $(x^2 + y^2)^2 = x^3 - 3xy^2$.   j) $y = -1$.

k) $\left(x - \dfrac{1}{2}\right)^2 + \left(y - \dfrac{1}{2}\right)^2 = \dfrac{1}{2}$.

3.1.5b. a) $r = \cos 3\theta$.   b) $\theta = \dfrac{\pi}{4}$ ou $\theta = \dfrac{5\pi}{4}$.

c) $r(\cos \theta + \operatorname{sen} \theta) - 1 = 0$.   d) $r^2(b^2 \cos^2 \theta + a^2 \operatorname{sen}^2 \theta) = 1$.

3.1.6. a)

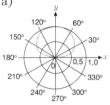

b)

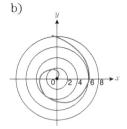

c)

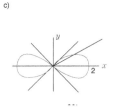

d)

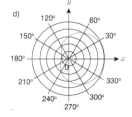

Respostas dos exercícios propostos

e)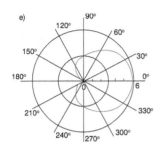

f)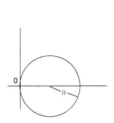

g)

h)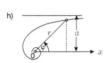

3.1.7b. a) $\dfrac{3}{2}\pi a^2$.   b) a^2.   c) $\dfrac{\pi a^2}{8}$.   d) $\dfrac{\pi a^2}{4}$.

3.1.8b. $\dfrac{\pi p^2}{\left(1-e^2\right)^{3/2}}$.

3.1.9b. $\dfrac{1}{2}\int_\alpha^\beta \left[f^2(\theta)-g^2(\theta)\right]d\theta$.

a) π.   b) 4π.   c) $a^2\left(\dfrac{\pi}{3}+\dfrac{\sqrt{3}}{2}\right)$.

SECÇÃO 3.2

3.2.1. $\dfrac{4}{3}\pi r^3$.

3.2.2. a) $\dfrac{\pi}{3}\left(e^2-e^{-2}+4\right)$.   b) π.

d) $\dfrac{4}{3}\pi p^2 X^3$.

e) 4.   f) $\pi\left(\dfrac{3}{2}+\sqrt{e^4-1}-\sqrt{e^2-1}\right)$.

3.2.3. a) $\dfrac{4}{3}\pi ab^2$.   b) $\dfrac{3}{10}\pi$.

3.2.4. a) $2\pi-\dfrac{2\pi}{5}$.   b) 2π.   c) $\dfrac{64}{5}\pi$.   d) $\dfrac{\pi}{6}$.

3.2.5. $\dfrac{512}{105}\pi$.   3.2.6. $\dfrac{8}{3}\pi$.

294   *Introdução ao cálculo*

SECÇÃO 3.3

3.3.1. $\sqrt{2}\left(e^{\pi/2}-1\right)$.   3.3.2. πa.   3.3.3. $\dfrac{3}{4}a$.

3.3.4. $\dfrac{1}{2}a\alpha^2$.   3.3.5. $\dfrac{2}{3a^2\sqrt{3}}$.   3.3.6. π.

3.3.7. $\sqrt{2}\,e\left(e-1\right)$.   3.3.8. $8a$.   3.3.9. $2\sqrt{3}$.

3.3.10. $\dfrac{3\pi a}{2}$.   3.3.11. $\sqrt{2}+\ln\left(1+\sqrt{2}\right)$.   3.3.12. $\ln\left(2+\sqrt{3}\right)$.

3.3.13. $\dfrac{3}{2}a$.   3.3.14. $\ln\left(2+\sqrt{3}\right)$.

3.3.15. $\dfrac{p}{\sqrt{2}}+\dfrac{p}{2}\ln\left(1+\sqrt{2}\right)$.   3.3.16. $\dfrac{13\sqrt{13}-8}{27}$.

3.3.17. $a-b+\ln\dfrac{e^{2b}-1}{e^{2a}-1}$.

SECÇÃO 4.1

4.1.1. $\dfrac{2}{3}+\ln\dfrac{5}{2}$.   4.1.2. $2\operatorname{arc\,tg}2-\operatorname{arc\,tg}1+\dfrac{1}{2}\ln\dfrac{2}{5}+\dfrac{8}{\pi}\ln\dfrac{\frac{1}{2}+\sqrt{3}}{1+\sqrt{2}}$.

4.1.3. $1+\cos\ln 2-\cos\ln 4$.

4.1.4. $\dfrac{x^3}{3}-\dfrac{x^2}{2}$ se $0\le x\le 2$.

   $\dfrac{2}{3}-\ln 2+\ln x$ se $2\le x\le 5$.

4.1.5. e^x se $0\le x\le\ln 2$.

   $1+\ln 2-\cos x$ se $\ln 2<x\le\ln 4$.

SECÇÃO 4.2

4.2.1. Não existe.   4.2.2. 2.   4.2.3. Não existe.

4.2.4. -4.   4.2.5. -1.   4.2.6. Não existe.

4.2.7. 6.   4.2.8. 1.   4.2.9. 0.

SECÇÃO 4.3

4.3.1. Não existe.   4.3.2. $\dfrac{\pi}{2}$.   4.3.3. 1.

4.3.4. $\dfrac{1}{2}$.   4.3.5. 1.   4.3.6. $\dfrac{2}{3}\sqrt{3}\,\pi$.

Respostas dos exercícios propostos 295

4.3.7. $\dfrac{\pi}{4}$.   4.3.8. ln 2.   4.3.9. π.

4.3.10. Não existe.   4.3.11. Não existe.   4.3.12. 2.

4.3.13. $\dfrac{\pi}{2e^2}$.   4.3.14. Vol. π; a integral que daria a área não existe!

SECÇÃO 5.1

5.1.1. a) $-1, 1, -1, 1, \ldots$ b) $-1, 0, -1, 0, \ldots$ c) $\dfrac{1}{2}, \dfrac{1}{4}, \dfrac{1}{8}, \cdots$

d) $\dfrac{1}{2}, \dfrac{2}{3}, \dfrac{3}{4}, \cdots$ e) $1, 2, 3 \ldots$ f) $1, 2, 6, 24, 120 \ldots$

5.1.2. a) Não existe.   b) Não existe.   c) 0.   d) 1.

e) Não existe e $\lim a_n = +\infty$.   f) Não existe e $\lim a_n = +\infty$.

5.1.3. a) 0.   b) 2.   c) 0.   d) $+\infty$.

e) 0.   f) 0.   g) 0.   h) $\sqrt{2}$.

i) 0.   j) 0.   l) 0.   m) 0.

n) 0.   o) $\dfrac{1}{2}$.   p) 1.   q) 0.

r) 0.   s) 1.

5.1.5. Não: $a_n = b_n = \dfrac{1}{n}$.

SECÇÃO 5.4

Nas respostas, c significa convergente, d divergente.

5.4.1. c.   5.4.2. d.   5.4.3. c.   5.4.4. c.

5.4.5. d.   5.4.6. c.   5.4.7. d.   5.4.8. d.

5.4.9. d.   5.4.10. c.   5.4.11. d.   5.4.12. d.

5.4.13. d.   5.4.14. d se $p \leq 1$;   5.4.15. d.   5.4.16. c.

c se $p > 1$.

5.4.17. c.   5.4.18. d.   5.4.19. c.   5.4.20. d.

SECÇÃO 5.5

Nas respostas, c significa convergente, d divergente.

5.5.1. c.   5.5.2. c.   5.5.3. c.   5.5.4. d.

296   *Introdução ao cálculo*

5.5.5. c.   5.5.6. c.   5.5.7. c.   5.5.8. c se $r < 1$;
                                                 d se $r \geq 1$.

5.5.9. c se $x < 1$;   5.5.10. c se $x < 1$;
       d se $x \geq 1$.   d se $x \geq 1$.

5.5.11. c.   5.5.12. d.   5.5.13. d.

SECÇÃO 5.6

Nas respostas, c significa convergente, d divergente.

5.6.1. c.   5.6.2. c.   5.6.3. c.   5.6.4. d.   5.6.5. c.
5.6.6. c.   5.6.7. c.   5.6.8. c.   5.6.9. d.

SECÇÃO 5.7

Nas respostas, d significa divergente, cc condicionalmente convergente, ac absolutamente convergente.

5.7.1. d.   5.7.2. cc.   5.7.3. cc.   5.7.4. ac.
5.7.5. ac se $m = 0, 1, 2,...$
       d se $m \neq 0, 1, 2,...$
5.7.6. ac.   5.7.7. ac.   5.7.8. d.   5.7.9. ac.
5.7.10. ac.   5.7.11. d   5.7.12. cc.

SECÇÃO 5.8

5.8.1. 2; (–2.2).   5.8.2. Infinito; todo x.
5.8.3. 1; [–1, 1).   5.8.4. 1; [–1, 1].
5.8.5. 2; [–3, 1].   5.8.6. Infinito; todo x.
5.8.7. $\dfrac{1}{e}; \left(-\dfrac{1}{e}, \dfrac{1}{e} \right).$ 5.8.8. 1; [–1, 1].
5.8.9. 2; (–1, 3].   5.8.10. 1; (–1, 1).
5.8.11. Infinito.   5.8.12. 2.
5.8.13. $\dfrac{1}{e|b|}.$ 5.8.14. 1, se $m \notin \mathbb{N} \cup \{0\}$, e
                                     ∞ se $m \in \mathbb{N} \cup \{0\}$.

Respostas dos exercícios propostos   297

5.8.15. $\dfrac{1}{|a|}$.   5.8.16. 0.   5.8.17. 0.

SECÇÃO 5.10

5.10.10. $-1-\left(x+1\right)-\left(x+1\right)^{2}-\left(x+1\right)^{3}-\cdots,\ -2<x<0.$

5.10.11. $\dfrac{1}{2}\left[1+\sqrt{3}\left(x-\dfrac{\pi}{6}\right)-\dfrac{1}{2!}\left(x-\dfrac{\pi}{6}\right)^{2}-\dfrac{\sqrt{3}}{3}\left(x-\dfrac{\pi}{6}\right)^{3}+\cdots\right]$, todo x

SECÇÃO 5.11

5.11.1. a) $1+x+\dfrac{x^{2}}{2}$.   b) $e\left(1+x+x^{2}+\dfrac{5}{6}x^{3}\right)$.

c) $x+2x^{3}$.   d) $x+2x^{3}+x^{4}$.

e) $4+12(x-1)+16(x-1)^{2}+12(x-1)^{3}+5(x-1)^{4}$.

f) $4+12(x-1)+16(x-1)^{2}+12(x-1)^{3}+5(x-1)^{4}+(x-1)^{5}$.

g) Mesma resposta que f.   h) $1-x^{2}+x^{4}-x^{10}$.

5.11.2. a) $4+12(x-1)+16(x-1)^{2}+12(x-1)^{3}+5(x-1)^{4}+(x-1)^{5}$.

b) $1+3(x-1)+3(x-1)^{2}+(x-1)^{3}$.

c) $(a+b+c)+(2a+b)(x-1)+a(x-1)^{2}$.

5.11.3. a) $\displaystyle\sum_{n=0}^{7}\dfrac{1}{n!}$.   b) $0,\ 1$.   c) $\displaystyle\sum_{n=0}^{8}\dfrac{(-1)^{n}}{(2n+1)!\,2^{n}}$.

d) $0,1-\dfrac{(0,1)^{2}}{2}$.   e) $-\dfrac{1}{200}$.

5.11.6. a) $-0,08-\dfrac{(0,08)^{2}}{2}$.   b) $0,005-\dfrac{(0,005)^{2}}{2}$.

c) $-\dfrac{1}{10}-\dfrac{1}{200}-\dfrac{1}{3000}$.

5.11.7. a) $\displaystyle\sum_{n=1}^{5}(-1)^{n-1}\dfrac{1}{n\cdot 3^{n}}$.   b) $\dfrac{1}{20}-\dfrac{1}{800}$.   c) $1-\dfrac{\left(\dfrac{1}{2}\right)^{2}}{2!}+\dfrac{\left(\dfrac{1}{2}\right)^{4}}{4!}$.

5.11.8. a) $|r_{4}|<\dfrac{1}{120}$.   b) $|r_{5}|<\dfrac{1}{720}$.

$r_{4}<0,\ r_{5}>0.$

298 *Introdução ao cálculo*

5.11.9. a) $1 - \dfrac{1}{3} + \dfrac{1}{10} - \dfrac{1}{42} + \dfrac{1}{216} - \dfrac{1}{1320}$.   b) $1 - \dfrac{1}{18}$.

5.11.11. a) 1,015; inferior a $\dfrac{9}{8} \cdot 10^{-4}$.

b) 1, 1; inferior a 10^{-2}.

c) $2 + \dfrac{1}{160}$; inferior a $\dfrac{3}{102\,400}$.

d) 2,025; inferior a $\dfrac{1}{6\,400}$.

e) 1, 1; inferior a $\dfrac{1}{200}$.

Exercícios suplementares

1. INTEGRAL

1.1 Área

1. Achar a área sob a curva $y = f(x)$, $a \le x \le b$ nos casos

a) $f(x) = 12x - 3x^2$, $a = 0$, $b = 4$;

b) $f(x) = \dfrac{2}{x}$, $a = 1$, $b = 2$;

c) $f(x) = \cos x$, $a = -\dfrac{\pi}{2}$, $b = \dfrac{\pi}{2}$;

d) $f(x) = e^x$, $a = -1$, $b = 20$;

e) $f(x) = x^6$, $a = -1$, $b = 1$;

f) $f(x) = \dfrac{1}{1 + x^2}$, $a = 0$, $b = 1$;

g) $f(x) = 3\sqrt{x}$, $a = 0$, $b = 2$;

2. Achar a área da região

a) limitada pelos gráficos de $f(x) = 2x^2$ e $g(x) = x^2 + 4$;

b) limitada pelos gráficos de $f(x) = 3x^2$ e $g(x) = 3 - 3x^2$.

1.2 Primitivas

Nos exercícios, achar primitivas das funções dadas[*].

1. $15(1 - x)\sqrt{x}$.

2. $9(x^3 + 2)^2\, x^2$.

3. e^{2x}.

4. $4(e^x + 1)^3\, e^x$.

5. $\dfrac{1}{x + 5}$.

6. $\dfrac{1}{2x + 5}$.

[*]7. $\operatorname{tg}^2 x$.

8. $(\operatorname{tg} 2x + \sec 2x)^2$.

Sugestão. $\operatorname{tg}^2 x = \sec^2 x - 1$.

[*]9. $\dfrac{3x^3 - 4x^2 + 3x}{x^2 + 1}$.

[*]10. $\dfrac{1}{x^2 - 1}$.

---

[*] Não nos preocuparemos em dar os intervalos.

300 Introdução ao cálculo

Sugestão. Dividir numerador
pelo denominador.

Sugestão. $\dfrac{2}{x^2 - 1} = \dfrac{1}{x - 1} - \dfrac{1}{x + 1}$.

11. $x^4 + 7\sqrt{x} - \dfrac{11}{\sqrt[3]{x^5}}$.

12. sen $(a + bx)$, $b \neq 0$.

1.3 Integral definida

Provar (Exers. 1 a 6):

1. $\displaystyle\int_{-3}^{-1} \left(\dfrac{9}{x^2} - \dfrac{9}{x^3} \right) dx = 10;$

2. $\displaystyle\int_{-2}^{2} \left(x^5 - x^7 \right) dx = 0;$

3. $\displaystyle\int_{0}^{1} \left(1 + \sqrt[3]{x} \right) dx = \dfrac{7}{4};$

4. $\displaystyle\int_{-2}^{3} e^x \, dx = e^3 - e^{-2};$

5. $\displaystyle\int_{2}^{3} \dfrac{x^3 + x - 1}{x} dx = \dfrac{2}{3} + \dfrac{22}{3};$

6. $\displaystyle\int_{2}^{6} \sqrt{x - 2} \, dx = \dfrac{16}{3}.$

7. Prove, com base no teorema fundamental do Cálculo (Proposição 1.3.1), que

$$\int_{a}^{b} f(x) dx = -\int_{b}^{a} f(x) dx.$$

8. Achar $F'(x)$, sendo

a) $F(x) = \displaystyle\int_{1}^{x} \cos t \, dt;$

b) $F(x) = \displaystyle\int_{2}^{x} \cos t \, dt;$

c) $F(x) = \displaystyle\int_{1}^{x} \left(\ln^3 t - \text{sen}\, t \cos t \right) dt;$

d) $F(x) = \displaystyle\int_{x}^{1} \left(\ln^3 t - \text{sen}\, t \cos t \right) dt.$

9. Achar f e x_0 tais que

$$\int_{x_0}^{x} t f(t) dt = \text{sen}\, x - x \cos x - \frac{1}{2} x^2 \text{ para todo } x.$$

10. a) Achar f contínua em todo x, não (identicamente) nula, tal que

$$f^2(x) = \int_{0}^{x} f(t) \cdot \frac{2}{1 + t^2} dt;$$

b) $\displaystyle\int_{0}^{x} f(t) dt = f^2(x) - 1;$

c) $\displaystyle\int_{0}^{x} f(t) dt = e^x.$

Exercícios suplementares

*11. Seja f derivável em $[a, b]$, com $f'(x) > 0$. Então

$$\int_{f(a)}^{f(b)} f^{-1}(t)dt = bf(b) - af(a) - \int_a^b f(t)dt.$$

(Faça uma figura para entender o significado geométrico.)

Sugestão. Considere as funções

$\int_{f(a)}^{f(x)} f^{-1}(t)dt$ e $x f(x) - a f(a) - \int_a^x f(t)dt, a \le x \le b$, e derive.

*12. Provar:

a) $\quad 0,5 < \displaystyle\int_0^{1/2} \frac{dx}{\sqrt{1-x^n}} < \frac{\pi}{6}, \quad n > 2.$

b) $\quad x e^{-x^2} < \displaystyle\int_0^x e^{-t^2}dt < \operatorname{arc\,tg} x, \quad x > 0;$

c) $\quad \operatorname{arc\,sen} x < \displaystyle\int_0^x \frac{dt}{\sqrt{(1-t^2)(1-\lambda t^2)}} < \frac{\operatorname{arc\,sen} x}{\sqrt{1-\lambda}},$

$$a < \lambda < 1, \quad 0 < x < 1.$$

Sugestão.

a) Se $0 < x < 1$, $n > 2$, $\quad 1 < \dfrac{1}{\sqrt{1-x^n}} < \dfrac{1}{\sqrt{1-x^2}}.$

b) $e^z > 1 + z$ se $z > 0$, e daí $e^{-x^2} < e^{t^2} < \dfrac{1}{1+t^2}$ se $0 < t < x$.

c) $1 < \dfrac{1}{\sqrt{1-\lambda x^2}} < \dfrac{1}{\sqrt{1-\lambda}}$ se $0 < x < 1$, $0 < \lambda < 1$.

13. Prove que, sendo $f(x) = (-1)^{[1/x]}\left(\dfrac{1}{x} - \dfrac{1}{2} - \left[\dfrac{1}{x}\right]\right)$,

$$\int_{1/(n+1)}^{1/n} f(x)dx = (-1)^n\left(\ln\frac{n+1}{n} - \frac{2n+1}{2n(n+1)}\right).$$

1.4 Propriedades da integral definida

1. Achar $F'(x)$, sendo

a) $\quad F(x) = \displaystyle\int_x^{x+1} \operatorname{sen} t^3\, dt;$

b) $\quad F(x) = \displaystyle\int_x^{x^2} \operatorname{sen} t^3\, dt;$

c) $\quad F(x) = \displaystyle\int_{-x^2}^{x^2} e^{-t^2}\, dt;$

d) $\quad F(x) = \displaystyle\int_{1/x}^{\sqrt{x}} \cos t^2\, dt, \quad x > 0;$

302   *Introdução ao cálculo*

e) $F(x) = \displaystyle\int_0^{\operatorname{sen} x} \frac{dt}{1 + \operatorname{sen}^2 t}$;   f) $F(x) = \displaystyle\int_1^2 \frac{dt}{t^2 + 1}$;

g) $F(x) = \displaystyle\int_0^{\varphi(x)} \frac{dt}{1 + \operatorname{sen}^6 t + t^2}$; onde $\varphi(x)\displaystyle\int_1^x \operatorname{sen}^3 t\, dt$;

h) $F(x) = \displaystyle\int_0^x x \operatorname{sen} t^3\, dt$.

2. Se, para todo x, h é contínua em x, f e g são diferenciáveis em x, então a função

$$F(x) = \int_{f(x)}^{g(x)} h(t)\, dt, \quad x \text{ qualquer,}$$

é derivável em x, e

$$F'(x) = -h\big(f(x)\big)f'(x) + h\big(g(x)\big)g'(x).$$

3. a) Prove que a função $F(x) = \displaystyle\int_1^x \frac{dt}{t}$, $x > 0$, é inversível, e $(F^{-1})'(0) = 1$.

b) Idem para

$$F(x) = \int_1^x \operatorname{sen}(\operatorname{sen} t)\, dt,\ 0 < x < \frac{\pi}{2};\ \ \left(F^{-1}\right)'(0) = \frac{1}{\operatorname{sen}(\operatorname{sen} 1)}.$$

4. Prove que

$$\int_0^x \big(t + |t|\big)^2\, dt = \frac{2x^2}{3}\big(x + |x|\big),\ \text{para todo } x.$$

5. Prove que, se f é contínua em $[a, b]$, então, dado $\varepsilon > 0$, existe g contínua em $[a, b]$ tal que

$$g(x) \le f(x)\ \ \text{e}\ \ \int_a^b f(x)\, dx - \int_a^b g(x)\, dx < \varepsilon.$$

*6. a) Prove que, se f é contínua em $[a, b]$, existe c de $[a, b]$ tal que

$$\int_a^c f(x)\, dx = \int_c^b f(x)\, dx.$$

b) Em geral, se m e n são naturais, existe c de $[a, b]$ tal que

$$m\int_a^c f(x)\, dx = n\int_c^b f(x)\, dx.$$

*7. Se f é contínua em [a, b] e $\int_a^b (fg)(x)\, dx = 0$ para toda função g contínua em $[a, b]$ tal que $g(a) = m$ e $g(b) = n$ (m, n números dados), então $f(x) = 0$ para todo x do referido intervalo.

2. TÉCNICAS DE INTEGRAÇÃO

2.2 Processo de substituição

Provar:

1. $\int \dfrac{x+1}{x^2+2x-5}\,dx = \dfrac{1}{2}\ln\left(x^2+2x-5\right).$

2. $\int x^m \left(1-x^2\right)^n dx = \displaystyle\sum_{k=0}^{n} (-1)^k C_{n,k} \int x^{2k+m}\,dx$, n natural, m número qualquer.

3. $\int \operatorname{sen}^m x \cos^{2n+1} x\,dx = \int u^m \left(1-u^2\right)^n du$, $u = \operatorname{sen} x$; m e n como no exercício anterior.

4.
$\int \operatorname{tg}^m x \sec^{2n+2} x\,dx = \int u^m \left(1+u^2\right)^n du = \displaystyle\sum_{k=0}^{n} C_{n,k} \int u^{2k+m}du$, $u = \operatorname{tg} x$; m, n como no exercício anterior.

5. $\int \operatorname{tg}^{2n+1} x \sec^m x\,dx = \displaystyle\sum_{k=0}^{n} (-1)^{n-k} C_{n,k} \int u^{2k+m-1}du$, $u = \sec x$.

6. $\int (x-a)^{p-1} (x-b)^{-p-1} dx = \dfrac{1}{p(a-b)}\left(\dfrac{x-a}{x-b}\right)^p$, $\quad p>0, \quad a \neq b.$

7. $\int e^{x+e^x}\,dx = e^{ex}.$

8. $\int \dfrac{2x^{-1/3}}{3\left(1+\sqrt[3]{x^2}\right)}\,dx = \ln\left(1+\sqrt[3]{x^2}\right).$

9. a) $\displaystyle\int_{-a}^{a} f\left(x^2\right)dx = 2\int_{0}^{a} f\left(x^2\right)dx;$ b) $\displaystyle\int_{-a}^{a} xf\left(x^2\right)dx = 0.$

10. $\displaystyle\int_{a}^{b} f(x)dx = \int_{a}^{b} f(a+b-x)dx.$

11. $\displaystyle\int_{ca}^{cb} f(t)dt = c\int_{a}^{b} f(ct)dt.$

12. $\displaystyle\int_{a}^{b} f(x)dx = \int_{a+c}^{b+c} f(x-c)dx.$

13. $f(x) = \displaystyle\int_{1}^{x} \dfrac{\ln t}{t+1}dt$, $x>0$, então $f(x) + f\left(\dfrac{1}{x}\right) = \dfrac{1}{2}\left(\ln x\right)^2.$

2.3 Processo de substituição (*continuação*)

Provar:

1. $\int x\sqrt[3]{x+1}\,dx = \dfrac{3}{7}\left(x+1\right)^{7/3} - \dfrac{1}{4}\left(x+1\right)^{4/3}$.

2. $\int \dfrac{\sqrt{16-x^2}}{x^2}\,dx = -\dfrac{\sqrt{16-x^2}}{x} - \operatorname{arc\,sen}\dfrac{x}{4}$.

3. $\int \dfrac{dx}{\sqrt{(x-10)(14-x)}} = 2\operatorname{arc\,sen}\dfrac{\sqrt{x-10}}{2}$.

4. $\int \left(x+\sqrt{1+x^2}\right)^2 dx = 2\dfrac{x^3}{3} + x + \dfrac{2\left(1+x^2\right)^{3/2}}{3}$.

5. $\int \left(\dfrac{1-\sqrt{1-x^2}}{x}\right)^2 dx = -\dfrac{2}{x} - x + \dfrac{2\sqrt{1-x^2}}{x} + 2\operatorname{arc\,sen}x$.

2.4 Processo de integração por partes

Provar:

1. $\int \dfrac{\ln x^2}{x^2}\,dx = -2\dfrac{1+\ln x}{x}$.

2. $\int \operatorname{sen}\ln x^2\,dx = \dfrac{x}{5}\left(\operatorname{sen}\ln x^2 - 2\cos\ln x^2\right)$.

3. $\int \dfrac{x\,dx}{\sqrt{2x+1}} = x\sqrt{2x+1} - \dfrac{\left(\sqrt{2x+1}\right)^3}{3}$.

4. $\int \operatorname{arc\,sen}\left(\dfrac{x}{a+x}\right)^{1/2} dx = \left(x+a\right)\operatorname{arc\,sen}\left(\dfrac{x}{a+x}\right)^{1/2} - \left(ax\right)^{1/2}$, x
entre 0 e $-a$

5. $\int p\left(x\right)e^{-ax}dx = -e^{ax}\left[\dfrac{p\left(x\right)}{a} + \dfrac{p'\left(x\right)}{a^2} + \cdots + \dfrac{p^{(n)}\left(x\right)}{a^{n+1}}\right]$, onde p é um
polinômio de grau n, e $a \neq 0$.

6. $(n-1)(I_n + I_{n-2}) = \operatorname{tg}^{n-1}x$, sendo $I_n = \int \operatorname{tg}^n x\,dx$.

7. $2(n-1)I_{m,n} = -x^{m-1}\left(1+x^2\right)^{-(n-1)} + (m-1)I_{m-2,\,n-1}$, sendo
$$I_{m,n} = \int \dfrac{x^m dx}{\left(1+x^2\right)^n}.$$

8. $I_n = \dfrac{x\left(a^2-x^2\right)^{n/2}}{n+1} + \dfrac{na^2}{n+1}I_{n-2}$, onde $I_n = \int \left(a^2-x^2\right)^{n/2}dx$.

Exercícios suplementares 305

*9. a) se $f_1(x) = \int_0^x f(t)dt$, $f_2(x) = \int_0^x f_1(t)dt$,

então

$$f_2(x) = \int_0^x (x-t)f(t)dt.$$

Em geral, se

$$f_k(x) = \int_0^x f_{k-1}(t)dt, \quad k = 2, 3, \cdots$$

então

$$f_k(x) = \frac{1}{(k-1)!} \int_0^x (x-t)^{k-1} f(t)dt.$$

b) se m e n são naturais, então

$$\int_0^1 (1-x)^n x^m dx = \frac{m!\,n!}{(m+n+1)!}.$$

2.5 Integração de funções racionais

Provar:

1. $\displaystyle\int \frac{x^2 dx}{x^3 + 5x^2 + 8x + 4} = \frac{4}{x+2} + \ln(x+1).$

2. $\displaystyle\int \frac{2x^3 + 5x^2 - 2}{x^4 + 3x^3 + 2x^2} dx = \ln \frac{x^{3/2}(x+1)}{(x+2)^{1/2}} + \frac{1}{x}.$

3. $\displaystyle\int \frac{dx}{x^5 + x^4 + 2x^3 + 2x^2 + x + 1} = \frac{x+1}{4(x^2+1)} + \frac{1}{2}\operatorname{arc\,tg} x + \frac{1}{4}\ln\frac{x+1}{\sqrt{x^2+1}}.$

4. $\displaystyle\int \frac{4x^2 - 3x}{(x+2)(x^2+1)} dx = \frac{22}{5}\ln(x+2) - \frac{1}{5}\ln(x^2+1) - \frac{11}{5}\operatorname{arc\,tg} x.$

5. $\displaystyle\int \frac{x^3 + x^2 + x - 1}{x^2(x^2+1)} dx = \ln x + \frac{1}{x} + 2\operatorname{arc\,tg} x.$

6. $\displaystyle\int \frac{(x+5)dx}{(x^2+1)^2} = \frac{(5x-1)}{2(x^2+1)} + \frac{5}{2}\operatorname{arc\,tg} x.$

2.6 Algumas integrais que recaem em integrais de funções racionais

Provar:

1. $\displaystyle\int x^2 \sqrt{a+x}\, dx = 2(a+x)^{3/2}\left[\dfrac{(a+x)^2}{7} - \dfrac{2a(a+x)}{5} + \dfrac{a^2}{3}\right].$

2. $\displaystyle\int \dfrac{x\, dx}{(a+bx)^{3/2}} = \dfrac{2}{b^2}\dfrac{2a+bx}{(a+bx)^{1/2}},\quad b\neq 0.$

3. $\displaystyle\int (a+bx)^{3/2}\, x\, dx = \dfrac{2(a+bx)^{5/2}}{b^2}\left(\dfrac{a+bx}{7} - \dfrac{a}{5}\right),\quad b\neq 0.$

4. $\displaystyle\int (a+x)^{1/3}\, x\, dx = \dfrac{3(a+x)^{4/3}}{4}\left(\dfrac{4x-3a}{7}\right).$

5. $\displaystyle\int \dfrac{\left(x+\sqrt{1+x^2}\right)^{m/n}}{\sqrt{1+x^2}}\, dx = \dfrac{n}{m}\left(x+\sqrt{1+x^2}\right)^{m/n},\quad m,\, n\text{ inteiros.}$

6. $\displaystyle\int \dfrac{dx}{a\cos^2 x + b\,\text{sen}^2 x} = \dfrac{1}{\sqrt{ab}}\arctan\left[\sqrt{\dfrac{b}{a}}\,\text{tg}\,x\right],\quad a, b > 0.$

7. $\displaystyle\int \dfrac{\text{sen}^2 x + \cos^3 x}{3\cos^2 x + \text{sen}^4 x}\ \text{sen}\,x\, dx = \dfrac{1}{4}\ln\dfrac{\cos^2 x - \cos x + 1}{\left(\cos^2 x + \cos x + 1\right)^3} +$

$+\dfrac{1}{2\sqrt{3}}\arctan\dfrac{2\cos x - 1}{\sqrt{3}} - \dfrac{1}{2\sqrt{3}}\arctan\dfrac{2\cos x + 1}{\sqrt{3}}.$

MISCELÂNEA

Provar:

1. $\displaystyle\int x^2 \arcsin x\, dx = \dfrac{x^3}{3}\arcsin x + \dfrac{\sqrt{1-x^2}}{3} - \dfrac{\left(\sqrt{1-x^2}\right)^3}{9}.$

2. $\displaystyle\int \text{sen}\,2x\, e^{\text{sen}^2 x}\, dx = e^{\text{sen}^2 x}.$

3. $\displaystyle\int \dfrac{x\ln x}{\sqrt{1-x^2}}\, dx = \ln\dfrac{1-\sqrt{1-x^2}}{x} + \sqrt{1-x^2}.\quad (1-\ln x)$

4. $\displaystyle\int \dfrac{\arctan x}{\left(1+x^2\right)^{3/2}}\, dx = \dfrac{x}{\sqrt{1+x^2}}\arctan x + \dfrac{1}{\sqrt{1+x^2}}.$

Exercícios suplementares

5. $\displaystyle \int \frac{\operatorname{senh} x \cosh x}{\operatorname{senh}^2 x + \cosh^2 x}\,dx = \frac{1}{4}\ln \cosh 2x.$

6. $\displaystyle \int x^3 \operatorname{arc\,sen} \frac{1}{x}\,dx = \frac{1}{4}\left(x^4 \operatorname{arc\,sen} \frac{1}{x} + \frac{x^2 + 2}{3}\sqrt{x^2 - 1}\right).$

7. $\displaystyle \int_0^{\pi/2} \frac{\left(1 - a\cos x\right)dx}{1 - 2a\cos x + a^2} = \begin{cases} \operatorname{arc\,tg} a + \dfrac{\pi}{2} & \text{se} \quad a < 1 \\[2mm] \operatorname{arc\,tg} a - \dfrac{\pi}{2} & \text{se} \quad a > 1. \end{cases}$

8. $\displaystyle I_n = \frac{ax + b}{(2n - 2)\left(ac - b^2\right)\left(ax^2 + 2bx + c\right)^{n-1}} + \frac{2n - 3}{2n - 2}\,\frac{a}{ac - b^2}\,I_{n-1},$

onde

$$I_n = \int \frac{dx}{\left(ax^2 + 2bx + c\right)^n}, \quad a > 0,\ ac - b^2 > 0,\ n > 1.$$

9. se

$$J_m = \int \frac{x^m e^{a\operatorname{arc\,tg} x}dx}{\sqrt{1 + x^2}}$$

e

$$K_m = \int \frac{x^m e^{a\operatorname{arc\,tg} x}dx}{\sqrt{\left(1 + x^2\right)^3}},$$

então

$$\left(m - 2\right)K_m = aK_{m-1} + \left(m - 1\right)K_{m-2} - \frac{x^{m-1}e^{a\operatorname{arc\,tg} x}}{\sqrt{1 + x^2}}$$

e

$$J_m = K_m + K_{m+2}.$$

308   *Introdução ao cálculo*

3. APLICAÇÕES DA INTEGRAL

3.1 Área (em coordenadas cartesianas e polares)

Provar:

1. A área da região limitada pela curva $y^2 = x^2 - x^4$ e $\dfrac{4^*}{3}$.

2. A área da região comum aos discos $x^2 + y^2 \leq 4$ e $x^2 + (y-2)^2 \leq 4$ é $\dfrac{8\pi}{3} - 2\sqrt{3}$.

3. A área da região limitada pela hipérbole $\dfrac{x^2}{a^2} - \dfrac{y^2}{b^2} = 1$, a, $b > 0$, e pela reta $x = 2a$ é $ab\left[2\sqrt{3} - \ln\left(2 + \sqrt{3}\right)\right]$.

4. A área da região limitada pela hipérbole $xy = m^2$, $m \neq 0$, pelas retas $x = a$, $x = 3a$, $a > 0$, e pelo eixo dos x é $m^2 \ln 3$.

5. A área da região comum aos interiores das elipses $x^2 + 3y^2 = 3$ e $3x^2 + y^2 = 3$ vale $\dfrac{2\pi\sqrt{3}}{3}$.

6. A área da região limitada pelo conjunto dos pontos (x, y) tais que $y^2 = \dfrac{(x-a)^2\, x}{2a - x}$ e $a^2\left(2 - \dfrac{\pi}{2}\right)$.

7. A área da região limitada pelo eixo dos x e pelo gráfico de
$$f(x) = 1 + \operatorname{sen} x - \cos^2 x,\ 0 \leq x \leq 2\pi,$$
vale 4.

8. A área da região limitada pelo segmento OP, pelo segmento OA e pela curva $x^2 - y^2 = 1$, onde $O = (0, 0)$, $A = (1, 0)$ e $P = \left(x, \sqrt{x^2 - 1}\right)$ vale $\dfrac{1}{2}\ln\left(x + \sqrt{x^2 - 1}\right)$.

9. A área da região limitada pela curva $r = \operatorname{sen}^2\dfrac{\theta}{2}$ vale $\dfrac{3\pi}{8}$.

10. A área da região limitada pelo eixo polar, pela "primeira volta", e pela "segunda volta" da *espiral de Arquimedes* $r = a\theta$, $a > 0$, vale $8\pi^3 a^2$.

---

*   Isto é, o conjunto dos pontos (x, y) tais que $y^2 = x^2 - x^4$ delimitam uma região cuja área vale $\dfrac{4}{3}$.

Exercícios suplementares 309

11. A área da região limitada pelo *limaçon de Pascal* $r = 2 + \cos \theta$ vale $\dfrac{9}{2}\pi$.

12. A área da região limitada pelas curvas $\rho^2 = \cos 2\theta$ e $\rho^2 = \operatorname{sen} 2\theta$ é $1 - \dfrac{1}{\sqrt{2}}$.

3.2 Volume (de sólido de revolução)

Nos Exers. 1 a 4, calcular o volume do sólido gerado pela rotação, em torno do eixo dos x, da região especificada.

1. Região limitada pelo gráfico da astróide $x^{2/3} + y^{2/3} = a^{2/3}$.

2. Região limitada pelo gráfico de $y^2 = 4x$ e pelo gráfico de $y^2 = 5 - x$.

3. Região limitada pelo gráfico de $y = e^x \operatorname{sen} x$, $0 \le x \le \pi$, e pelo eixo dos x.

4. Região limitada pelo gráfico de $y^2 = 2px + qx^2$, pela reta $x = 0$ e pela reta $x = b - a$.

Nos Exers. 5 a 7, calcular o volume do sólido gerado pela rotação, em torno do eixo dos y, da região especificada.

5. Região do Exer. 2.

6. Região limitada pelo gráfico de $y = a \cosh \dfrac{x}{a}$, pelo eixo dos y e pela reta $x = b$, $0 < b$, $a \ne 0$.

7. Região limitada pelo gráfico de $y^3 = x$ e $y = x^2$.

*8. Duas parábolas de eixos paralelos se cortam ortogonalmente nos pontos de intersecção. A distância dos eixos sendo a ($a \ne 0$, constante), achar o menor valor da área da região limitada por seus gráficos.

3.3 Espaço percorrido – comprimento de gráfico de função

Achar os espaços percorridos.

1. $\begin{cases} x = t, \\ y = \operatorname{arc\,sen} e^{-t}, \end{cases} \quad 0 \le t \le 1.$

2. $\begin{cases} x = \dfrac{c^2}{a}\cos^3 t, \\ y = \dfrac{c^2}{b}\operatorname{sen}^3 t, \end{cases} \quad c^2 = a^2 - b^2, \quad a, b > 0, \quad 0 \le t \le \dfrac{\pi}{2}.$

3. $\begin{cases} x = a\left(2\cos t - \cos 2t\right), \\ y = a\left(2\operatorname{sen} t - \operatorname{sen} 2t\right), \end{cases} \quad a > 0, \quad 0 \le t \le 2\pi.$

4. $\begin{cases} x = a\cos^4 t, \\ y = a\operatorname{sen}^4 t, \end{cases} \quad a > 0, \quad 0 \le t \le \dfrac{\pi}{2}.$

5. $r = a\sec^2 \dfrac{\theta}{2}, \quad a > 0, \quad -\dfrac{\pi}{2} \le \theta \le \dfrac{\pi}{2}.$

6. $\theta = \dfrac{1}{2}\left(r + \dfrac{1}{r}\right), \quad 1 \le r \le 3.$

7. $r = 4\operatorname{sen}\theta + 3\cos\theta, \quad 0 \le \theta \le \pi.$

Achar o comprimento dos gráficos.

8. $y = \dfrac{a}{2}\ln\operatorname{ctgh}\dfrac{x}{a}, \quad a \le x \le b, \quad 0 < a < b.$

9. $y = \sqrt{a^2 - x^2} - a\ln\dfrac{a + \sqrt{a^2 - x^2}}{x}. \quad b \le x \le a,\ 0 < b < a$

10. $y = \dfrac{x^2}{4} - \dfrac{1}{2}\ln x, \quad 1 \le x \le e.$

11. $y = \ln\sec x, \quad 0 \le x \le \dfrac{\pi}{3}.$

4. EXTENSÕES DO CONCEITO DE INTEGRAL

4.1 Integral de função seccionalmente contínua

Achar, $\int_a^x f(t)\,dt$, $a \le x \le b$, nos casos seguintes (Exers. 1 a 6).

1. $f(x) = \begin{cases} 2x & \text{se} \quad 0 \le x \le 1, \\ 2 & \text{se} \quad 1 < x \le 2, \end{cases} \quad a = 0, \quad b = 2.$

2. $f(x) = \begin{cases} \operatorname{sen} x & \text{se} \quad 0 \le x \le \dfrac{\pi}{2}, \\ \cos x & \text{se} \quad \dfrac{\pi}{2} < x \le \pi, \end{cases} \quad a = 0, \quad b = \pi.$

Exercícios suplementares 311

3. $f(x) = \begin{cases} e^x & \text{se} \quad 0 \le x < 1, \\ 1 & \text{se} \quad 1 \le x < 3, \\ 10^{-9} & \text{se} \quad x = 3, \\ \ln\dfrac{x}{3} + 1 & \text{se} \quad 3 < x \le 4, \end{cases}$ $\quad a = 0, \quad b = 4.$

4. $f(x) = [x], \quad -2 \le x \le \dfrac{3}{2}, \quad a = -2, \quad b = \dfrac{3}{2}.$

5. $f(x) = \left[\dfrac{1}{x}\right], \quad a = \dfrac{5}{12}, \quad b = m, \quad m > 1.$

6. $f(x) = x^2 + \left[\dfrac{1}{1 + \left[x^2\right]}\right], \quad a = -1, \quad b = 2.$

Calcular $\int_a^b f(x)\,dx$ nos casos seguintes.

7. $f(x) = \dfrac{1}{2} - \dfrac{\left[x^2\right]}{1 - \dfrac{[x]}{1 + [x]}}, \quad a = 0, \quad b = 2.$

8. $f(x) = -\dfrac{\left[\dfrac{1}{x}\right]}{\left[-\dfrac{1}{x}\right]}, \quad a = \dfrac{5}{12}, \quad b = 1.$

9. $f(x) = x\left[\dfrac{1}{x}\right], \quad a = \dfrac{5}{12}, \quad b = 1.$

4.2 Integral imprópria. Intervalo finito

Provar:

1. $\displaystyle\int_0^1 x \ln x = -\dfrac{1}{4}^{*}.$

2. $\displaystyle\int_0^{10} \dfrac{dx}{\sqrt{100 - x^2}} = \dfrac{\pi}{2}.$

3. $\displaystyle\int_0^9 \dfrac{2x}{\left(x^2 - 9\right)^{2/3}} = 9\sqrt[3]{9}.$

4. $\displaystyle\int_0^1 \dfrac{e^x\,dx}{e^{2x} - 1}$ não existe.

---

* Use $\lim\limits_{x \to 0+} x \ln x = 0$ (veja Apêndice D, Vol. 1).

5. $\int_0^{4a} \dfrac{dx}{(x-a)^2}$, $a \neq 0$, não existe

6. $\int_0^{\pi/2} \dfrac{dx}{1 - 2\,\text{sen}^2\,\dfrac{x}{2}}$ não existe.

7. $\int_0^{1/2} \dfrac{1+2x}{3x^{2/3}(x-1)^2} = 2^{2/3}$.

8. $\int_{1/2}^1 \dfrac{1+2x}{3x^{2/3}(x-1)}$ não existe.

9. $\int_1^2 \dfrac{2\,dx}{\sqrt[3]{2-x}} = 3$.

10. $\int_{-a}^a a\,\sqrt[3]{\dfrac{a^2}{x^2}}\,dx = 6a^2$.

11. $\int_a^b \dfrac{x^2\,dx}{\sqrt{(a-x)(x-b)}} = \left(3a^2 + 2ab + 3b^2\right)\dfrac{\pi}{8}$, $\quad a < b$.

$\quad$ *Sugestão.* $(x-a)(x-b) = -\left(\dfrac{b-a}{2}\right)^2 + \left(x - \dfrac{a+b}{2}\right)^2$.

12. Prove que, sendo $m > 0$, n natural.

a) $\displaystyle\int_0^1 x^{n-1}(1-x)^{m-1}\,dx = \dfrac{n-1}{m}\int_0^1 x^{n-2}(1-x)^m\,dx$;

b) $\displaystyle\int_0^1 x^{n-2}(1-x)^m\,dx = \dfrac{n-2}{m+1}\int_0^1 x^{n-3}(1-x)^{m+1}\,dx$;

c) $\displaystyle\int_0^1 x(1-x)^{m+n-3}\,dx = \dfrac{1}{m+n-2}\int_0^1 (1-x)^{m+n-2}\,dx$;

d) $\displaystyle\int_0^1 x^{n-1}(1-x)^{m-1}\,dx = \dfrac{(n-1)!}{m(m+1)\cdots(m+n-1)}$;

e) $\displaystyle\int_0^1 x^{n-1}(1-x)^{m-1}\,dx = \dfrac{1}{m} - \dfrac{C_{n-1,1}}{m+1} + \dfrac{C_{n-1,2}}{m+2} + \cdots + (-1)^{n-1}\dfrac{C_{n-1,n-1}}{m+n-1}$;

f) compare (d) e (e).

$\quad$ *Sugestão.* a) por partes; e) substituição $u = 1 - x$.

4.3 Integral imprópria. Intervalo infinito

Provar:

1. $\displaystyle\int_0^{+\infty} 2^{-x}\,dx = \dfrac{1}{\ln 2}$.

2. $\displaystyle\int_{-\infty}^{+\infty} \dfrac{a^3\,dx}{a^2 + x^2} = \pi a^2$.

3. $\displaystyle\int_0^{+\infty} \dfrac{x^2\,dx}{\left(1 + x^3\right)^2} = \dfrac{1}{3}$.

4. $\displaystyle\int_2^{+\infty} \dfrac{x+2}{x^3 - x}\,dx = \ln 4 - \dfrac{1}{2}\ln 3$.

Exercícios suplementares

5. $\int_0^{+\infty} \dfrac{x^2 + x + 1}{x^3}\,dx$ não existe.　6. $\int_0^{+\infty} x^n e^{-x}\,dx = n!$

7. $\int_0^{+\infty} e^{-x}\,\text{sen}\,x\,dx = \dfrac{1}{2}.$　8. $\int_e^{+\infty} \dfrac{dx}{x\ln x}$ não existe.

9. $\int_0^{+\infty} \dfrac{dx}{\sqrt{x}\,(1+x)} = \pi.$　10. $\int_1^{+\infty} \dfrac{x\,dx}{\left(x^2 - 1\right)^{1/2}}$ não existe.

11. $\int_{-\infty}^{+\infty} \dfrac{e^x\,dx}{e^{2x} + 1} = \dfrac{\pi}{2}.$　12. $\int_0^{+\infty} \left(\dfrac{1}{\sqrt{x^2 + 1}} - \dfrac{1}{x+1}\right)dx^3 = \ln 2.$

13. $\int_0^{+\infty} \dfrac{3x^4\,dx}{\left(1 + x^3\right)^3} = \dfrac{2\pi\sqrt{3}}{27}.$　14. $\int_0^{+\infty} \dfrac{dx}{(x - \cos a)\sqrt{x^2 - 1}} = \dfrac{\pi - a}{\text{sen}\,a},$

15. $\int_{-\infty}^{+\infty} \dfrac{dx}{\left(ax^2 + 2bx + c\right)^n} = \dfrac{a}{|a|}\,\dfrac{1.3.5.\cdots(2n-3)}{2.4.6.\cdots(2n-2)}\,\dfrac{a^{n-1}\pi}{\left(ac - b^2\right)^{n-(1/2)}},$

$a \neq 0,\quad ac - b^2 \neq 0$　(veja Exercício suplementar 8, Miscelânea).

*16. $\int_0^{2\pi} \dfrac{dx}{2 + \text{sen}\,x} = \dfrac{2\pi}{\sqrt{3}}.$

$\quad$ *Sugestão.* $\int_0^{2\pi} = \int_0^{\pi} + \int_{\pi}^{2\pi}$ se você usar $t = \text{tg}\,\dfrac{x}{2}.$

5. SÉRIES

5.1 Sequência de números

1. Dada a sequência na forma $a_1,\ a_2,\ a_3,...$, achar a_n, nos casos

a) $\dfrac{1}{2},\ \dfrac{1}{3},\ \dfrac{1}{6},\ \dfrac{1}{7},\ \dfrac{1}{10},\ \dfrac{1}{11},\ ...$

b) $1,\ 2,\ 1,\ 8,\ 1,\ 18,\ 1,\ 32,\ 1,\ ...$

c) $-2,\ \dfrac{3}{2},\ -\dfrac{4}{3},\ \dfrac{5}{4},\ -\dfrac{6}{5},\ ...$

2. Dar os primeiros sete elementos da sequência de Fibonacci $\{a_n\}$, dada por

$$a_1 = a_2 = 1,\quad a_{n+1} = a_n + a_{n+1}\quad (n \geq 2).$$

314   *Introdução ao cálculo*

3. Mostrar, usando a definição, que

a) $\lim \dfrac{n-1}{4n+4} = \dfrac{1}{4}$;   b) $\lim \dfrac{5n}{5n^2+1} = 0$;

c) $\lim \sqrt{2 + \dfrac{1}{n}} = \sqrt{2}$;   d) $\lim \sqrt{\dfrac{2}{n-1}} = 0$;

e) $\lim \sqrt{a_n} = \sqrt{L}$ se $\lim a_n = L$ $\left(a_n, L \geq 0\right)$.

**4. Mostrar que [sem usar $\lim f(x_n) = f(\lim x_n)$]

a) $\lim \sqrt[n]{n} = 1$;   b) $\lim \dfrac{n!}{n^n} = 0$;

c) $\lim \sqrt[n]{a} = 1$, $a > 0$.   d) $\lim \dfrac{a^n}{n!} = 0$.

    Sugestão.

a) Se $n > 1$, então $\sqrt[n]{n} > 1$, logo $\sqrt[n]{n} = 1 + t_n$, com $t_n > 0$. Daí

$$n = \left(1 + t_n\right)^n = 1 + c_{n,1} t_n + \cdots + t_n^n > c_{n,2} t_n^2, \text{daí } 0 < t_n < \sqrt{\dfrac{2}{n-1}}.$$

b) $0 < \dfrac{n!}{n^n} = \dfrac{1}{n} \cdot \dfrac{2}{n} \cdots \dfrac{n}{n} \leq \dfrac{1}{n} \cdot \dfrac{n}{n} \cdots \dfrac{n}{n} = \dfrac{1}{n}$. Aplicar agora confronto.

c) Se $a = 1$, $\lim \sqrt[n]{a} = 1$; se $a > 1$, escrevemos $\sqrt[n]{a} = 1 + b_n$, onde $b_n > 0$.

Então $a = (1 + b_n)^n \geq 1 + n b_n$, e $0 < b_n \leq \dfrac{a-1}{n}$. Aplicar confronto. Se

$0 < a < 1$, então $\dfrac{1}{a} > 1$ e $\lim \sqrt[n]{\dfrac{1}{a}} = 1$, daí $\sqrt[n]{a} = 1$.

d) Tomar N suficientemente grande tal que $\dfrac{|a|}{N} < 1$ e escrever

$$\dfrac{a^n}{n!} = \dfrac{a \cdots a}{1 \cdots N} \cdot \dfrac{a \cdots a}{N+1 \cdots n} \leq \dfrac{a^N}{N!} \cdot \dfrac{a \cdots a}{n \cdots n} = \dfrac{a^N}{N!} \left(\dfrac{a}{n}\right)^{n-N}.$$

*5. Mostrar que

a) $\lim \sqrt[n]{a^n + b^n} = \max \{a, b\}$, $a, b \geq 0$;

b) $\lim \sqrt[n]{n^2 + n} = 1$;

c) $\lim \left(\dfrac{1}{\sqrt{n^2 + 1}} + \cdots + \dfrac{1}{\sqrt{n^2 + n}} \right) = 1$;

Exercícios suplementares 315

d) $\lim\left(\dfrac{1}{(n+1)^2} + \cdots + \dfrac{1}{(2n)^2}\right) = 0.$

Sugestão.

a) Se $a \geq b$, $a = \sqrt[n]{a^n} \leq \sqrt[n]{a^n + b^n} \leq \sqrt[n]{2a^n} = a\sqrt[n]{2}$. Aplique confronto.

b) $\sqrt[n]{n^2} \leq \sqrt[n]{n^2 + n} \leq \sqrt[n]{2n^2}$ etc.

c) e d) Compare a soma com as somas que se obtêm substituindo todos os termos pelo primeiro e pelo último, respectivamente.

*6. Mostrar que

a) $0 < a < 2$ acarreta $a < \sqrt{2}\,a < 2$;

b) a sequência $\sqrt{2}, \sqrt{2\sqrt{2}}, \sqrt{2\sqrt{2\sqrt{2}}}, \cdots$

é convergente e achar seu limite.

Sugestão. Mostre que a sequência é monotônica crescente e restrita superiormente. Então existe o limite. Como

$$a_n^2 = 2a_{n-1},$$

vem, passando a limite,

$$L^2 = 2L$$

e $L = 2$, pois $L \neq 0$.

*7. Prove que

a) $\dfrac{1}{n+1} < \ln(n+1) - \ln n < \dfrac{1}{n}$;

b) $\{a_n\}$ é monotônica decrescente e restrita inferiormente, onde

$$a_n = 1 + \frac{1}{2} + \frac{1}{3} + \cdots + \frac{1}{n} - \ln n;$$

c) existe $\gamma = \lim a_n$*.

*8. Prove que $\left\{\displaystyle\int_1^n \dfrac{dt}{t^3 + 1}\right\}$ é convergente.

*9. Negue que $\lim a_n = L$.

---

* Chamado número de Euler. Até hoje não se sabe se é racional ou irracional.

Introdução ao cálculo

10. Prove que

a) $\lim \dfrac{\sqrt{1+\dfrac{1}{n}}-1}{\sqrt{2+\dfrac{1}{n}}-\sqrt{2}}=\sqrt{2}$;

b) $\lim \dfrac{\sqrt[3]{8-\ln\left(1+\dfrac{1}{n}\right)}-2}{\sqrt[3]{27+\dfrac{1}{n}}-3}=-\dfrac{9}{4}$;

c) $\lim\left(\sqrt{n^2+n}-\sqrt{n^2-n}\right)=1$;

d) $\lim\left(\sqrt{n^3+1}-\sqrt{n^3-1}\right)=0$;

e) $\lim\left(\sqrt{2n^2-n+1}-\sqrt{n^2-n+5}\right)=+\infty$;

f) $\lim\left(\sqrt{2n^2-n+5}-\sqrt{n^2+n+1}\right)=-\infty$;

g) $\lim n\left[\left(1+\dfrac{1}{n}\right)^p-1\right]=p, \quad p$ natural;

h) $\lim \dfrac{\sqrt[p]{a_n-1}}{a_n-1}=\dfrac{1}{p}$ se $\lim a_n=1$, onde p é natural;

i) $\lim 2^{[1/n]}=1$;

j) A sequência $0, \dfrac{1}{2}, 0, \dfrac{1}{2^2}, 0, \dfrac{1}{2^3}, \cdots$ tem limite 0.

11. Mostre que é divergente a sequência $\{a_n\}$ nos casos $a_n =$

a) $n^{(-1)^n}$;

b) $\dfrac{(-1)^n}{n}+\dfrac{1+(-1)^n}{2}$;

c) $5+\dfrac{2n}{n+1}\cos n\dfrac{\pi}{2}$;

d) $\left[\operatorname{sen}\dfrac{\pi}{n}\right]$.

12. Se $\lim a_n = L$ e a_n é um número inteiro, para todo n, então existe N tal que $n > N$ acarreta $L = a_n$.

*13. Prove que se $\lim \dfrac{a_{n+1}}{a_n} = L \in \mathbb{R}$ então existe $\lim \sqrt[n]{a_n}$ e $\lim \sqrt[n]{a_n} = L$, onde $a_n > 0$, $n = 1, 2, 3, ...$

Sugestão. Se $L \neq 0$, escolha ε, $0 < \varepsilon < L$; existe N tal que $n > N$ implica $\left|\dfrac{a_{n+1}}{a_n} - L\right| < \varepsilon$, ou seja,

$$\left(L-\varepsilon\right)a_n < a_{n+1} < \left(L-\varepsilon\right)a_n,$$

Exercícios suplementares   317

e daí

$$\left(L-\varepsilon\right)^{n-N} a_N < a_n < \left(L-\varepsilon\right)^{n-N} a_N,$$

e portanto

$$\left(L-\varepsilon\right)\sqrt[n]{\frac{a_N}{\left(L-\varepsilon\right)^N}} < \sqrt[n]{a_n} < \left(L+\varepsilon\right)\sqrt[n]{\frac{a_N}{\left(L+\varepsilon\right)^N}}.$$

14. (Sequência de números complexos). Uma sequência de números complexos é uma correspondência que, a cada número natural n, associa um único número complexo a_n. Podemos escrever $a_n = x_n + iy_n$, i unidade imaginária, obtendo assim sequências de números reais $\{x_n\}$ e $\{y_n\}$.

O significado do símbolo $\lim a_n = L$ é formalmente o mesmo que para as sequências de números reais: dado $\varepsilon > 0$, existe N natural tal que $n > N$ acarreta $|a_n - L| < \varepsilon^*$.

Geometricamente isto significa que, dado um disco centrado em L (no plano complexo) de raio ε, a partir de N todos os a_n estão no interior do mesmo ($|a_n - L| < \varepsilon$ quer dizer distância de a_n a L menor que ε).

a) Prove que, sendo $L = x + iy$, então $\lim a_n = L$ se e somente se $\lim x_n = x$ e $\lim y_n = y$.

   Solução. Se $\lim x_n = x$, $\lim y_n = y$, dado $\varepsilon > 0$, existe N tal que

$$n > N \text{ acarreta } |x_n - x| < \frac{\varepsilon}{2}, \quad |y_n - y| < \frac{\varepsilon}{2},$$

e portanto

$$|a_n - L| = |x_n - x + i\left(y_n - y\right)| \le |x_n - x| + |y_n - y| < \varepsilon,$$

o que quer dizer que $\lim a_n = L$.

Se, agora, $\lim a_n = L$, dado $\varepsilon > 0$, existe N tal que $n > N$ acarreta $|a_n - L| < \varepsilon$, e $|x_n - x| \le |a_n - L| < \varepsilon$, ou seja, $\lim x_n = x$. Analogamente, $\lim y_n = y$.

---

*   A nomenclatura, definições etc. se transportam de maneira óbvia do caso real para o caso complexo.

318   *Introdução ao cálculo*

b) Prove que

$$\lim\left(\frac{1}{n} + i\sqrt[n]{n}\right) = i;$$

$$\lim\left(n + \frac{1}{n}\right)^n + i\sqrt[n]{2} = e + i;$$

$$\lim\left(\frac{n!}{n^n} + i\frac{1}{n^2 + 1}\right) = 0;$$

$$\lim\left[\frac{n-1}{3n+2} + i\left(\sqrt{2n^2 + 1} - \sqrt{n^2 + 1}\right)\right] \text{ não existe.}$$

c) Prove que $\lim a_n = 0$ se e somente se $\lim|a_n| = 0$.

5.2 Série de números. convergência e divergência

Provar:

1. $\displaystyle\sum_{n=1}^{\infty}\left(\frac{2n}{2n+1} - \frac{4n-2}{n+1}\right) = 1.$

2. $\displaystyle\sum_{n=1}^{\infty}(-1)^{n-1}\frac{2n+1}{2n(n+1)} = \frac{1}{2}.$

3. $\dfrac{1}{2} - \dfrac{1}{2^2} + \dfrac{1}{3} - \dfrac{1}{3^2} + \dfrac{1}{2^3} - \dfrac{1}{2^4} + \dfrac{1}{3^3} - \dfrac{1}{3^4} + \cdots = \dfrac{17}{12}.$

4. A série

$$\frac{1}{p+1} + \frac{1}{(p+1)(p+2)} + \frac{1}{(p+1)(p+2)(p+3)} + \cdots,$$

onde p é natural, é convergente e sua soma s satisfaz

$$\frac{1}{p+1} < s < \frac{1}{p}.$$

5. $a - b + a^2 - b^2 + a^3 - b^3 + \cdots = \dfrac{a-b}{(1-a)(1-b)}, \quad |a| < 1, \quad |b| < 1.$

6. $\displaystyle\sum_{n=1}^{\infty}\frac{ne^n}{(e+1)^n} = e(e+1).$ 7. $\displaystyle\sum_{n=1}^{\infty}\ln\frac{n}{n+1}$ é divergente.

Exercícios suplementares 319

5.3 Série de números. Propriedades

1. Mostre que são divergentes as séries

a) $\sum \dfrac{n}{n+1}$;

b) $\sum (-1)^n \dfrac{n}{n+1}$;

c) $\sum \cos n \dfrac{\pi}{9}$;

d) $\sum [f(n+1) - f(n)]$, sendo que não existe $\lim f(n)$;

e) $\sum \dfrac{1}{a_n}$, $\quad a_n > 0$, se $\sum a_n$ é convergente.

*2. Justifique

a) $1 + \dfrac{1}{2} + \dfrac{1}{4} + \dfrac{1}{8} + \dfrac{1}{16} + \cdots = \dfrac{3}{2} + \dfrac{1}{4} + \dfrac{3}{16} + \dfrac{1}{32} + \cdots$;

b) $1 - \dfrac{1}{3} + \dfrac{1}{5} - \dfrac{1}{7} + \dfrac{1}{9} - \dfrac{1}{11} + \cdots =$

$= 2 \left(\dfrac{1}{2^2 - 1} + \dfrac{1}{6^2 - 1} + \dfrac{1}{10^2 - 1} + \cdots \right) =$

$= 1 - 2 \left(\dfrac{1}{4^2 - 1} + \dfrac{1}{8^2 - 1} + \dfrac{1}{12^2 - 1} + \cdots \right)$.

Sugestão. Agrupar primeiro e segundo termos, terceiro, quarto e quinto etc.

c) Se, depois de inserir parênteses numa série, resulta uma série divergente, então a série inicial é divergente.

3. Provar

a) $\displaystyle\sum_{n=1}^{\infty} \dfrac{2^n + n^2 + n}{2^{n+1} n (n+1)} = 1$;

*b) $\displaystyle\sum_{n=2}^{\infty} \dfrac{2n + 3}{(n-1) n (n+2)} = \dfrac{65}{36}$;

c) $\displaystyle\sum_{n=3}^{\infty} \dfrac{4n - 3}{(n-2) n (n+3)} = \dfrac{23}{15}$.

Sugestão. $\dfrac{2n+3}{(n-1) n (n+2)} = \dfrac{A}{n-1} + \dfrac{B}{n} + \dfrac{C}{n+2}$.

5.4. Série de números não negativos. Critérios de convergência e divergência

Dizer se são convergentes ou divergentes as séries (Exers. 1 a 16).

Introdução ao cálculo

1. $\sum \dfrac{\cos^2 n}{2^n}$.

2. $\sum \dfrac{n+2}{3^n (n+1)}$.

3. $\sum \dfrac{1+\sqrt{n}}{(n+1)^3 - 1}$.

4. $\sum \displaystyle\int_0^{1/n} \dfrac{\sqrt{t}}{1+t^2}\, dt$.

5. $\sum \dfrac{\pi n}{(n+\sqrt{5})(n+1)}$.

6. $\sum \dfrac{1}{n^{1+(1/n)}}$.

*7. $1 - \dfrac{1}{2} + \dfrac{2}{3} - \dfrac{1}{3} + \dfrac{2}{4} - \dfrac{1}{4} + \dfrac{2}{5} - \dfrac{1}{5} + \cdots$

Sugestão. Calcule s_{2n}.

8. $\sum \dfrac{1}{\sqrt[3]{n^2+5}}$.

9. $\sum \dfrac{1}{(\ln n)^n}$.

10. $\sum \dfrac{1}{\sqrt[n]{n!}}$.

11. $\sum \dfrac{3n+2}{n^x}$.

12. $\sum 3^n \operatorname{sen} \dfrac{2}{3^n}$.

13. $\sum \dfrac{n}{n+(n+2)!}$.

14. $\sum \dfrac{1}{n} - \dfrac{1}{e^{n^2}}$.

15. $\sum \left(\operatorname{tg}\left(a + \dfrac{b}{n}\right)\right)^n$, $\quad 0 < b < \dfrac{\pi}{2}^{*}$.

16. $\sum \dfrac{(n-2)\sqrt[3]{n^5+10}}{(n^3-4n+4)\sqrt{n^3}}$.

*17. a) Prove que, se $\Sigma a_n (a_n > 0)$ é convergente, então

a) $\sum \sqrt{a_n\, a_{n+1}}$ é convergente;

b) $\sum \sqrt{\dfrac{a_n}{n^{1+m}}}$, $\quad m > 0$, é convergente.

Sugestão. $\sqrt{ab} \le \dfrac{a+b}{2}$.

18. Sendo p, q naturais, prove que

$$\sum \dfrac{n^p + a_{p-1}n^{p-1} + \cdots + a_0}{n^q + b_{q-1}n^{q-1} + \cdots + b_0} \quad \text{é convergente}$$

se e somente se $q - p > 2$.

---

* Use: $\lim \left(\operatorname{tg}\left(\dfrac{\pi}{4} + \dfrac{b}{n}\right)\right)^n = e^{2b}$, o que se prova usando regra de L'Hôspital (Apêndice D, Vol. 1).

Exercícios suplementares   321

5.5 Série de números não negativos. Mais dois critérios (da raiz e da razão)

Dizer se são convergentes ou divergentes as séries dos Exers. 1 a 10.

1. $\sum \dfrac{n^2}{n!}$

2. $\sum \dfrac{n!}{(2n)!}$

3. $1 + \dfrac{1}{1!} - \dfrac{1}{2!} - \dfrac{1}{3!} + \dfrac{1}{4!} + \dfrac{1}{5!} - \dfrac{1}{6!} - \dfrac{1}{7!} + \cdots$

4. $\sum \dfrac{2^n n!}{n^n}$.

5. $\sum \dfrac{5^n n!}{n^n}$.

*6. $\sum \dfrac{a^n n!}{n^n}$, $a > 0$.

7. $\sum \left(\dfrac{n}{n+1} \right)^{n^2}$.

8. $\sum \dfrac{n!}{2^{2n}}$.

9. $\sum \left(\sqrt[n]{n} - 1 \right)^n$.

10. $\sum \dfrac{n^{n+(1/n)}}{\left(n + \dfrac{1}{n} \right)^n}$.

11. (Critério da razão sob forma mais geral). Prove, supondo $a_n > 0$, que

a) se existe $r < 1$ e N tais que $n > N$ implica $\dfrac{a_{n+1}}{a_n} \le r$, então Σa_n é convergente;

b) se existe N tal que $n > N$ acarreta $\dfrac{a_{n+1}}{a_n} \ge 1$, então Σa_n é divergente.

12. (Critério da raiz sob forma mais geral). Prove, supondo $a_n > 0$, que

a) se existe $r < 1$ e N tais que $n > N$ implica $\sqrt[n]{a_n} \le r$, então Σa_n é convergente;

b) se existe N tal que $n > N$ implica $\sqrt[n]{a_n} \ge 1$, então Σa_n é divergente.

*13. Dizer se são convergentes ou divergentes:

a) $\dfrac{1}{2} + \dfrac{1}{3} + \dfrac{1}{2^2} + \dfrac{1}{3^2} + \dfrac{1}{2^3} + \dfrac{1}{3^3} + \dfrac{1}{2^4} + \dfrac{1}{3^4} + \cdots$

b) $\sum \dfrac{9 + (-1)^n}{3^n}$.

c) $\sum a_n$, sendo $a_n = \begin{cases} \left(\dfrac{1}{4} \right)^n & \text{se } n \text{ é par} \\[4mm] \left(\dfrac{1}{4} \right)^{n+(1/2)} & \text{se } n \text{ é ímpar.} \end{cases}$

322 Introdução ao cálculo

d) $\dfrac{1}{2^2} + \dfrac{1}{2^2} + \dfrac{1}{2^6} + \dfrac{1}{2^4} + \dfrac{1}{2^{10}} + \dfrac{1}{2^6} + \dfrac{1}{2^{14}} + \dfrac{1}{2^8} + \dfrac{1}{2^{18}} + \dfrac{1}{2^{10}} + \cdots$

e) $\displaystyle\sum 2^{\frac{1-(-1)^n}{2}} \cdot a^n, \quad a > 0.$

*14. (Critério de Raabe). Prove que, sendo $a_n > 0$

a) se existe $r < -1$ e N tais que $n > N$ implica $n\left(\dfrac{a_{n+1}}{a_n} - 1\right) \le r$, então Σa_n é convergente;

b) se existe N tal que $n > N$ implica $n\left(\dfrac{a_{n+1}}{a_n} - 1\right) \ge -1$, então Σa_n é divergente.

Sugestão.

a) Observando a relação, obtida da hipótese, com $r = -1 - c$, $c > 0$,

$$(n-1)a_n - na_{n+1} \ge ca_n,$$

vemos que $\{(n-1)a_n\}$ é monotônica decrescente e, como é restrita inferiormente, é convergente: seja

$$\lim(n-1)a_n = L.$$

Daí, a série $\Sigma((n-1)a_n - na_{n+1})$ é convergente (calcule sua soma) e, pelo critério do confronto, Σca_n é convergente. Daí Σa_n é convergente.

b) Suponha que $n > N$ acarreta

$$n\left(\dfrac{a_{n+1}}{a_n} - 1\right) \ge -1,$$

ou seja,

$$a_{n+1} \ge a_n \dfrac{n-1}{n}.$$

Então, sendo m um número natural qualquer,

$$a_{N+m+1} \ge a_{N+m} \dfrac{N+m-1}{N+m} \ge a_{N+m-1} \dfrac{N+m-2}{N+m-1} \cdot \dfrac{N+m-1}{N+m} \ge \cdots$$

$$\cdots \ge \dfrac{Na_{N+1}}{N+m},$$

o que, pelo critério do confronto, mostra que Σa_n é divergente.

Corolário. Se existe $\lim n\left(\dfrac{a_{n+1}}{a_n} - 1\right) = L$, temos:

a) Σa_n é convergente se $L < -1$;

b) Σa_n é divergente se $L > -1$:

c) o critério é inconclusivo se $L = -1$.

*15. Aplicando o critério da razão a uma série, chegou-se a concluir que a mesma é convergente ou divergente. Prove que o mesmo resultado se obtém usando o critério de Raabe. Em outras palavras, se o critério da razão é conclusivo, então o critério de Raabe também o será.

Sugestão. Se a partir de um certo N tem-se, digamos,

$$\frac{a_{n+1}}{a_n} \leq r, \quad 0 < r < 1,$$

então

$$n\left(\frac{a_{n+1}}{a_n} - 1\right) \leq n\left(r - 1\right),$$

e, para n suficientemente grande, tem-se $n(r-1) < -1$, pois $r-1 < 0$.

*16. Prove que o critério de Raabe pode ser conclusivo quando o da razão não o é.

Sugestão. Considere $\displaystyle\sum \frac{1}{n^2}$.

Comentário. Para examinar a convergência de uma série Σa_n, $a_n > 0$, tentamos o critério da razão, calculando $\lim \dfrac{a_{n+1}}{a_n}$. Se este for 1, ja sabemos que não adianta aplicar o critério da raíz (veja nota após o Ex. 5.5.4), pois $\lim \sqrt[n]{a_n} = 1$. Então tenta-se o critério de Raabe.

17. Prove que

a) $\displaystyle\sum \frac{1.\ 3.\ 5.\ \cdots(2n-1)}{2.\ 4.\ 6.\cdots 2n}$ é divergente;

b) $\displaystyle\sum \frac{n!}{(x+1)(x+2)\cdots(x+n)}$ é convergente se $x > 1$, e é divergente se $x \leq 1$ ($x \neq -n$, $n = 1, 2, 3, \ldots$);

c) $1 + \displaystyle\sum_{k=0}^{\infty} \frac{a(a+1)\cdots(a+k)(b+1)(b+2)\cdots(b+k)}{c(c+1)\cdots(c+k)} \frac{1}{(k+1)!}$ é convergente se $a + b < \mathbf{c}$, divergente se $a + b > c$.

324   *Introdução ao cálculo*

d) $\displaystyle\sum_{n=2}^{\infty} \frac{n-1}{n^q}$, q natural, é convergente se $q > 2$, divergente se $q \leq 2$;

e) $\displaystyle\sum_{n=2}^{\infty} \left(\frac{1.\,3.\,5\cdots(2n-1)}{2.\,4.\,6\cdots 2n} \right)^{1/2}$ é divergente;

f) $\displaystyle\sum \frac{n}{(n+1)+(n+1)^3}$ é convergente;

g) $\displaystyle\sum a^{1+(1/2)+\cdots+(1/n)}$ é convergente se $a < \dfrac{1}{e}$, divergente se $a \geq \dfrac{1^*}{e}$;

h) $\displaystyle\sum \left(2 - \sqrt{e}\right)\left(2 - \sqrt[3]{e}\right)\cdots\left(2 - \sqrt[n]{e}\right)$ é divergente.

18. Se $\{a_n\}$ é monotônica decrescente e $a_n > 0$, então a série

$\displaystyle\sum_{n=1}^{\infty} a_1 \cdot a_2 \cdots a_n$ é convergente se $\lim a_n < 1$ e é divergente se $\lim a_n > 1$.

19. (Série de números complexos). Dada uma sequência $\{a_n\}$ de números complexos (Exercício suplementar 12, Sec. 5.1), chama-se série de números complexos (associada à sequência $\{a_n\}$) à sequência $\{s_n\}$, onde

$$s_k = s_{k-1} + a_k, \quad k = 1, 2, \ldots$$

Representa-se por Σa_n Definições e notações se transferem do caso real para o caso complexo de maneira óbvia.

Seja $a_n = x_n + iy_n$. Prove que

a) Σa_n é convergente se e somente se Σx_n e Σy_n são convergentes;

b) se Σa_n é convergente, então $\lim a_n = 0$;

*c) Σa_n é absolutamente convergente (isto é $\Sigma |a_n|$ é convergente) se e somente se Σx_n e Σy_n são absolutamente convergentes:

d) se Σa_n e absolutamente convergente, então Σa_n é convergente.

Sugestão.

c) Se $\Sigma |x_n|$ e $\Sigma |y_n|$ são convergentes, então $\Sigma |a_n|$ é convergente, pois

$$|a_n| \leq |x_n| + |y_n|.$$

---

*   Use $\displaystyle\lim_{x \to 0} \frac{a^x - 1}{x} = \ln a$, $a > 0$ (Apêndice C).

Agora, se $\Sigma |a_n|$ é convergente, como
$$|x_n| \le |a_n|,$$
$$|y_n| \le |a_n|,$$
tem-se que Σx_n e Σy_n são convergentes.

d) Use (c) e (a).

20. Prove que

a) $\Sigma e^{2n\pi i}$ * é divergente;

b) $\displaystyle\sum \frac{i^n}{n}$ é convergente, mas não é absolutamente convergente;

c) $\displaystyle\sum \left(\frac{i}{3}\right)^n$ é absolutamente convergente;

d) $\displaystyle\sum \left(\frac{1}{n^2} + \frac{i}{n}\right)$ é divergente;

e) $\displaystyle\sum \frac{30 + 2i}{4^n}$ e absolutamente convergente;

f) $\displaystyle\sum \frac{\sqrt{3}}{4}(1+i)^n$ divergente;

g) $\displaystyle\sum \left(\frac{\sqrt{3}}{4}(1+i)\right)^n$ é absolutamente convergente.

21. Aplicando critérios de convergência a $\Sigma |a_n|$ mostre que são convergentes.

a) $\displaystyle\sum \frac{(1+3i)^n}{n^2 5^n}$;

b) $\displaystyle\sum \frac{(5-i)^n}{n^n}$;

c) $\displaystyle\sum \frac{z^n}{n(n+1)}$, $|z| \le 1$;

d) $\displaystyle\sum \frac{(z+2)^{n-1}}{(n+1)^3 4^n}$, $|z+2| \le 4$;

e) $\displaystyle\sum \frac{ne^{(n\pi i)/4}}{e^n - 1}$;

f) $\displaystyle\sum \frac{(-1)^{n-1} z^{2n-1}}{(2n-1)}$; z qualquer;

_____
* $e^{i\theta} = \cos\theta + i\,\text{sen}\,\theta$.

326 *Introdução ao cálculo*

g) $\sum \dfrac{n(-1)^n (z-i)^n}{4^n (n^2+1)^{5/2}}, \quad |z-i| \le 4;$

*h) $\sum \dfrac{e^{2\pi n x i}}{e^{2\pi n y} (n+1)^{3/2}}, \quad y \ge 0;$

i) $\sum \dfrac{z^n}{n^2}, \quad |z| \le 1;$

j) $\sum \dfrac{z^n}{n}, \quad |z| < 1;$

k) $\sum 2^n z^n \quad |z| < 1;$

l) $\sum \dfrac{n^2}{2^n} z^n, \quad |z| < 2.$

5.6 Série alternada

Dizer se são convergentes ou divergentes as séries seguintes.

1. $\sum \dfrac{(-1)^{n-1} n!}{6^n}.$

2. $\sum (-1)^n \dfrac{1}{n\sqrt{n}}.$

3. $\sum \dfrac{(-1)^n (4/3)^3}{n^4}.$

4. $\sum (-1)^{n+1} \dfrac{(n^2-n+1)}{n^3}.$

5. $\sum (-1)^n \dfrac{\ln n}{n}.$

6. $\sum \dfrac{(-1)^n}{\ln(e^n + e^{-n})}.$

7. $\sum (-1)^n \left(1 - \cos \dfrac{2}{n}\right).$

8. $\sum (-1)^{n-1} \operatorname{tg} \dfrac{1}{n^{3/2}}.$

5.7 Série de números quaisquer. Convergência absoluta e condicional

Nos Exers. 1 a 6 verificar se as séries são convergentes ou divergentes e, no caso de convergência, se se trata de convergência absoluta ou condicional.

1. $\sum (-1)^n \dfrac{n-1}{10n+2}.$

2. $\sum (-1)^n \dfrac{\ln n}{n}.$

3. $\sum (-1)^{n-1} \dfrac{\ln n}{n}.$

4. $\sum (-1)^n \left(\dfrac{1.3 \cdots (2n-1)}{2.4 \cdots 2n}\right)^3.$

5. $\sum \dfrac{(-1)^n}{\ln(e^n + e^{-n})}.$

6. $\sum \ln \left(n \operatorname{sen} \dfrac{1}{n}\right).$

Exercícios suplementares 327

*7. Se $\sum a_n^2$ e $\sum b_n^2$ são convergentes, então $\Sigma a_n b_n$ é absolutamente convergente.

Sugestão. $|ab| \le \dfrac{a^2 + b^2}{2}$.

*8. Se Σa_n é absolutamente convergente, então são absolutamente convergentes as séries

a) $\displaystyle\sum \frac{a_n}{1 + a_n}$ $(a_n \ne -1)$;   b) $\sum a_n^2$ c) $\displaystyle\sum \frac{a_n^2}{1 + a_n^2}$.

Sugestão.

a) Devemos ter $\lim a_n = 0$, logo $1 + a_n > \dfrac{1}{2}$ para todo n suficientemente grande, logo $\left| \dfrac{a_n}{1 + a_n} \right| < 2|a_n|$.

b) $|a_n| < M$, logo $a_n^2 < M|a_n|$.

9. Dê um exemplo de série Σa_n tal que $\sum a_n^2$ é convergente e $\sum |a_n|$ é divergente.

5.8 Série de potências

Dar o raio de convergência e a região de convergência da série dada nos casos a seguir.

1. $\displaystyle\sum \frac{(-1)^n x^n}{n^a}$, $a > 0$.

2. $\displaystyle\sum n^a x^n$, $a > 0$.

3. $\displaystyle\sum \frac{(x + 3)^n}{(n + 1) 2^n}$.

4. $\displaystyle\sum \frac{n! x^n}{n^n}$.

5. $\displaystyle\sum \frac{3^{\sqrt{n}}}{\sqrt{n^2 + 2}} x^n$

6. $\displaystyle\sum \left(\frac{2^n}{n} + \frac{3^n}{n^2} \right) x^n$.

7. $\displaystyle\sum \left(\frac{3^n}{n} + \frac{2^n}{n^2} \right) x^n$.

8. $\displaystyle\sum \left(1 + \frac{1}{n} \right)^{n^2} x^n$.

*9. $\displaystyle\sum n! x^{n!}$

10. $\displaystyle\sum \frac{x^{n^n}}{n^n}$.

11. $\displaystyle\sum \frac{x^{n^2}}{2^{n-1} n^n}$.

12. $\displaystyle\sum \frac{p(n)}{n^n} x^n$,
onde p é um polinômio não nulo.

*13. $\displaystyle\sum \frac{x^n}{1 + \dfrac{1}{2} + \cdots + \dfrac{1}{n}}$.

Sugestão. Para $x = 1$, prove que

$1 + \dfrac{1}{2} + \cdots + \dfrac{1}{n} < 1 + \ln n$. Se $|x| < 1$, use o fato de que $\displaystyle\sum \frac{1}{n}$ é divergente.

5.9 Propriedades das funções definidas por uma série de potências

Prove as afirmações.

1. $\dfrac{3x}{1 + x - 2x^2} = \Sigma\left[1 - \left(-2\right)^n\right]x^n, \quad |x| < \dfrac{1}{2}$.

2. $\dfrac{x^2}{2 - x^3} = \displaystyle\sum \frac{x^{3n+2}}{2^{n+1}}, \quad |x| < \sqrt[3]{2}$.

3. $\dfrac{-72 + 432x - 624x^2}{\left(x - 12\right)\left(x - 8\right)\left(x - 6\right)} = \Sigma\left(2^n + 3^n + 4^n\right)x^n, \quad |x| < \dfrac{1}{4}$.

4. $\dfrac{2x - 3}{\left(x - 1\right)^2} = -\displaystyle\sum_{n=0}^{\infty}\left(n + 3\right)x^n, \quad |x| < 1$.

5. $\left(1 + x\right)\ln\left(1 + x\right) = x + \displaystyle\sum_{n=2}^{\infty}\left(-1\right)^n \frac{x^n}{\left(n - 1\right)^n}, \quad |x| \le 1$.

*6. $\ln\left(x + \sqrt{1 + x^2}\right) = \displaystyle\sum_{n=1}^{\infty} C_{(-1/2),n} \frac{x^{n+1}}{2n + 1}, \quad |x| < 1$.

Sugestão. Calcule a derivada da função do primeiro membro.

7. $\sqrt[3]{8 + x} = 2 + \displaystyle\sum_{n=1}^{\infty}\left(-1\right)^{n-1} \frac{2.5.8\cdots\left(3n - 4\right)}{2^{3n-1}.3^n.n!} x^x$, para qualquer x.

8. $\displaystyle\int_0^x \frac{dt}{\sqrt{1 - t^4}} = x + \displaystyle\sum_{n=1}^{\infty} \frac{1.3.5\cdots\left(2n - 1\right)}{2^n\left(4n + 1\right)n!} x^{4n+1}, \quad |x| < 1$.

*9. a) Suponha que $f\left(x\right) = \displaystyle\sum_{n=0}^{\infty} a_n x^n$, a série convergindo para todo x de $(-r, r)$. Seja $\{x_n\}$ com x_n pertencendo a $(-r, r)$ para todo n, tal que lim $x_n = 0$ e $f(x_n) = 0$. Então $f(x) = 0$ para todo x de $(-r, r)$.

Exercícios suplementares

b) A função

$$f(x) = \begin{cases} e^{\operatorname{arc\,sen}\sqrt{x^2+1}}\, \operatorname{tg} x \operatorname{sen} \dfrac{1}{x} & \text{se } x \neq 0 \\ a & \text{se } x = 0 \end{cases}$$

não pode ser representada por uma série de Taylor centrada em 0, qualquer que seja a.

c) Se $f(x) = \Sigma a_n x^n$, $g(x) = \Sigma b_n x^n$, ambas as séries convergindo para todo x de $(-r, r)$, e se $f(x_n) = g(x_n)$, onde $\{x_n\}$ é uma sequência de pontos de $(-r, r)$ tal que $\lim x_n = 0$, então $f(x) = g(x)$ para todo x de $(-r, r)$.

Sugestão. a) f é contínua em 0. Logo,

$$a_0 = f(0) = f(\lim x_n) = \lim \mathrm{f}(x_n) = \lim 0 = 0.$$

Então $f(x) = x\left(\displaystyle\sum_{n=0}^{\infty} a_{n+1} x\right) = xg(x)$, e g está nas condições de f, logo $a_1 = 0$ etc.

10. Seja $f(x) = \Sigma a_n x^n$, a série sendo convergente para todo x de $(-r, r)$. Se f é par (ímpar), então $a_{2n-1} = 0$ $(a_{2n-2} = 0)$, $n = 1, 2, \ldots$

5.10 Fórmula de Taylor com resto. Série de Taylor

Prove as afirmações dos Exers. 1 a 11.

1. $xe^{-2x} = x + \displaystyle\sum_{n=2}^{\infty} \frac{(-1)^{n-1} 2^{n-1} x^n}{(n-1)!}$, para todo x.

2. $e^{x^2} = 1 + \displaystyle\sum_{n=1}^{\infty} \frac{x^{2n}}{n!}$, para todo x.

3. $\operatorname{senh} x = \displaystyle\sum_{n=0}^{\infty} \frac{x^{2n+1}}{(2n+1)!}$, para todo x.

4. $\cos \sqrt{x} = \displaystyle\sum_{n=0}^{\infty} (-1)^n \frac{x^n}{(2n)!}$, para todo $x \geq 0$.

5. $f(x) = \begin{cases} \dfrac{\operatorname{sen} x}{x} & \text{se } x \neq 0 \\ 1 & \text{se } x = 0 \end{cases}$

então $f^{(k)}(0) = \begin{cases} \dfrac{(-1)^n}{(2n+1)!} & \text{se} \quad k \text{ é par} \\ 0 & \text{se} \quad k \text{ é ímpar.} \end{cases}$

6. $\cos x = \sum_{n=1}^{\infty} (-1)^n \dfrac{\left(x - \dfrac{\pi}{2}\right)^{2n-1}}{(2n-1)!}$, para todo x.

7. $\cos^2 x = \dfrac{1}{2} + \sum_{n=1}^{\infty} (-1)^n \dfrac{4^{n-1}\left(x - \dfrac{\pi}{4}\right)^{2n-1}}{(2n-1)!}$, para todo x.

8. $4 \operatorname{sen}^2 x \cos x = \sum_{n=1}^{\infty} (-1)^{n-1} \dfrac{3^{2n} - 1}{(2n)!} x^{2n}$, para todo x.

9. a) $\cosh x + \operatorname{senh} x = e^x$,

b) $e^{x \cos a} \cosh (x \operatorname{senh} a) + e^{x \cosh a} \operatorname{senh} (x \operatorname{senh} a) = e^{xe\,a}$.

*c) $e^{x \cosh a} \cosh (x \operatorname{senh} a) = \sum_{n=0}^{\infty} \dfrac{\cosh na}{n!} x^n$

$e^{x \cosh a} \operatorname{senh} (x \operatorname{senh} a) = \sum_{n=1}^{\infty} \dfrac{\operatorname{senh} na}{n!} x^n$.

Sugestão. Se f e g designam a primeira e a segunda função, respectivamente,

$$(f + g)(x) = e^{xe^a}$$

$$(f - g)(x) = e^{xe^{-a}}.$$

Resolver o sistema.

10. $\ln x = -2 \sum_{n=0}^{\infty} \dfrac{1}{2n+1} \left(\dfrac{1-x}{1+x}\right)^{2n+1}$, $\quad x > 0$.

11. $\dfrac{x}{\sqrt{1+x}} = \dfrac{x}{1+x} + \sum_{n=2}^{\infty} \dfrac{1.3.5.\cdots(2n-3)}{2.4.6.\cdots(2n-2)} \left(\dfrac{x}{1+x}\right)^n$, $\quad x \geq -\dfrac{1}{2}$.

Exercícios suplementares 331

*10. $e^x \cos x = 1 + x + \dfrac{2x^3}{3!} - \dfrac{2^2 x^4}{4!} - \dfrac{2^2 x^5}{5!} + \dfrac{2^3 x^7}{7!} + \cdots$, para todo x.

Sugestão. $\left(e^x \cos x\right)^{(n)} = \left(\sqrt{2}\right)^n e^x \cos\left(x + n\dfrac{\pi}{4}\right)$.

**12. (Expressões do resto da fórmula de Taylor). Suponha f', ..., $f^{(n+1)}$ existentes em $[x_0, x]$. Definindo r_n por

$$f(x) = f(x_0) + f'(x_0)(x - x_0) + \cdots + \frac{f^{(n)}(x_0)}{n!}(x - x_0)^n + r_n(x),$$

têm-se

a) $r_n(x) = \dfrac{f^{(n+1)}(c)}{n!}(x - c)^n (x - x_0)$, para algum c em (x_0, x);

b) $r_n(x) = \dfrac{f^{(n+1)}(c)}{(n+1)!}(x - x_0)^{n+1}$, para algum c em (x_0, x);

c) se $f^{(n+1)}$ é contínua em $[x_0, x]^*$,

$$r_n(x) = \int_{x_0}^{x} \frac{f^{(n+1)}(t)}{n!}(x - t)^n \, dt.$$

Nota. Os resultados valem, *mutatis mutandis*, em $[x, x_0]$.

Solução. A parte *b* já foi considerada no texto (Proposição 5.10.2). Considere a função g, de domínio $[x_0, x]$, dada por

$$g(t) = f(x) - \left[f(t) + f'(t)(x - t) + \cdots + \frac{f^{(n)}(t)}{n!}(x - t)^n \right]$$

(x, x_0 são fixos).

Daí, como na prova da Proposição 5.10.2, muita coisa se cancela, resultando

$$g'(t) = -\frac{f^{(n+1)}(t)}{n!}(x - t)^n$$

a) Aplicando o teorema do valor médio a g em $[x_0, x]$, podemos dizer que existe c em (x_0, x) tal que

$$g(x) - g(x_0) = g'(c)(x - x_0),$$

---

* Basta ser integrável em $[x_0, x]$ (veja Apêndice A).

ou seja,

$$0 - r_n(x) = -\frac{f^{(n+1)}(c)}{n!}(x-c)^n \cdot (x-x_0),$$

de onde resulta provada a fórmula da parte (a).

c) Temos

$$g(x) - g(x_0) = \int_{x_0}^{x} g'(t)dt = -\int_{x_0}^{x} \frac{f^{(n+1)}(t)}{n!}(x-t)^n \, dt,$$

ou seja,

$$g(x_0) = r_n(x) = \int_{x_0}^{x} \frac{f^{(n+1)}(t)}{n!}(x-t)^n \, dt.$$

Nota. As fórmulas das partes (a), (b) e (c) são conhecidas como fórmulas de Cauchy, de Lagrange e forma integral de resto.

13. Diz-se que uma função f, definida num certo intervalo aberto contendo x_0, é $O((x-x_0)^n)$ para x tendendo a x_0 se existem C e $\delta > 0$ tais que

$$|x - x_0| < \delta \text{ implica } |f(x)| \le C|x - x_0|^n.$$

Indica-se $f(x) = O((x-x_0)^n)$, para $x \to x_0$.

Exemplos

1) $f(x) = 2x^4$ é $O(x^3)$ para x tendendo a 0 pois, se $|x| \le 1$,
$$\left|2x^4\right| = |x| \cdot 2|x|^3 \le 2|x|^3.$$

2) $f(x) = 2x^4$ é $O(x^4)$ para x tendendo a 0 pois, $\left|2x^4\right| = 2|x|^4 \le 2|x|^4$.

3) $f(x) = 2x^4$ não é $O(x^5)$, pois

$$\lim_{x \to 0^+} \frac{2x^4}{x^5} = +\infty,$$

de modo que quaisquer que sejam C e $\delta > 0$, existirá sempre um x_0 de $(-\delta, \delta)$ tal que

$$\left|2x_0^4\right| > Cx_0^5.$$

4) Pela fórmula de Taylor, temos sob hipóteses apropriadas, que

$$f(x) = \sum_{k=0}^{\infty} \frac{f^{(k)}(x_0)}{k!}(x-x_0)^k + r_n(x), \quad x_0 - r < x < x_0 + r,$$

Exercícios suplementares

onde

$$\left| r_n\left(x\right) \right| \le \frac{f^{(n+1)}(c)}{(n+1)!}\left| x - x_0 \right|^{n+1}, \; c \text{ entre } x_0 \text{ e } x.$$

Suponhamos que para todo t de $(x_0 - r, x_0 + r)$ se tenha

$$f^{(n+1)}(t) \le M_{n+1}$$

para um certo M_{n+1}. Então, para todo x desse intervalo,

$$\left| r_n\left(x\right) \right| \le \frac{M_{n+1}}{(n+1)!}\left| x - x_0 \right|^{n+1},$$

de modo que $r_n\left(x\right) = f\left(x\right) - \sum_{k=0}^{\infty} \frac{f^{(k)}(x_0)}{k!}\left(x - x_0\right)^k = O\left(\left(x - x_0\right)^{n+1}\right)$
para $x \to x_0$.

Provar que

a) se f e g são $O(x^n)$ para $x \to 0$, então $f \pm g$ é $O(x^n)$ para $x \to 0$, e kf $(k > 0)$ é $O(x^n)$ para $x \to 0$;

b) se $n \ge m$, $x^m = O(x^n)$ para $x \to 0$;

c) se f é $O(x^m)$ e g é $O(x^n)$ para $x \to 0$, então fg é $O(x^{m+n})$ para $x \to 0$.

d) se p e q são polinômios de grau $\le n$, e

$$f\left(x\right) = p\left(x\right) + O\left(x^{n+1}\right) \quad (\text{para } x \to 0),$$

$$g\left(x\right) = q\left(x\right) + O\left(x^{n+1}\right) \quad (\text{para } x \to 0),$$

então

$$\left(fg\right)\left(x\right) = \left(pq\right)\left(x\right) + O\left(x^{n+1}\right) \quad (\text{para } x \to 0);$$

e) $a_0 + a_1 x + \cdots a_n x^n = a_0 + a_1 x + \cdots a_k x^k + O\left(x^{k+1}\right)$ (para $x \to 0$), sendo $n > k$;

f) sen $x = O(x)$ para $x \to 0$.

14. Achar os polinômios de Taylor de ordem 3, em torno de 0, das funções $h(x) =$

a) $(1 + x^2 + x^5)e^x$;

b) $(x^2 + 1)$ sen x;

c) $(x^3 - 2)\cos x$;

d) sen $x \cos x$;

e) $e^x \cos x$;

f) e^x sen x;

g) arc tg x sen x;

h) $(1 + 2x + O(x^4))(1 + x^3 + 0(x^4))$.

334   *Introdução ao cálculo*

Solução.

a) $1 + x^2 + x^5 = 1 + x^2 + 0 \cdot x^3 + O\left(x^4\right)$ [Exer. 13(e)]

$$e^x = 1 + x + \frac{x^2}{2!} + \frac{x^3}{3!} + O\left(x^4\right).$$

Logo

$$\left(1 + x^2 + x^5\right)e^x = \left(1 + x^2\right)1 + x + \frac{x^2}{2} + \frac{x^3}{6} + O\left(x^4\right)$$

[pelo Exer. 13(d)], Ou seja,

$$\left(1 + x^2 + x^5\right)e^x = 1 + x + \frac{3}{2}x^2 + \frac{7}{6}x^3 + \frac{1}{4}x^4 + \frac{x^5}{6} + O\left(x^4\right) =$$

$$= 1 + x + \frac{3}{2}x^2 + \frac{7}{6}x^3 + O\left(x^4\right)$$

[(pelos Exers. 13(e) e (a)].

Resulta que o polinômio de Taylor procurado é

$$p\left(x\right) = 1 + x + \frac{3}{2}x^2 + \frac{7}{6}x^3,$$

pela unicidade mostrada no Exer. 5.10.14.

*15. Prove que

a) $\displaystyle\sum \frac{n^2}{n!} = 2e.$ b) $\displaystyle\sum \frac{n^3}{n!} = 5e.$ c) $\displaystyle\sum \frac{n^4}{n!} = 15e.$

Sugestão.

a) $n^2 = n(n-1) + An.$

b) $n^3 = n(n-1)(n-2) + An(n-1) + Bn.$

5.11 Aplicações a cálculos numéricos

1. Calcular, com erro inferior a 10^{-2}

$$\int_0^1 f\left(x\right)dx,$$

onde $f\left(x\right) = \begin{cases} \dfrac{e^{-x^2} - 1}{x^2} & \text{se } x \neq 0 \\ -1 & \text{se } x = 0. \end{cases}$

Diga se o valor aproximado achado é por falta ou por excesso.

Exercícios suplementares   335

2. Calcular, com erro inferior a 10^{-4},

$$\int_{-\infty}^{0,2} \frac{dx}{1+x^2}.$$

3. Calcular $\ln 3$ com erro inferior a $2 \cdot 10^{-4}$.

Sugestão. $\ln \dfrac{1+x}{1-x} = \ln(1+x) - \ln(1-x)$.

4. Calcular $\cos \dfrac{1}{2}$ com erro inferior a 10^{-7}. Diga se o valor aproximado é por falta ou por excesso.

5. Prove que, para qualquer natural p,

$$\ln(p+1) = \ln p + 2\left[\frac{1}{2p+1} + \frac{1}{3}\left(\frac{1}{2p+1}\right)^3 + \frac{1}{5}\left(\frac{1}{2p+1}\right)^5 + \cdots\right.$$

$$\left. \cdots + \frac{1}{2n-1}\left(\frac{1}{2p+1}\right)^{2n-1} + \cdots\right].$$

Esta fórmula nos permite calcular o valor aproximado do logaritmo de qualquer número $p+1$ natural, conhecido $\ln p$.

Sugestão. $\ln \dfrac{1+x}{1-x} = \ln(1+x) - \ln(1-x)$, $\dfrac{1+x}{1-x} = \dfrac{p+1}{p}$.

6. Mostre que o erro cometido na fórmula do exercício anterior ao se desprezarem os termos $\dfrac{1}{2n}\left(\dfrac{1}{2p+1}\right)^{2n}$, $\dfrac{1}{2n+2}\left(\dfrac{1}{2p+1}\right)^{2n+2}$ etc. é inferior a

$$\frac{2a^{2n+1}}{(2n+1)(1-a^2)}, \text{ onde } a = \frac{1}{2p+1}.$$

Mostre que

$$\ln 2 = 2\left[\frac{1}{3} + \frac{1}{3}\cdot\frac{1}{3^2} + \frac{1}{5}\cdot\frac{1}{3^5} + \frac{1}{7}\cdot\frac{1}{3^7}\right]$$

com erro inferior a $\dfrac{1}{44}\cdot\dfrac{1}{3^9}$.

Respostas dos exercícios suplementares

1. INTEGRAL

Secção 1.1

1. a) 32. b) $\ln 4$. c) 2. d) $e^{20} - e^{-1}$.

  e) $\dfrac{2}{7}$. f) $\dfrac{\pi}{4}$. g) $4\sqrt{2}$.

2. a) $\dfrac{32}{3}$. b) $2\sqrt{2}$.

Secção 1.2

1. $10x^{3/2} - 6x^{5/2}$.

2. $(x^3 + 2)^3$.

3. $\dfrac{1}{2}e^{2x}$.

4. $(e^x + 1)^4$.

5. $\ln(x + 5)$.

6. $\dfrac{1}{2}\ln(2x + 5)$.

7. $\operatorname{tg} x - x$.

8. $\operatorname{tg} 2x + \sec 2x - x$.

9. $\dfrac{3x^2}{2} - 4x + 4\operatorname{arc\,tg} x$.

10. $\dfrac{1}{2}\ln\dfrac{x - 1}{x + 1}$.

11. $\dfrac{x^5}{5} + \dfrac{14}{3}\sqrt{x^3} + \dfrac{33}{2}\dfrac{1}{\sqrt[3]{x^2}}$.

12. $-\dfrac{1}{b}\cos(a + bx)$.

Secção 1.3

8. a) $\cos x$. b) $\cos x$.

  c) $\ln^3 x - \operatorname{sen} x \cos x$. d) $-\ln^3 x + \operatorname{sen} x \cos x$.

9. $f(x) = \operatorname{sen} x - 1$; $x_0 = 0$.

10. a) $f(x) = \operatorname{arc\,tg} x$.

  b) $f(x) = \dfrac{x}{2} + 1$ ou $f(x) = \dfrac{x}{2} - 1$.

  c) Não existe.

Respostas dos exercícios suplementares

Secção 1.4

1. a) $-\operatorname{sen} x^3 + \operatorname{sen}(x+1)^3$. b) $-\operatorname{sen} x^3 + 2x \operatorname{sen} x^6$.

   c) $4xe^{-x^4}$.

   d) $\dfrac{\cos x}{2\sqrt{x}} + \dfrac{1}{x^2}\cos\dfrac{1}{x^2}$.

   e) $\dfrac{\cos x}{1+\operatorname{sen}^2(\operatorname{sen} x)}$.

   f) 0.

   g) $\dfrac{\operatorname{sen}^3 x}{1+\operatorname{sen}^6\left(\displaystyle\int_1^x \operatorname{sen}^3 t\,dt\right)+\left(\displaystyle\int_1^x \operatorname{sen}^3 t\,dt\right)^2}$.

   h) $x \operatorname{sen} x^3 + \displaystyle\int_0^x \operatorname{sen} t^3\,dt$.

3. APLICAÇÕES DA INTEGRAL

Secção 3.2

1. $\dfrac{32\pi a^3}{105}$.

2. 10π.

3. $\dfrac{\pi}{8}\left(e^{2\pi}-1\right)$.

4. $\pi(b-a)\left[p^{(b+a)}+\dfrac{q}{3}\left(b^2+ab+b^2\right)\right]$.

5. $176\dfrac{\pi}{3}$.

6. $2\pi a^2\left(b\operatorname{senh}\dfrac{b}{a}-a\cosh\dfrac{b}{a}+a\right)$.

7. $\dfrac{5\pi}{14}$.

8. $\dfrac{a^2\sqrt{3}}{2}$.

Secção 3.3

1. $\ln\left(e+\sqrt{e^2-1}\right)$.

2. $\dfrac{\left(a^3-b^3\right)}{ab}$.

3. $16a$.

4. $\sqrt{2a}\left[\sqrt{2}+\dfrac{1}{2}\ln\left(3+2\sqrt{2}\right)\right]$.

5. $2a\left[\sqrt{2}+\ln\left(\sqrt{2}+1\right)\right]$.

6. $\dfrac{1}{2}\left(4+\ln 3\right)$.

7. 5π.

8. $\dfrac{a}{2}\ln\dfrac{\operatorname{senh}\dfrac{2b}{a}}{\operatorname{senh} 2}$.

338   *Introdução ao cálculo*

9. $a \ln \dfrac{a}{b}.$ 10. $\dfrac{1}{4}\left(e^2 + 1\right).$ 11. $\ln\left(2 + \sqrt{3}\right).$

4. EXTENSÕES DO CONCEITO DE INTEGRAL

Secção 4.1

1. x^2 se $0 \le x \le 1$; $2x - 1$ se $1 < x \le 2$.

2. $-\cos x$ se $0 \le x \le \dfrac{\pi}{2}$; $\operatorname{sen} x$ se $\dfrac{\pi}{2} < x \le \pi$.

3.
$e^x - 1$ se $0 \le x \le 1$; $x + e - 2$ se $1 < x \le 3$; $1 + e + x \ln \dfrac{x}{3}$, se $3 < x \le 4$.

4.
$-2x - 4$ se $-2 \le x \le -1$; $-3 - x$ se $-1 < x \le 0$; -3 se $0 < x \le 1$; $x - 4$ se $1 < x \le \dfrac{3}{2}$.

5. $2x - \dfrac{5}{6}$ se $\dfrac{5}{12} \le x \le \dfrac{1}{2}$; $x - \dfrac{1}{3}$ se $\dfrac{1}{2} < x \le 1$; $\dfrac{2}{3}$ se $1 < x \le m$.

6. $\dfrac{x^3 + 3x + 4}{3}$ se $-1 \le x \le 1$; $\quad \dfrac{x^3 + 8}{3}$ se $\quad 1 < x \le 2$.

7. $5 - \sqrt{2} - \sqrt{3}.$ 8. $\dfrac{11}{36}.$ 9. $\dfrac{65}{144}.$

5. SÉRIES

Secção 5.1

1. a) $\dfrac{1 - (-1)^n}{4n} + \dfrac{1 + (-1)^n}{4n - 2}.$ b) $a_n = 1$ se n é impar;

                                                  $a_n = \dfrac{n^2}{2}$ se n é par;

   c) $(-1)^n \dfrac{n + 1}{n}.$

2. 1, 1, 2, 3, 5, 8, 13.

9. Existe $\varepsilon > 0$, tal que, para todo natural N, existe $n > N$ tal que $|a_n - L| \ge \varepsilon$.

Respostas dos exercícios suplementares 339

Secção 5.4

Nas respostas, c significa convergente, d divergente.

1. c.	2. c.	3. c.	4. c.
5. d.	6. d.	7. d.	8. c.
9. c.	10. d.	11. c se $x > 2$, d se $x \le 2$.	
12. c.	13. c.	14. d.	

15. $a < \dfrac{\pi}{4}$, d se $a \ge \dfrac{\pi}{4}$.   16. c.

Secção 5.5

Nas respostas, e significa convergente, d divergente.

1. c.	2. c.	3. c.
4. c.	5. d.	6. c se $a < e$; d se $a \ge e$.

7. c.	8. d.	9. c.	10. d.
13. a) c.	b) c.	c) c.	d) c.

    e)   c se $0 < a < 1$;   d se $a \ge 1$.

Secção 5.6

Nas respostas, c significa convergente, d divergente.

1. d.	2. c.	3. d.	4. c.
5. c.	6. c.	7. c.	8. c.

Secção 5.7

Nas respostas, ac significa absolutamente convergente, cc condicionalmente convergente, e d divergente.

1. d.	2. cc.	3. cc.
4. ac.	5. cc.	6. ac.

340   *Introdução ao cálculo*

Secção 5.8

1. 1; $(-1, 1]$ se $a \leq 1$, $[-1, 1]$ se $a > 1$.
2. 0; só $x = 0$.
3. 2; $[-5, 1]$.
4. e; $(-e, e)$.
5. 1; $(-1, 1)$.
6. $\dfrac{1}{3}$; $\left[-\dfrac{1}{3}, \dfrac{1}{3}\right]$.
7. $\dfrac{1}{3}$; $\left[-\dfrac{1}{3}, \dfrac{1}{3}\right]$.
8. $\dfrac{1}{e}$; $\left[-\dfrac{1}{e}, \dfrac{1}{e}\right]$.
9. 1; $(-1, 1)$.
10. 1; $[-1, 1]$.
11. 1; $[-1, 1]$.
12. Infinito; todo x.
13. 1; $[-1, 1)$.

Secção 5.10

14. b) $x + \dfrac{5}{6}x^3$.   c) $-2 + x^2 + x^3$.

    d) $x - \dfrac{2}{3}x^3$.   e) $1 + x - \dfrac{1}{3}x^3$.

    f) $x + x^2 + \dfrac{1}{3}x^3$.   g) x^2.

    h) $x^3 + 2x + 1$.

Secção 5.11

1. $-\dfrac{13}{15}$, por excesso.   2. $\dfrac{\pi}{2} + \dfrac{2}{10} - \dfrac{8}{3\,000}$.

3. $2\displaystyle\sum_{n=0}^{4} \dfrac{1}{(2n+1)2^{2n+1}}$.   4. $\displaystyle\sum_{n=0}^{3} (-1)^n \dfrac{x^{2n}}{(2n)!\,2^{2n}}$, por falta.